广东哲学社会科学规划优秀成果文库（2021—2023）

非精确概率归纳逻辑研究

潘文全　著

中山大学出版社
SUN YAT-SEN UNIVERSITY PRESS
·广州·

图书在版编目（CIP）数据

非精确概率归纳逻辑研究／潘文全著．－－广州：中山大学出版社，2024.12. －－（广东哲学社会科学规划优秀成果文库：2021—2023）．－－ISBN 978 - 7 - 306 - 08300 - 5

Ⅰ. O211

中国国家版本馆 CIP 数据核字第 20249UJ071 号

出 版 人：王天琪
策划编辑：金继伟
责任编辑：刘　丽
封面设计：林绵华
责任校对：陈　莹
责任技编：靳晓虹
出版发行：中山大学出版社
电　　话：编辑部 020 - 84110283，84113349，84111997，84110779，84110776
　　　　　发行部 020 - 84111998，84111981，84111160
地　　址：广州市新港西路 135 号
邮　　编：510275　　　　　传　真：020 - 84036565
网　　址：http://www.zsup.com.cn　　E-mail:zdcbs@ mail. sysu. edu. cn
印 刷 者：佛山家联印刷有限公司
规　　格：787mm×1092mm　　1/16　　13.25 印张　　252 千字
版次印次：2024 年 12 月第 1 版　　2024 年 12 月第 1 次印刷
定　　价：98.00 元

《广东哲学社会科学规划优秀成果文库》
出版说明

    为充分发挥哲学社会科学优秀成果和优秀人才的示范带动作用，促进广东哲学社会科学繁荣发展，助力构建中国哲学社会科学自主知识体系，中共广东省委宣传部、广东省社会科学界联合会决定出版《广东哲学社会科学规划优秀成果文库》（2021—2023）。从 2021 年至 2023 年，广东省获立的国家社会科学基金项目和广东省哲学社会科学规划项目结项等级为"优秀""良好"的成果中，遴选出 17 部能较好体现当前我省哲学社会科学研究前沿，代表我省相关学科领域研究水平的学术精品，按照"统一标识、统一封面、统一版式、统一标准"的总体要求组织出版。

2024 年 10 月

前　言

在后疫情时代，人类面临着如何防范和化解黑天鹅事件的挑战。评估风险和化解风险的问题，可以通过非精确概率归纳的方法来解答，这对于我国社会主义建设具有重要的应用价值。

经过长期的发展，精确概率归纳推理取得了显著的成果，但也遇到了一些难以解决的问题。为了解决这些问题，需要发展非精确概率归纳推理。非精确概率归纳推理主要有两种理论形态：可取赌局集理论和下界预期理论。这两种理论形态各有优势，可以互相补充，共同构成非精确概率归纳推理的一般理论。

为了能够在风险评估和决策中运用非精确概率归纳推理，需要进行两个方面的哲学准备：非精确概率的哲学解释和非精确性来源的探讨。这两个方面的准备为研究提供了理论基础，并将风险与非精确预期理论联系起来。

在具备了这些理论基础之后，就可以发展非精确概率归纳风险理论。首先通过概率解释将风险度量与非精确预期理论联系起来，然后将非精确概率归纳的所有理论成果应用于风险评估和决策中。这种风险理论是"形式逻辑"的一种应用型理论，具有广泛的应用范围，适用于金融、企事业管理决策等场景。

在评估风险程度的理论基础上，本书进一步探讨了如何在面临风险时做出正确的决策。在风险决策问题中，本书首先定义了六种风险选择函数来处理最简单、最基础的非序贯风险决策，然后在此基础上，分析了更一般的序贯风险决策，并给出了两种解决方案——标准范式和扩展范式。最后，本书回到非精确概率归纳风险理论与经典逻辑的关系，因为下界预期理论的一种特例等价于命题逻辑，命题逻辑完全被嵌入非精确概率归纳逻辑中。基于这种关系，我们可以发现一致性概念的一种"连续"内涵。

目　　录

导　　论

第一节　问题的提出

对于人工智能、应用科学以及人类努力的许多其他领域，不确定性都是一个至关重要的因素。尽管人类对不确定性有直觉上的理解，但要给出一个正式的定义却是一项极大的挑战。在这里，可以将不确定性粗略地理解为一个主体（如人类决策者或机器）对某个问题的信息不足，处于知识有限的状态，无法准确描述世界的状态或其未来的演变。[8]

研究者们有时会对两种截然不同的不确定性感到困惑。首先，存在一种"可预测"的不确定性，这种不确定性包含一些可以用精确概率分布来表达的变化。例如，当你抛掷一枚硬币时，你无法预知每一次抛掷的结果，但是从长期来看，你可以预测到正面和反面出现的概率。

然后，存在另一种"不可预测"的不确定性，这种不确定性反映了更基本的不确定性，即决定结果的规则本身的不确定性。[6-7]举个例子，假设你面前有十扇门，每扇门后都有一个硬币，这些硬币的正反面出现的概率各不相同。在这种情况下，你对自己即将参与的游戏感到不确定，这种不确定性会影响你的决策。[8-9]

这两种不确定性是有区别的。前者是人们通常所说的概率或机会，而后者更适合用"不确定性"这个词来描述，因为它在人类行为上有可观的影响，人们通常会对这种不可预测的变化感到厌恶。[10-11]

主流的理论，如 Kolmogorov 的测度理论，对于表达第一种不确定性有着突出的贡献。[12]然而，当面对第二种不确定性时，这些理论可能并不完全适用。在这种情况下，非精确概率（imprecise probability，IP）理论能够提供帮助，它能够表达出第二种不确定性。[13]

除了上述这些困难，传统的主流理论在表达风险上也是有不足的，表现为在解释新型冠状病毒感染等"黑天鹅事件"上面临困境。因为在以往的研究中,风险的含义是指"波动",可以用精确概率含义下的概率分布曲线来刻画,即上述第一种不确定性。然而,在这种理解下,一切风险都包含在由概率分布曲线所掌控的认知中,很难出现所谓的"黑天鹅事件",那么"黑天鹅事件"出现的原因只能是第二个层次的不确定性。因此,基于非精确概率的风险是一个值得研究的问题。

从历史的角度来看,非精确概率与归纳推理相互重叠、相互吸收、相互促进,从非精确概率的角度研究归纳是一个重要的方向[14]29-60。因此,本书的主题是 IP 归纳风险理论,希望回答以下四个问题:

(1)为什么第二个层次的不确定性会导致风险变成"黑天鹅事件"?

(2)如何表达这种风险?

(3)如何推导风险值的未来变化?

(4)为什么要采用非精确概率归纳理论?

第二节　国内外研究现状

一、国内的研究现状

首先,我国只有少数人研究过 IP 理论,存在一些有间接关系的课题。包括:①任晓明的重大课题"现代归纳逻辑新发展、理论前沿与应用研究",这是国家社会科学归纳逻辑的第一个重大课题,对现代归纳的各个方向都进行了探索。[15-17]②李章吕的"贝叶斯决策理论的概率基础与应用研究",该课题研究了基于精确概率的贝叶斯理论。[18-23]③熊卫的"基于网络模型的合作机制及其逻辑研究",主要关注归纳逻辑的博弈、决策方向。[24-30]

其中,熊卫的研究值得特别关注,因为他们用 IP 处理了博弈问题,并取得了一些突出的成果:①扩展了 MCDM 的 DS/AHP 去处理三种模糊评估,即缺失、区间值和模糊评价。[31]②在 Shafer 对 D-S 的解释下,辩护了 Dempster 的组合规则,反驳了 Zadeh 的例子。[32]③提出了一个带有多准则模糊评估的 AHP 决策方法。[33]④在 D-S 理论上构造了一种 AHP 方法。这种新方法有四个创新:通过区分完全的准则和不完全的准则使得新模型能够处理主观因素的干扰;能够区分完全与不完全的决策方案的序;能够处理决策方案的模糊准则评估;给出了两种方法去消除主观因素的干扰。[34]⑤引入了模糊博弈,这体现了人类认知中的模糊厌恶和最小的遗憾。[35]⑥给出了 Yager 决策理论的公理化基础。[27]刘海林使用非精确概率处理所谓的线性追踪程序[25]⑦发展了不明确情况下的不完全信息博弈的一般框架。[26]但是他们的研究都集中在博弈决策上,没有直接关注风险。

本课题基于前辈学者的研究基础,又有独到的研究。相较于任晓明教授的重大课题,本课题是其中一个子方向的深入发展,只聚焦非精确概率归纳在风险上的运用。相较于李章吕的课题,本课题把贝叶斯的思想扩展到非精确概率的情形,不关注基于精确概率的贝叶斯推理。相较于熊卫的课题,本课题只关注非精确概率与风险的结合,不关注博弈问题。

其次,关于风险,逻辑学界尚未有学者关注,这个主题的研究主要集中在金融银行业,主要讨论 VaR。如宋光辉等用 CVaR 模型度量了互联网金融风险[36];汪冬华等以回报形式的 VaR 度量中国商业银行的整体风险[37];张颖等使用 VaR 研究了不同的分位数回归模型在估计该指标时的表现[38];刘晓倩等比较了预期不足与 VaR 的差异[39];吴礼斌等对 VaR 理论产生的背景、国内外的研究情况、各种应用进行了综述[40]。当然,学界也零星存在一些其他度量工具:陈守东等将极值理论引入系统性金融风险度量中[41];耿志祥等建立了 DaR 类风险测度[42];陶玲等提出了包含 7 个维度的系统性金融风险综合指数[43];杨贵军等提出了基于 Benford-Logistic 模型的风险预警方法[44];而风险度量方法发展过程和前沿问题的综述则可参考何旭彪、王懿等、杨丽娟等的研究[45-47]。

总之,与本书研究课题相关的只在个别综述中略有提及,研究很不充分,特别是缺乏在新的概率理论——非精确概率——影响下发展起来的度量模型。事实上,防范风险不仅仅限于金融,任何决策都有风险,在一般性的事务上,评估风险也有其运用空间,特别是在公共危机的处理上,评估风险尤为重要。

二、国外的研究现状

(一)非精确概率归纳理论

非精确概率的思想具有很长的历史,至少可以追溯到 19 世纪中期的 Boole,直到 20 世纪 20 年代,这应该算是萌芽期。进入 20 世纪 20 年代,非精确概率理论进入了发展期。在 20 世纪 90 年代之后,IP 理论进入了成熟期,标志是 Walley 发表了巨著 *Statistical Reasoning with Imprecise Probabilities*。因此,非精确概率理论成熟的历史也就 30 多年[48-49],目前正在蓬勃发展。

在 Google 学术上使用关键词 imprecise probability 进行搜索，得到了从 2011 年至今的全球热度变化趋势，从搜索热度可以看出，最近 10 年非精确概率都是国际热门的研究领域，热度持续不减，大量的文献讨论了不确定和不明确的模型。这里进行回顾，特别关注与"非精确概率归纳推理"相关的文献。

1. Keynes 的非精确概率思想

Keynes 迈出了构造非精确概率理论的第一步。他把概率解释成一种理性信念度，以此建立一种归纳逻辑。他还讨论了很多不能确定精确认知概率的例子，认为除了同等可能的选项，在一般情况下概率不能被完全确定，很难得出精确概率。很明显，Keynes 拒绝理想精确度教条，也拒绝敏感度分析的解释。他把自己的概率观点运用在经济理论上，认为对未来事件没有足够的信息时，就不能判断相关的概率，也就不能行动[50-51]。

Keynes 在公理——关于证据和结论之间的非数值概率关系——之上建立了他的概率理论，并且给出了计算上界和下界概率的例子。他的理论的缺点是没有给出非精确概率的一般数值模型，而且很少关注如何从证据构造出概率判断。他认为概率陈述表达了证据和结论之间的关系，但是这些关系是通过直觉被感知到的，在很多情况下他认为人类的直觉不够充分，所以不能知道正确的概率。

因为 Keynes 理论的影响，学界开始出现大量的非精确认知概率研究文献[52-54]，但是其中大部分的文献要么采用了概率的私人解释，要么采用了非精确度的敏感度分析解释，而不是 Keynes 的逻辑解释。最流行的数学模型是上界和下界概率与比较概率序（comparative probability orderings）。

2. 上界和下界概率理论

Borel[55] 指出，上界和下界概率能够表达主体对某个事件的赌商。Smith[56] 用一种非形式的方法引入了避免确定损失原则和融贯性原则。他把上界和下界概率解释为私人赌商。而且，他利用融贯性原则导出了它们的数学结构，同时扩展了统计推理和决策的原则。Williams[57] 给出公理去刻画上界概率和下界概率、上界预期和下界预期，反对把上界概率和下界概率解释为私人赌商，同时推广了 Smith 的结论——融贯下界概率是精确概率测度的下包络（lower envelope）。Williams 的这个研究结果给出了一种下界概率的敏感度分析解释[58]。Good[59-64] 在他的很多成果中都强调了私人概率和效用的非精确，特别是他提出了上界概率和下界概率的公理，即通过概率归纳推理的黑盒模型——敏感度分析的另一个版本——解释了这些公理[59]。Fishburn[65] 把源于比较判断的上界概率和下界概率看成是私人概率的上下界。Fellner[66-67] 也认为人的行为指出了真正概率的范围。Walley 等[68] 认为概率中的非精确性源于信念的心理不稳定性与人和人之间的不一致，通过非精确概率可以定义和比较刻画不一致的不同方法。Leamer[69] 认为信念是明确的、不稳定的或者很难得出的，运用拍卖的思想可以把上界概率和下界概率看成是彩票的出售价格和购买价格。Dempster[70-72] 基于一种特殊的融贯下界概率（信念函数）给出了统计推理的一种新方法，Shafer[73-75] 发展了 Dempster 的理论。该理论的优点是它可以从简单判断中构造出信念函数，且不依赖理想精确度教条，缺点是 Dempster 条件信念函数的规则会导致确定损失[76-78]。Beran[79] 给出了一种无分布方法去研究使用了信念函数的统计推理。Suppes 等[80] 研究通过多值映射或者随机关系产生信念函数。

3. 比较概率可以构造出非精确概率

Koopman[81-83] 给出了一个关于偏比较概率序的公理集，在此集合中可以比较两个基于不同证据的假设，这种比较显然是主观的和直觉的。假设任意事件都能被分割成任意数量的等可能事件，通过偏比较概率序就能构造上界概率和下界概率。Fine[84-85] 在比较概率理论上成果丰硕，他拒绝理想精确度教条和敏感度分析解释。通过比较概率序，Suppes[86-87] 给出了近似测量信念的公理，他用这些结构去定义了上界概率和下界概率。Walley 等[88] 用同样的思想处理了类别判断（classificatory judgements）。

比较概率的大部分成果都使用了 De Finetti[89] 的公理集[85,90]，该集合特别包含了一个得到精确概率的完备性公理[84]70，Savage[91]、DeGroot[92]、Lindley[93]、Jeffreys[94-95] 都追随了这种进路。

4. 贝叶斯主义的不足催生了非精确概率

统计推理的贝叶斯理论使用精确可加概率去刻画私人信念或者逻辑信念，强调把贝叶斯规则作为一种组合先验信念和统计数据的方法[96]。

目前流行的贝叶斯进路是基于概率的私人解释，即主观解释。De Morgan[97] 首先指出了概率可以测量私人信念度，但是直到 Ramsey[98]、Borel[99]、De Finetti[89,100-102] 等把概率的行为解释看成私人赔率之后，主观贝叶斯主义才发展起来，其中 De Finetti 的理论同本研究密切相关，因为他也强调融贯性。Fisher[103]、Kyburg[104]、Lad[105] 介绍了主观贝叶斯主义的历史。

客观贝叶斯主义最早起源于贝叶斯的一篇文章，然后 Laplace 全面发展了该思想。Carnap[106-108]、Jeffreys[94]145、Jeffreys[109]、Jaynes[110-111]、Box 等[112]、Rosenkrantz[113] 提出了基于概率的逻辑解释的现代版本，他们的理论强调使用无信息（noninformative）概率分布去刻画先验不了解，但这些分布通常是不恰当的，可能会产生不融贯的推理。

贝叶斯决策理论的基本思想是理性决策就是选择期望效用最大的行动，在这里期望效用是通过精确计算私人概率和效用的评估而得到的[109,114-115]。这个进路首先归功于 Ramsey[98] 和 Savage[91]13。DeGroot[92] 和 Berger[116] 以一种折中的视角讨论了推理和决策的贝叶斯理论。Hartigan[117]、De Finetti[101]98 提供了一种更先进的数学理论。Cox 等[118]、Barnett[119] 把贝叶斯进路同其他统计推理理论进行了比较。Pearl[120] 从人工智能的角度提出了一种新的解释，并特别强调了计算方法和图表示。Lad[105] 为 De Finetti 的方法提供了详细的呈现，特别是历史和哲学的讨论。

尽管贝叶斯主义硕果累累，但是也存在很多批评意见。19 世纪的研究者们认知到贝叶斯和 Laplace 给出的无信息先验分布是不合理的，其精确性不能得到辩护。Ellis、Mill、Peirce、Boole、Venn 均批评了贝叶斯方法，特别是 Boole 给出了一种导致非精确认知概率的替代方法，这种方法能够得出上界概率和下界概率，此外，他还把上界概率和下界概率看成是未知的精确概率的边界，这和当代的非精确概率解释一致[121]。

因此，现代对贝叶斯进路的批评都认为贝叶斯概率过度依赖精确度，这是贝叶斯理论的最大缺陷①。

5. 贝叶斯敏感度分析与非精确概率

往贝叶斯进路中引入非精确的最简单的办法可能是用一系列精确的概率和效用函数进行严格贝叶斯分析，也就是所谓的贝叶斯敏感度分析。贝叶斯敏感度分析至少可以追溯到 Boole，但是直到最近，它的原理都没有得到充分的讨论和辩护，可能它一直被看成是对严格贝叶斯进路的一种实践调整，Berger 等[122] 给出了贝叶斯敏感度分析的原理解释。

在决策理论中，贝叶斯敏感度分析使得每个行动都产生了一系列的期望效用，可能就不会出现效用最大化的行动，这样在行动之间就产生了犹豫不决。在统计推理中，这产生了一系列的后验概率和不确定的结论。因此，贝叶斯敏感度分析类似于本书的理论[123]。

6. 基于认知理论的非精确概率理论

有很多研究者尝试建立非精确的逻辑概率理论。Kyburg[124-127] 给出了

---

① 当然，该理论也还有其他缺陷，参考 Buchak[1]。

一个上界概率和下界概率的认知理论。该理论主要关注证据的结构和对应的信念，Kyburg 认为证据通常包含相对频率属于某个特定区间的知识，且该理论的核心是给出合并这些区间的规则，例如对于假设——某个个体具有某种性质，该个体所属的不同参考群体可以给出该假设的相对频率所属的不同区间，使用规则合并这些不同区间构造出该假设的上界概率和下界概率。但是，Kyburg 的条件化规则违背了融贯原则。

Levi[128-132] 给出了关于知识、证据、信念、价值、决策的完整理论。他使用精确概率类去表达不确定的信念，也就是使用所有概率测度的凸类去刻画理性信念。Levi 的理论同本研究的理论相容，但在决策上不同，特别是当概率和效用非精确的时候，Levi 仅仅允许关于精确概率－效用对的最优行动，当存在多个这种行动时，他使用大中取小的规则去消除犹豫不决。类似地，Gärdenfors[133-134] 通过一类精确概率刻画了不确定的信念，而且在决策中也使用了大中取小的规则。

7. 偏好、决策与非精确概率

另一种进路是基于赌局的偏优先序，Buehler[135] 刻画了避免确定损失的偏优先序。Giles[136] 提出了一种主观概率的操作性理论。Giron 等[137] 提出了偏优先序的公理，而且使用它们给出了一种统计推理和决策的准贝叶斯方法。Wolfenson 等[138-139] 基于上界期望和下界期望给出了推理和决策的方法。此方法要求确定精确概率，但是承认非精确。Kmietowicz 等[140] 描述了使用非精确概率进行决策的方法。

当存在相关事件的不明确时，实验心理学已经研究了人类如何决策的问题，这些成果证实了不明确能够影响选择[141]。虽然不明确是大部分实际推理和决策的特点，但并没有被实验充分地研究，特别是没有研究人类为了处理不明确到底使用了什么推理策略[142-143]。

8. 专家系统的不确定

专家系统是编码人类专家推理过程的电脑程序，可以帮助人类解决特定问题或者在特殊任务中替换人类[144-146]。一个著名的例子是 Lauritzen 等[147] 和 Pearl[148] 辩护了专家系统中处理不确定的主观贝叶斯模型，而且发展出了计算方法处理使用因果网络传递概率的问题。但是，研究者们普遍认为专家系统需要处理不完全、不一致、定性的信息，而且使用贝叶斯方法在评估精确概率时通常存在困难。刻画不确定的其他方法也被运用到专家系统中[149]。

另一个著名的例子是被用于专家系统 MYCIN 中的确定性因素（certainty factors）方法[146,150-152]。对于某个假设，MYCIN 使用了独立的信念测量和怀疑测量，但是并不清楚这些测量的行为意义，既没有辩护合并测量的规则，也没有辩护合并证据的规则[152]。Quinlan[153]给出了基于上界概率和下界概率的专家系统 INFERNO。该系统的推理规则能够产生有效的结论，但是使用自然扩张能够得到更强的结论。

9．物理中的非精确

统计程序的稳健性分析已经开始使用上界概率和下界概率的频率解释[154-155]。Walley 等[68]指出上界概率和下界概率的非精确性不仅能够刻画对可能性不了解的情形，还能刻画某个现象中的物理不明确。基于一种极限频率的解释，上界概率和下界概率等同于独立重复实验中的相对频率的上界和下界，而且用此方式定义的上界概率和下界概率模型总是融贯的[156]。Kumar 等[157]、Papamarcou[158-159]、Grize 等[160]均使用了一种不同类型的上界概率和下界概率去刻画平稳过程（stationary process）[161]。

10．处理不确定的其他模型

为了处理日常语言的模糊和歧义，Zadeh[162-163]引入了模糊集理论。有些研究者认为这种模糊不同于概率不确定，但是 Watson 等[164]、Freeling[165]已经定义了模糊概率，也构造了模糊决策理论。

Cohen[166]指出可加概率的标准理论不能充分刻画法律推理的性质。他引入了培根型概率（Baconian probabilities）去测量可证性程度，且使用它刻画了六种法律论证。培根型概率的基本数学特征是证据和该证据的否定不能都具有正的概率，因此它可以被看成是一种特殊的融贯下界概率，但是培根型概率不能刻画大部分的不确定[167]。

11．小结：IP 发展历史上的开创性文献

用表格总结一下 IP 发展历史上的开创性文献，表 1 给出了不同形式理论提出的一个简要时间线。

表1　IP 发展历史上的开创性文献

理论	提出者	奠基性文献	时间
区间概率	John Keynes	A treatise on probability	1921 年
主观概率	Bruno De Finetti	Sul significato soggettivo della probabilità	1931 年
预期理论	Bruno De Finetti	La prévision：ses lois logiques，ses sources subjectives	1937 年
容量理论	Gustave Choquet	Theory of capacities	1953 年
模糊理论	Lotfi Zadeh，Dieter Klaua	Fuzzy sets	1965 年
证据理论	Arthur Dempster；Glenn Shafer	Upper and lower probabilities induced by a multivalued mapping；A mathematical theory of evidence	1967 年；1976 年
模糊测度	Michio Sugeno	Theory of fuzzy integrals and its applications	1974 年
信念集	Isaac Levi	The enterprise of knowledge	1980 年
可能理论	Didier Dubois，Henri Prade	Théorie des possibilités	1985 年
非精确概率	Peter Walley	Statistical reasoning with imprecise probabilities	1991 年
博弈概率	Glenn Shafer，Vladimir Vovk	Probability and finance：It's only a game	2001 年

　　需要特别注意的是 Peter Walley 的非精确概率理论，由于这个理论的巨大影响力，上述理论被统称为"非精确概率理论"。事实上，其他理论可以被看成是这个理论的特例。

（二）IP 金融风险理论

　　显然，IP 理论提供了多种金融学和经济学的应用。事实上，引入 IP 的一个主要动机是它们从一开始就避开了精确评估信念（这些信念多多少少是模糊的）的困难[168]。这个动机也适用于物理学、工程之外的其他领域，因为相关变量的测度可能也是非精确的，或者极大依赖主体的评估、主体的感觉等。在金融领域中，通过选择作为不确定评估的相关 IP 理论，可以替代使用精确概率的任意模型。但是，在金融学、经济学、保险业中，明确使用了 IP 的研究成果并不多，甚至可以说很稀少，因此这些领域提供了应用 IP 的广泛的，甚至是未被探索的空间。

这些为数不多的应用包括两类：一类是融贯定义的下注方案，即下注方案如何被运用到真实世界的下注中；另一类是风险测度可以被解释为上界预期。这一关键事实使研究者有可能重新解释和扩展经典风险测度理论的结果，以及重新解释和扩展利用非精确概率发展起来的新思想。

1. 现实世界的下注

求助于恰当的下注方案可以定义线性预期[169]，这是 De Finetti 的贡献。Walley 推广了它的思想，定义了融贯上界/下界预期，避免了确定损失的上界/下界预期。[123]那么，下注方案如何同真实世界的下注联系起来呢？通常在较广的意义上，一个赌注经纪人或者一个下注组织者被叫作庄家（house），如保险公司，它们确定下注规则，包括价格，面对众多的赌徒（在保险的情形中就是参保人）。任何赌徒都没有力量修改规则，只能接受规则或者拒绝下注。庄家的目标是实现一个正的期望收益，从而决定采用哪些赌注及定价。

有了这些设定之后，很明显，庄家的价格不是线性预期，因为当庄家选择线性预期作为下注价格时，即选择线性预期作为出售价格，这就表明它既不希望赢也不希望输，即下注的收益的线性预期是 0。但实际上，当庄家考虑到成本时，它的收益就转变成负的。那么，庄家的出售价格必须高于它的线性预期。因此，使用线性预期的下注方案（即以赌局的线性预期出售赌局）适用于引出信念（此时它既不希望赢也不希望输），而不是描述赌注的真实价格。

如果要求出售价格高于线性预期，这些价格就可以被解释为上界预期，融贯性是对它们的合理要求，但是，一方面庄家通常不会参与所有的赌注，虽然从融贯上界预期的定义来看这些赌注都是（至少是边际）可接受的，然而，庄家以它的下界出售价格购买任何赌局都没有好处，因此，不像线性预期，融贯上界预期可能是下注情形中的真实价格[170]；另一方面，庄家也不能强制采用仅仅避免确定损失的价格，因为这些价格只对庄家有利，以至于对手不能接受，但是庄家所提出的下注方案都被包含在满足避免确定损失的方案之内。

2. 非精确预期和风险测度

风险测度的基本问题是评估赌局的风险（或者危险），这些赌局通常是主体手中所持有的金融资产或者证券投资组合（即金融资产的集合）。

在实践中，这个问题相当重要，且有不同的解决方案。风险测度是一种非常直接和流行的方法，因为它具有简便性。事实上，该方法只要求对任意赌局都给出一个数值来衡量风险，即测度了赌局有多大的危险，在操作上，该风险值等于为应付未来赌局可能带来的损失而预留的金额。除了资产所有者，对这种评估感兴趣的主体还包括政府或者监管当局，它们统一被叫作监管者。关于风险测量的一般教科书式的介绍可参考 Denuit 等的研究[171]。

形式上，一个风险测度 ρ 是一个从赌局集 K 到实数的映入。一个好的风险测度 ρ 应该满足什么性质是有争议的，这源于学院派和实践派之间不同的处理。很多路径都假设了概率分布 P_f 是已知的，即对于任意 $f \in K$ 都能得出 P_f，那么通过某种索引或者其他依赖于 P_f 的量就可以定义 $\rho(f)$。第一个用这种方式定义的流行方法是 VaR（value-at-risk），定义 VaR 背后的思想是确定下限阈值（lower threshold）q_α^+。① 当 VaR 概括 f 时，它明显忽略了其他潜在的重要方面，其中非常缺乏关于 "f 可能造成的最大损失" 的信息。而且，它不一定能保证次可加性，通常次可加性被认为是风险测度的理想性质，因为多样性导致和的风险一般小于风险的和。作为 VaR 的替代选择，Artzner、Delbaen、Eber 和 Heath 均引入了一系列的风险测度[172-173]。虽然它们不涉及 IP，但都被叫作融贯风险测度，这是大多数文献中称呼它们的名字，本书将把它们叫作 ADEH – 融贯风险测度，它们是通过四个公理——平移不变、正齐性、单调性、次可加性——来定义的。其他文献中还提出了许多其他的风险测度，这个主题通常独立于非精确概率来处理，很少有例外[174-179]，但现在发现，这些研究领域之间的关系确实非常密切。

接下来研究风险测度的非精确预期本质。主体如何导出 $\rho(f)$？它可能把 $\rho(f)$ 等同于为了承担 f 所要求的下确界金额。这个关系就是：

$$\rho(f) = \overline{P}(-f) = -\underline{P}(f)$$

它确保了风险测度 $\rho(f)$ 可以等价地被解释为 $-f$ 的上界预期或者 f 的下界预期的负数[170,178,180]。这使得在风险测度领域中利用 IP 理论成为可能，或者在 IP 理论用使用风险。

IP 对风险测度所带来的贡献是：

（1）为研究风险测度的一致性提供了一个一般的框架。有了这些假定，就可以给出考察风险测度一致性的一般方法：可以用 IP 的理论工具

---

① α 是一个先天的置信度，通常 $\alpha = 0.05$ 或者 0.01。

去判定风险测度是否/何时融贯，或者是否/何时避免确定损失。例如，在 VaR 的情形中就进行了这种考察[178]，表明 VaR 可能不是融贯的，而且当它不融贯时甚至招致确定损失[180]。Artzner[173]、Pelessoni[178] 考察了风险的融贯性。此外，博弈概率提供了另一种有趣的方法来发展非精确概率的一致性概念，这些概念可以很自然地应用于金融和经济问题[14;181]。

（2）几种已存的风险测度可以很容易地被推广。例如 $ADEH$ - 融贯风险测度，Föllmer 在弱化 $ADEH$ - 融贯风险测度的 PH 公理的思路下，引入了凸风险测量、FS - 凸风险测度[182-183]。在 Föllmer 之前，IP 的对应概念——凸预期和 C - 凸预期——还没有被引入，直到 Pelessoni 它们才得到研究，依据上界预期或者下界预期，很容易改写 C - 凸风险测度或者凸风险测度的结果[176-177]。

（3）通过更加一般的不确定测度可以引入新的风险测度。例如，用上界/下界预期代替期望[179]；另一个很好的例子是荷兰风险测度[175,180,184]，荷兰风险测度甚至给出了一个产生新的风险测度的进路。

条件非准确预期与条件风险测度之间也能够联系起来。特别的，引入了融贯条件风险测度和 C - 凸条件风险测度，表明它们保留了相应的非条件测度的几个重要性质[176]。对于融贯条件风险测度而言，这还依赖于融贯的定义——即 Williams 的非常普遍的条件框架[185]，然而条件化的 C - 凸是一个更加一般的一致概念。例如，在一个融贯条件风险测度或者 C - 凸条件风险测度的任意超集上，总是存在一个融贯或者 C - 凸自然扩张。包络定理也可以扩张到融贯条件风险测度上，且可以运用到所有情形中，然而在特殊情形之外，是否存在一个 C - 凸条件风险测度的广义包络定理的还不清楚。相反，对融贯风险测度和 C - 凸风险测度而言，广义贝叶斯规则是一个必要的一致性要求。如果风险测度的定义域具有某种特殊结构，那么广义贝叶斯规则和其他条件化是 C - 凸的充分条件[176]。

最后，本书给出五个已经应用了 IP 的金融或经济主题：非精确风险下的决策[186]、用区间值数据评估投资的净现值[187]、不完全偏好[188]、风险和可变性测度[189]、融贯性和无界随机量套利之间的关系[190]。

三、简要评述

在理论上。首先，从概率论诞生以来，精确概率一直处于优势地位，但是随着它的不断完善，却越发暴露出很多难以解决的困难。其次，随着非精确概率理论的发展，可越来越清晰地发现精确概率与非精确概率的研究对象不同，新的领域催生了新的理论。最后，虽然国外归纳逻辑研究已经广泛使用了非精确概率，但是我国的研究存在很多不足：起步晚，很少有人研究，尽管有不少现代归纳逻辑的研究成果，但是极少有与本主题相关的成果。

在应用上。精确概率对风险的研究主要集中在金融上，几乎没有关于"黑天鹅事件"的研究，原因是这类风险的主要来源是"模糊性、非精确性"，这在精确概率的视野下是不能得到充分研究的。相对的，非精确概率推理在风险、决策上有广泛的运用，特别是在后疫情时代，风险的管理与控制对于国计民生更具有现实意义，但是国内逻辑学在这一块研究薄弱。通过 IP 归纳的方法，在风险度量中还有很多问题值得重新解释和扩展。事实上，在同效用理论或者随机占优概念的联系上，风险测度还有广阔的研究空间，存在很多 C-凸风险测度或者 C-凸预期的开放式问题：

（1）依据可取赌局刻画 C-凸，显然可取赌局的正比例标准至少应该被弱化；

（2）探索比 C-凸更弱的条件，这个方向已经有部分进展，从 FS-凸开始，引入拟凸风险测度和单调凸风险测度，这些模型的下注方案或可取解释也还有待进一步研究。

综上所述，我们需要专门讨论这方面的问题，并且希望这一探索能使人们对归纳逻辑中富有生命力的非精确概率归纳有更深入的了解，把归纳逻辑的研究向前推进一步。

第三节　研究意义

一、理论价值

（1）提供一种超越经典精确概率理论的推理方法，使之能够更自然且直观地处理不确定性和模糊性，从而更为准确地反映人们对风险事件发生可能性和后果严重性的认知水平。

（2）建立一种统一和标准化的推理框架，它可以涵盖多种形式和解释的非精确概率理论，以及多种基于贝叶斯原理或频率原理的推理方法，并且具有一些良好的逻辑性质和决策准则。

（3）拓展一些重要的哲学和数学问题，如贝叶斯定理、条件预期、假设检验、模型选择、信念更新等在非精确概率背景下的含义和应用。

二、应用价值

非精确概率归纳法在风险管理中具有广泛的应用价值，可以帮助研究者在不确定性的情况下进行风险分析、决策和控制，以最小化风险并提高收益。

（1）风险分析：非精确概率归纳法可以帮助研究者在不完全信息的情况下，对风险进行评估。通过对历史数据、专家经验等进行分析，可以得出概率分布并对未来可能发生的风险进行估计。这在金融风险、企业风险等领域有着广泛的应用。

（2）风险决策：非精确概率归纳法可以帮助研究者在面对不确定性时做出更加明智的决策。例如，在新产品上市前，通过对市场需求、竞争对手等因素进行分析，预测未来的销售风险情况，可以帮助企业决定是否投入资源进行生产，以及如何制定销售策略等。

（3）风险控制：非精确概率归纳法可以帮助研究者进行风险控制。通过对概率分布的分析，可以确定最小化风险的策略。例如，在投资中，可以通过对不同资产的预期收益率和风险进行分析，确定最优的资产组合，以达到最小化投资风险的目的。

第四节　创新点、研究难点和基本思路

一、创新点以及研究难点

（一）创新点

（1）详细证明了条件可取赌局集理论，推广了以往的（非条件）可取赌局集理论。（第一章第二节）

（2）给出了一个基于 IP 归纳的风险理论。（第四章）它具有两个优点：其一，它是一个逻辑的形式理论，能够用于各种场景，包括金融、管理、系统等，为研究风险测度的一致性提供一般的框架。其二，不仅能够容纳、推广以往对风险的衡量手段，而且发展了新的评估方法，引入了新的风险度量。所以，本书的理论重新解释和扩展了经典风险测度理论的结果，并重新解释和扩展了利用非精确概率发展起来的新思想。

（3）给出了在风险决策时的方法：不选择严格有害的行动，以及挑选最优行动的方法。（第五章）前者给出了几个风险的选择函数的定义，且证明了它们之间的关系；后者则发展了扩展范式的解决思路。

（4）分析了融贯性在风险决策中的三个缺陷，并且提出了改进办法。（第五章第六节）

（5）提出且论证了一致性的"连续"内涵。（第六章第二节）

（6）在研究方法上，与逻辑学中常用的还原论思路不同，本书贯彻了整体论的思想，并表现在赌局、预期、风险这些概念上。

（二）研究难点

（1）非精确概率是一个综合的研究领域，其中包含数学、哲学、逻辑、认知心理各种科学，如何厘清其中的逻辑部分，或者说把非精确概率运用于逻辑推理，寻找非精确概率与逻辑推理的结合点是本书的研究难点。本书打算以逻辑推理的"形式"特征为判定标准，凡是满足这个要求的，都划入逻辑部分，因此本研究属于"非经典逻辑"。

（2）本书给出了风险的选择函数的几种定义，然而证明它们之间的关系却不容易，这个关系还是一个重要的定理，因此打算从更直观的下界预期的形态尝试给出。

（3）风险决策的扩展范式解决方案并不完备，目前的扩展范式解决方案主要是在考虑收益，需要把它改变成风险版本。

（4）对于该研究，国外已有大量的研究成果，但我国只有寥寥数篇文献，该领域的很多术语、理论没有被国内学术界引进、消化、吸收，这无形中增加了研究的难度。在处理这些术语时，本书借鉴了玄奘"五种不翻"的思路。

二、本书的研究思路

本书采用步步推进、循环往复的思路：首先发展形式理论，其次讨论其哲学，再次讨论其在风险中的运用，最后反思其对经典逻辑的反馈。如图 1 所示。

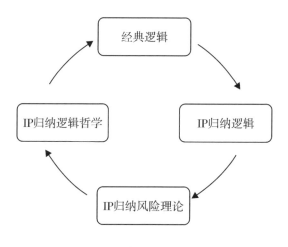

图1   本书研究思路

第一部分：非精确概率归纳的形式理论（第一章）。首先讨论两种等价的形式理论——可取赌局集（第一章第一节、第二节）和下界预期（第一章第三节、第四节），其中可取赌局集更符合直观但不能用于概率计算，而下界预期则更便于概率计算但是显得抽象，所以从可取赌局集过渡到下界预期能取长补短，但是两种理论可以相互转化。对于其中的每一种理论，把 IP 的技术手段——避免确定损失、融贯性、自然扩张——移植到逻辑上，避免确定损失对应于经典逻辑中的一致性，融贯性对应于经典逻辑中的演绎封闭且一致，自然扩张对应于经典逻辑中得到演绎闭包的过程，进而得到非精确概率归纳推理。最后给出非精确概率归纳推理的详细例子（第五节）。

第二部分：讨论 IP 归纳逻辑的哲学，这一部分的讨论对于发展 IP 风险理论具有过渡性的桥梁作用。首先，给出了非精确概率的概率解释（第二章），主要包含了下界预期的行为解释（第二章第二节），以及对行为解释的反驳意见的回应（第二章第三节），只有有了这个解释才能和风险理论联系起来。其次，讨论非精确性的来源（第三章），表明精确概率与非精确概率的研究对象是不同的（第三章第一节、第三节），它克服了精确概率的困难（第三章第四节），明确了非精确性的来源（第三章第二节），有了这个基础，才能在下一部分透析风险为什么能变得影响巨大。

第三部分：发展 IP 归纳在风险中的运用。首先，给出 IP 归纳风险理论（第四章），承接第三章自然地给出 IP 归纳风险理论（第四章第二节），随后将在两个场景中运用这一形式理论，即金融领域（第四章第三节）和系统工程（第四章第四节），最后附带讨论风险评估的整体论思想（第四章第五节）。其次，讨论风险决策（第五章），在风险决策中，首要的是去规避最大的损失，即不去选择有害的行动（第五章第三节），然后才是追求正的效益（第五章第四节），在整个过程中，融贯性起了很大的作用，当然 IP 归纳也有缺陷（第五章第六节）。

第四部分：简单反思它对经典逻辑的反馈（第六章）。从最简单的命题逻辑开始，阐述 IP 归纳与经典命题逻辑的关系（第六章第一节），发现了一致性概念的连续内涵（第六章第二节），这个发现是在 IP 归纳风险理论的帮助下完成的。

第一章　非精确概率归纳逻辑

在经典命题逻辑中，推理被形式化为 $\Gamma \vdash A$，Γ 表示任意的命题集，A 表示由 Γ 演绎出的命题。为了保证推导是有意义的，需要 Γ 是一致的；为了保证能得出所有正确的定理，需要 Γ 是完全的。经典命题逻辑具有一致性、完全性、演绎闭包等元性质。在构造非精确概率归纳推理时，它是否也具有这些元性质？答案是肯定的，它们就是避免确定损失、融贯性、自然扩张等元性质。

本章将深入探讨两种等价的非精确概率归纳推理模型。第一、二节将专注于第一种模型，主要探讨可取（desirability）概念和可取赌局（desirable gamble）集理论。特别的，在本章第二节构造出了基于条件可取赌局的 IP 归纳逻辑。中间两个小节将转向第二种模型——下界预期（lower prevision）。第五节将通过一个推理示例，展示这些理论如何在实际中应用。

在这个过程中，大家将看到非精确概率归纳推理如何发挥作用，以及它如何通过避免确定损失、保持融贯性和自然扩张等元性质，为人类提供一个强大且灵活的处理不确定性的工具。

第一节　可取赌局集理论

为了便于研究，首先讨论最简单的理论形态——基于非条件可取赌局集的 IP 归纳逻辑，它为读者直观地提供了 IP 归纳推理的基本样态。

一、可能空间上的赌局

非精确概率建立在概率空间 X 上。X 是所有可能状态 x 的集合，可能状态 x 描述了世界的某个方面，通常指实验或者观察的结果。注意在这里

不需要 x 表示通常意义上的事件，唯一的要求是能用某种方式去确定 x 是否属于 X，如果属于就是一个真状态。由于该理论以赌局为基础，为了使理论具有行为意义，有必要使得真状态是可判定的，无论采用什么方法。

一个状态是"可能的"是什么意思？在此将区分四种"可能的"：[123] 55

（1）认知可能的（epistemically possible）

（2）表面可能的（apparently possible）

（3）实际可能的（practically possible）

（4）实用可能的（pragmatic possible）

当一个可能状态 x 同主体的可用信息逻辑一致时，状态 x 就是认知可能的，由于"认知可能"仅仅取决于主体的可用信息，且不依赖于主观判断，所以它是客观的。但是可用信息的逻辑蕴涵相当模糊，即使采用形式语言来表达所有的信息，可能主体也不能确定 x 是否是认知可能的，因为主体的逻辑分析能力有限，甚至在某些情况下 x 也不是逻辑可判定的。

如果采用更弱的概念——表面可能——就能避免上述困难。如果一个状态 x 是表面可能的当且仅当主体没有判断出它同自己的可用信息相矛盾，那么在可用信息没有变化的情况下，通过分析可用信息，也许表面可能状态集会改变[191 - 192]。例如，整数 0 到 9 作为 π 的十进制展开中第 222 位都是表面可能的，但是只有一个整数是认知可能的，通过计算，这十种表面可能状态减少为一种表面可能状态。

在很多情况下，某些表面可能状态或者认知可能状态都可以被忽略。例如，抛掷一枚硬币，通常可能空间 X_1 是 $\{H, T\}$，但是其他结果——如硬币边缘朝上——也是认知可能的，更是表面可能的。为了得到穷尽的空间，就必须引入这种奇怪的事件，但在实际中通常忽略它们，因为很难去评估它们的概率。

通过加强"可能"的定义就能得到像 X_1 这样的可能空间。

其中一种方法是忽视空间 X 中概率值为 0 的认知可能状态，更加一般而言，一个认知可能状态 x 是实际可能的，假设在一个恰当的拓扑中包含 x 的任意开集都有正的上界概率。"实际可能"不比"认知可能"强太多，如硬币边缘朝上就是实际可能的，但研究者希望把注意力仅仅集中在 X_1 上。

另一种方法是把 X 看成实用可能状态——即足够重要的可能状态——的集合，X 可能不是实际穷尽的，也可能不是认知穷尽的，所以 X 的概率可能小于 1。大部分概率模型都把 X 看成实用可能状态的集合，因为它消除了那种认知可能但不重要或者不太可能的状态。

定义1 把 X 看成是主体认为的实用可能状态的集合。

所以研究者没有假设逻辑全知,尽管鞠实[193]认为 IP 假设了逻辑全知。通过下文可以发现,研究者也没有假设概率全知,因此本理论是一种非帕斯卡概率。

总之,需要 X 足够详细以至于能充分地表达出信念,这就允许在分析的任何阶段重新构造空间 X。例如,精炼 X 的元素使它包含新的实用可能事件。所以, X 的构造涉及具体的时间,它是一个关于时间的函数,这也符合信念善变的特点。

注意可能空间 X 和随机变量是数学等价的,但是在表征推理上使用 X 更加自明。

定义2 X 表示一个可能空间, $x \in X$ 表示任意的可能事件,赌局 f 是从 X 到实数上的有界函数,那么 $L(X)$ (简写为 L)就是定义在 X 上的所有赌局的集合。

例子1 $X = \{a, b\}$,那么 $L(\{a, b\})$ 就是一个二维平面,见图1-1。

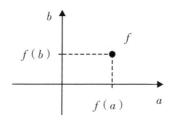

图1-1 可能空间 $\{a, b\}$ 上的赌局集①

任意事件 $A \subseteq X$ 的指标赌局(indicator gamble)是一种特殊的赌局,表示为 I_A :

$$I_A = \begin{cases} 1, x \in A \\ 0, x \notin A \end{cases}$$

基本事件 $x \in X$ 是指标表示为 $I_x := I_{\{x\}}$ 。

因为本理论以赌局为基础,所以需要考虑如何度量支付。

支付具有确定的效用,假设用线性的单位效用来表示赌局的支付,比

---

① 假设只有两个事件 a 、 b , a 表示 x 轴, b 表示 y 轴,平面上的点表示针对这两个事件的赌局,不同的点就代表不同的赌局。

如双倍的支付被看成是双倍的好或者双倍的坏。对于很多人来说，只要金钱的总额保持在适度的范围内，金钱的效用就是货币值的线性函数，此时赌局 f 的奖励被解释为金钱的总额。但是，人们并不总是认为金钱的效用是货币值的线性函数，所以引入一个效用尺度：把奖励看成是彩票，把奖励的效用等同于所得彩票数目。

考虑一种彩票抽奖游戏，彩票总数是 M，它的奖励是主体认为有价值的某种东西。主体已知每张彩票具有同样的获奖可能性，而且彩票的结果与主体无关。假设一个随机的装置筛选出获奖彩票，主体获奖的可能性就等于它所持有的彩票数目 ρ，因此 ρ 是一个精确的客观概率，且 $\rho \in [0,1]$，这时 ρ 就是一种概率货币（probability currency）。

假设主体对某个概率空间 X 感兴趣，定义在 X 上的赌局被解释为用概率货币来度量的不确定奖励，即如果主体接受赌局 f，那么当观察到 x 之后，主体将得到与 $f(x)$ 成比例的大量彩票 $M\alpha f(x)$，这些彩票能把主体的获奖概率从 ρ_0 增加到 $\rho_1(x) = \rho + \alpha f(x)$，这里的正比例常数 α 决定了赌局 f 的赌注大小，它必须独立于 x，而且足够小以至于 $0 < \rho_1(x) < 1$。所以赌局 f 被解释为用概率货币来度量的随机奖励 αf，或者等价于 $M\alpha f$ 张彩票的奖励。

假设主体接受赌局 f，或者说 f 是可取的（desirable），如果任何时候它都愿意接受满足下述条件的交易：

（1）总是可以确定 f 的实际取值 x；

（2）主体将得到总量为 $f(x)$ 的效用。

相对地，当一个赌局不是可取的，主体不一定具有拒绝它的倾向，即主体不能决定接受还是拒绝。可取赌局可以构成可取赌局集，它被表示为 D，它是此理论基础，使用它可以进行推理和决策。

二、理性公理

使用可取赌局集 $D \subseteq L(X)$ 进行推理,需要思考如下三个重要问题：

（1）任意赌局都是可取的吗？

（2）如果某些赌局是可取的，那么可以断定其他赌局也是可取的吗？

（3）必须把某些特殊的赌局集看成是可取的或者不可取的吗？

如果采用下述理性公理，则第一个问题的答案是否定的，但最后两个问题的答案是肯定的。

A1：$\lambda > 0 \bigwedge f \in D \Rightarrow \lambda f \in D$

或者　$\lambda > 0 \Rightarrow \lambda D = D$

A2：$f, g \in D \Rightarrow f + g \in D$

或者　$D + D \subseteq D$

在这里 $\lambda D := \{\lambda f : f \in D\}$ 和 $D + D := \{f + g : f, g \in D\}$ 给出了两种运算。这两个公理表达了三个内容：①正数乘刻画了赌局的可取应该独立于赌注；②组合刻画了任意两个可取赌局的合并也是可取的；③这两个公理一起刻画了效用尺度是线性的，因此能够肯定地回答第二个问题。

如果 $A \subseteq L(X)$ 是可取的，使用上述公理扩张 A 就可以得到它的正包（positive hull）posi$A$，并且正包中的所有赌局都是可取的：

$$\text{posi}A := \left\{ \sum_{k=1}^{n} \lambda_k f_k : \lambda_k > 0 \wedge f_k \in A \wedge n \in \mathbb{N} \right\} \qquad (1)$$

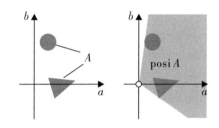

图1-2　正包运算①

对于 $\forall f_k \in \text{posi}A \wedge \forall \lambda_k > 0$ 都有 $\lambda_k f_k \in \text{posi}A$，另外 posi$A$ 是凸的，所以式（1）定义了一个凸锥（convex cone）[194]。把 posi$A$ 称为正包算子，它的作用是产生赌局锥。

例子2　如令 $X = \{a, b\}$ 就得到图1-2，注意排除了 posi$A$ 中的零赌局。

⊣

第三个问题是：当不清楚实验结果的情况下，是否有理由认为某些赌局应该是可取的或者不是可取的？是的，存在这种只有正的支付而没有负的支付的可取赌局，也存在那种只有负的支付而没有正的支付的不可取赌局，这就有了下述两条理性公理：

A3：$f > 0 \Rightarrow f \in D$

　　或者　$L^+(X) \subseteq D$

A4：$f < 0 \Rightarrow f \notin D$

---

①　在只有两个事件的情况下，形象化正包运算的过程。

或者　$D \cap L^-(X) = \varnothing$

在这里用到了零赌局和赌局的不等式，也就是说，$f \geqslant g$ 当且仅当 $inf(f-g) \geqslant$，$f > g$ 当且仅当 $inf(f-g) \geqslant 0 \wedge sup(f-g) > 0$ 或者 $inf(f-g) \geqslant 0 \wedge f \neq g$。此外，$L^+(X) = \{f \in L(X): f > 0\}$，$L^-(X) = \{f \in L(X): f < 0\}$。

例子3　假设 $X = \{a, b\}$，$L^+(X)$ 就是二维坐标图中的正象限，它必须被包含在可取赌局集中，而负象限 $L^-(X)$ 则被排除在可取赌局集之外（见图 1-3）。

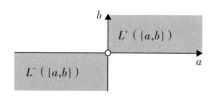

图 1-3　正象限和负象限①

公理 A1、A2、A3、A4 刻画了施加到主体可取赌局集上的理性限制。为什么这些公理是合理的？通过使用概率货币可以辩护它们，把 f 看成是不确定的奖励 αf。

对于 A4，如果 $f < 0 \wedge \alpha > 0$，那么 $\alpha f < 0$，接受 f 一定会降低主体获奖的几率，所以 f 不是可取的。

对于 A3，如果 $f > 0 \wedge \alpha > 0$，那么 $\alpha f > 0$，接受 f 一定会增加主体获奖的几率，所以 f 是可取的。

对于 A1，比较两个赌局：（g1）αf，（g2）。如果一个无关的随机事件 C 发生则得到 αf，否则什么也得不到，因为 C 不发生 g2 为 0，所以 g2 是可取的当且仅当在 C 发生的条件下 g2 是可取的。在 C 发生的条件下，g1 等价于 g2，所以 g2 是可取的当且仅当 g1 是可取的，但是在任意状态 $x \in X$ 下，接受 g2 就增加了获奖的几率 $\beta \alpha f(x)$，$\beta \in 0, 1$，因此 g2 等价于奖励 $\beta \alpha f$。这就表明，对于 $\forall \beta \in (0, 1]$ 而言，赌局 $\beta \alpha f$ 是可取的当且仅当赌局 αf 是可取的，因此 f 的可取不依赖于 α，所以 A1 成立。这条公理反映了可以任意选择效用的测量单位，一个赌局 f 可以等价于使用了另一种效用

---

① 在只有两个事件的情况下，可视化 $L^+(X)$ 和 $L^-(X)$。

单位的赌局 λf。

对于 A2，假设 f、g 都是可取的，引入一个与 X 无关的事件 C 具有 $1/2$ 可能性的随机实验，如抛掷公平的硬币得到事件 C——正面朝上。考虑复合赌局 Z：如果 C 发生 Z，就产生 αf 的奖励，否则产生 αg 的奖励。那么无论 C 是否发生，Z 都是可取的，所以 Z 是无条件可取的。在状态 x 下，接受 Z 增加了获奖几率 $(1/2)\alpha f(x) + (1/2)\alpha g(x)$，所以 Z 等价于奖励 $(1/2)\alpha(f + g)$，通过 A1 赌局 $f + g$ 是可取的[123]。

因此，公理 A1、A2、A3、A4 合理地刻画了理性。

如果把 1.4 和 1.5 中的 $L^+(X)$ 和 $L^-(X)$ 分别替换为它们的内部 (interior)，则可获得一对更弱的公理：

A5：$\inf f > 0 \Rightarrow f \in D$

或者　　$int(L^+(X)) \subseteq D$

A6：$\sup f < 0 \Rightarrow f \notin D$

或者　　$D \cap int(L^-(X)) = \varnothing$

显然 A3 弱于 A5，因为 $\inf f > 0$ 可以推出 $f > 0$，但是逆命题不成立。同理，A4 弱于 A6。那么，上述 A3 和 A4 的辩护对 A5 和 A6 也成立。

命题 1　如果 $f \in D$ 和 $g \geqslant f$，那么 $g \in D$。

证明：$g \geqslant f$ 推出 $g - f \geqslant 0$，由 A3 得到 $(g - f) \in D$。且 $f \in D$，由 A2 得出 $f + (g - f) = g \in D$。

$\dashv$

三、IP 归纳中的一致性：避免部分损失

在经典逻辑中，任何推导 $\Gamma \vdash A$ 都是从一个语句集 Γ 开始的，为了使得此推导有意义，Γ 必须是一致的。同理，在非精确概率归纳推理中，任何推理也是从一个非精确概率评估 A 开始的，A 必须满足一个类似一致性的条件，即避免确定损失。

定义 3　如果评估 A 中的赌局的任意非负线性组合产生了部分损失，那么评估 A 就被定义为招致了部分损失，即

$$posiA \cap L^-(X) \neq \varnothing$$

相反，如果

$$posiA \cap L^-(X) = \varnothing$$

那么，评估 A 就避免了部分损失。当 $L^-(X)$ 被 $int(L^-(X))$ 代替时，就分别得到了招致确定损失和避免了确定损失的定义。

$$posiA \cap int(L^-(X)) = \varnothing$$

命题2　令 A 是任何赌局集，

（1）如果 A 避免部分损失，那么它就避免确定损失；

（2）如果 A 招致确定损失，那么它就招致部分损失。

证明：

（1）如果 A 避免了部分损失，即 $posiA \cap L^-(X) = \varnothing$，因为 $int(L^-(X)) \subseteq L^-(X)$，所以 $posiA \cap int(L^-(X)) = \varnothing$，即 A 避免确定损失。

（2）如果 A 招致确定损失，即 $posiA \cap int(L^-(X)) \neq \varnothing$，则 $\exists f((f \in posiA) \wedge (f \in int(L^-(X))))$，由于 $int(L^-(X)) \subseteq L^-(X)$，则 $\exists f((f \in posiA) \wedge (f \in L^-(X)))$，即 $posiA \cap L^-(X) \neq \varnothing$。

例子4　令 $X = \{a, b\}$，但是评估 A 招致确定的损失，因为存在两个元素的 $f, g \in A$，由正包算子所产生的 $f + g \in int(L^-(X))$，那么 $posiA \cap int(L^-(X)) \neq \varnothing$，所以评估 A 招致了确定的损失，见图 $1-4$。

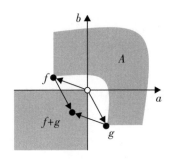

图 1-4　评估 A 招致了确定损失①

四、IP 归纳的闭包：融贯性

对于经典逻辑中的任何推导 $\Gamma \vdash A$，Γ 不是可以推出任何东西，即存在包含 Γ 演绎闭包，且此闭包是一致的。同理，在非精确概率归纳推理中，从评估 A 开始的任何推理，存在满足避免确定损失且包含 A 的闭包，这就是融贯性所表达的东西。

———————————

① 可视化在只有两个事件的情况下，避免确定损失的过程。

定义 4   一个可取赌局集 D 满足理性公理 A1、A2、A3、A4，那么 D 就是融贯的（coherent）。可能空间 X 上的所有可取赌局融贯集组成集合 $D(X)$。

命题 3   满足 A1、A2、A5、A6 的赌局集 A 是融贯的。

证明：显然 A3 弱于 A5，因为 $inf\, f > 0$ 可以推出 $f > 0$，但是逆命题不成立。同理，A4 弱于 A6。

⊣

所以一个融贯的可取赌局集是排除了 $L^-(X)$ 且包含 $L^+(X)$ 的凸锥。

例子 5   令 $X = \{a, b\}$，图 1−5 就展示了一个可取赌局融贯集。

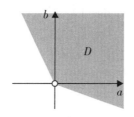

图 1−5   可取赌局的融贯集 D①

没有可取赌局的融贯集包含招致部分损失的评估，但是一般而言，对于一个避免了部分损失的评估而言，存在无穷多个包含它的可取赌局融贯集。

例子 6   令 $X = \{a, b\}$，图 1−6 展示对于评估 A 的六种融贯扩张，注意忽视虚线，因为需要排除 posi$A$ 中的零赌局。

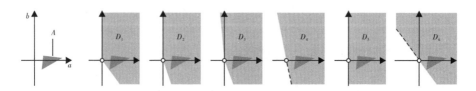

图 1−6   包含评估 A 的多个融贯扩张②

---

① 可视化在只有两个事件的情况下，可取赌局的融贯集。
② 可视化在只有两个事件的情况下，多个融贯扩张。

可以依据集合间的包含关系 $\subseteq$ 对于这些可取赌局融贯集进行排序。假设 D_1 和 D_2 都是可取赌局集，且 $D_1 \subseteq D_2$，就说 D_2 比 D_1 具有更多的承诺（committal），因为 D_2 刻画了一种主体承诺接受更多赌局的状态。另外，这种偏序具有最小元 $L^+(X)$。避免了部分损失的评估的融贯扩张集继承了这种序。

例子7　图 1-7 给出了所展示的六种扩张的哈斯图。

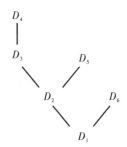

图 1-7　可取赌局融贯集之间的偏序关系①

基于这些集合，直觉显示 D_1 是评估 A 的最低承诺融贯扩张，也就说，D_1 是所有融贯扩张的交 $\mathbf{D}_A$。那么对于任意评估，是否存在最低承诺融贯扩张？

五、IP 推理的规则：自然扩张

在经典逻辑中，通过演绎关系可以得到演绎闭包。同理，在非精确概率归纳推理中，对于从评估 A 开始的任何推理，存在一种最保守的方法得到闭包，这就是自然扩张。

定义5　给定一个评估 A，它的自然扩张（natural extension）就是：
$$E(A) := \mathrm{posi}((A) \cup L^+(X))$$
$$= \mathrm{posi}A \cup L^+(X) \cup (\mathrm{posi}A + L^+(X))$$
此定义是很直观的，因为 $L^+(X)$ 中的赌局都是可取的，依据式（1）可以得到第一个等号。又依据式（1）和 $L^+(X)$ 是一个凸锥，可以得到最

———————————

①　可视化在只有两个事件的情况下，多个融贯扩张之间的关系。

右边的表达式。

在自然扩张和最低承诺融贯扩张之间存在一种重要的关系：

命题4 $A \subseteq L(X)$ 的自然扩张 $E(A)$ 等于它的最低承诺融贯扩张 $\cap \mathbf{D}_A$ 当且仅当 A 避免了部分损失[195]。

在本推理中，自然扩张是首要的工具：给定某个初始评估，不需要其他条件，使用自然扩张就可以直接推导出可取赌局融贯集。

第二节 条件可取赌局集理论

有时研究者希望能够从一种不同的视角来看待实验，如聚焦于某些特殊方面或者组合不同的方面。同时，研究者也希望把一个可能空间上的可取赌局集所表达的信息转入另一个空间上去。本节将首先讨论赌局空间的转换，它是处理这些问题的基本数学工具，然后用此工具讨论条件化。

一、赌局空间的转换

给定两个可能空间 Z 和 X，以及分别对应的赌局集，这两个赌局集之间的关系可以表达为从 $L(Z)$ 到 $L(X)$ 的转换（transformations）Γ，而且这种转换保持连续性。首先，引入一些概念。

（1）线性：$\lambda \in \mathbb{R} \Rightarrow \Gamma(\lambda f + g) = \lambda \Gamma f + \Gamma g$

（2）递增：$f > g \Rightarrow \Gamma f > \Gamma g$

一个赌局集 $A \subseteq L(Z)$ 的象是 $\Gamma A := \{\Gamma f : f \in A\}$，所以 $\operatorname{im} \Gamma :=$ $\Gamma(L(Z))$ 就是 $L(Z)$ 在 Γ 下的值域。赌局集 $A \subseteq \operatorname{im} \Gamma$ 的逆象是 $\Gamma^{-1}A :=$ $\{f \in L(Z) : \Gamma f \in A\}$，特别地，核 $\ker \Gamma := \Gamma^{-1}\{0\}$。当 Γ 是单射时，它的逆象 Γ^{-1} 也是 $\operatorname{im} \Gamma$ 上的转换，即 $\{\Gamma^{-1}f\} = \Gamma^{-1}\{f\}$。一个线性递增单射转换的逆也是线性的，但是不一定是递增的。[196]

当然，其他转换也是有益的，这里将关注一类特殊的转换，它保持性质"避免部分损失"不变，而且与自然扩张也是可互换的——$\Gamma(E(A))$ $= E(\Gamma(A))$。本书把带有递增的逆的线性递增单射转换称为 liiwii 转换，此转换保持"避免部分损失"和"融贯性"不变。

命题5 给定一个从 $L(Z)$ 到 $L(X)$ 的 liiwii 转换 Γ，那么：

（1）Γ 和 posi 可互换，即 $\Gamma(\operatorname{posi} A) = \operatorname{posi}(\Gamma A) = \operatorname{posi}(\Gamma A) \cap \operatorname{im} \Gamma$；

（2）$\Gamma(L^+(Z)) = L^+(X) \cap \text{im}\Gamma$ 和 $\Gamma(L^-(Z)) = L^-(X) \cap \text{im}\Gamma$。[195]

命题6　给定一个从 $L(Z)$ 到 $L(X)$ 的 liiwii 转换 Γ，那么：

（1）对于任意 $A \subseteq L(Z)$，$\Gamma(E(A)) = (E\Gamma(A)) \cap \text{im}\Gamma$；

（2）$\Gamma(A)$ 避免了部分损失当且仅当 A 避免了部分损失。[195]

给定一个可取集 $D \subset L(X)$，可以利用一个从 $L(Z)$ 到 $L(X)$ 的 liiwii 转换 Γ 去导出一个 Z 上的可取赌局集 $D_\Gamma := \Gamma^{-1}D$。

命题7　给定一个从 $L(Z)$ 到 $L(X)$ 的 liiwii 转换 Γ，如果 $D \subset L(X)$ 是融贯的，那么 D_Γ 也是融贯的。[195]

例子8　在图 1-8 的例证中，Γ 是从 $L(\{d, b\})$ 到 $L(\{a, b\})$ 的映射，且满足对任意 $\{d, b\}$ 上的赌局 h：

$$(\Gamma h)(a) = (1/2)h(d)$$
$$(\Gamma h)(b) = h(b)$$

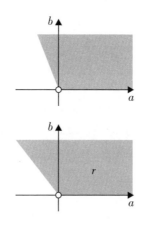

图 1-8　被导出的可取赌局融贯集①

二、条件可取赌局集

当实验的结果属于某个条件事件 $B \subseteq X$ 时，刻画这种情形就得到了表达条件化的不确定模型，这时研究者关注以 B 发生为条件的赌局，即如果

————

①　可视化在只有两个事件的情况下，赌局集之间的映射。

B 不发生主体就不获得支付，或者如果 B 发生就获得支付的赌局。

通过引入 liiwii 转换 $\ulcorner_{B^C}$，它把任意条件事件 B 上的赌局映射为 X 上的条件赌局（contingent gamble）。对于 B 上的任意赌局 h：

$$(\ulcorner_{B^C}h)(x) := \begin{cases} h(x), & x \in B \\ 0, & x \in B^C \end{cases}$$

这里 $B^C := X \setminus B$ 是 B 的补。给定一个可取赌局集 $A \subseteq L(X)$，则：

$$\begin{aligned} A \rfloor B &:= A_{\ulcorner_{B^C}} \\ &= (\ulcorner_{B^C})^{-1} A \\ &= \{h \in L(B) : \ulcorner_{B^C}h \in A\} \\ &= \{f \in L(X), fI_B \in A\} \end{aligned}$$

$A \rfloor B$ 被叫作 B 条件下的可取赌局集。

定理 1 令事件 $A, B \subseteq X$，那么：

(1) 如果 $B = \varnothing$，则 $A \rfloor B = \varnothing$；

(2) 如果 $B = X$，则 $A \rfloor X = A$；

(3) 如果 $A \cap B = \varnothing$，则 $A \rfloor A \cap A \rfloor B = \varnothing$；

(4) 如果 $A = B^C$，则 $A \rfloor A = A \rfloor B^C$。

证明：

(1) 如果 $B = \varnothing$，那么 $L(B) = \varnothing$，所以 $A \rfloor B = \varnothing$；

(2) 如果 $B = X$，则 $\ulcorner_{B^C}h = h$，则 $A \rfloor B = \{h \in L(X) : \ulcorner_{B^C}h \in A\} = A$；

(3) 如果 $A \cap B = \varnothing$，则 $L(A) \cap L(B) = \varnothing$，则 $A \rfloor A \cap A \rfloor B = \varnothing$；

(4) 如果 $A = B^C$，则 $A \rfloor A = \{h \in L(A) : \ulcorner_{B^C}h \in A\} = \{h \in L(B^C) : \ulcorner_{B^C}h \in A\} = A \rfloor B^C$。

$\dashv$

一个可取赌局的条件集表达了在条件事件出现的情况下的承诺，这可以被用于更新可取赌局集。

三、避免部分损失和自然扩张

定义 6 令 $A \rfloor B = \{f \in L(X), fI_B \in A\}$ 是任意的条件可取赌局集，如果 $A \rfloor B$ 满足公理 A1、A2、A3、A4，则 $A \rfloor B$ 被叫作融贯的。在条件 B 下的所有融贯条件可取赌局集构成集合 $\mathbf{D} \rfloor B$。

例子 9 令

$$(L \rfloor B)_{\geq 0} := \{f \in L(X), fI_B \geq 0\}$$

它是一个被包含在 $\mathbf{D} \rfloor B$ 的任意元素中的融贯条件可取赌局集，即 $\mathbf{D} \rfloor B$ 中最小的、最保守的、带有最少信息的元素，所以 $(L \lfloor B)_{\geqslant 0}$ 被叫作空条件可取赌局集。如果主体采用 $(L \lfloor B)_{\geqslant 0}$ 作为自己的信念模型，那么无论赌局的结果是什么，主体的效用一定不会有损失，因为 $(L \lfloor B)_{\geqslant 0}$ 中的所有赌局都是非负的，所以它是主体对赌局一无所知的模型。

⊣

命题 8　满足 A1、A2、A5、A6 的赌局集 $A \lfloor B$ 是融贯的。

证明：显然？

⊣

命题 9　如果 $B = X$，则：

（1）定义 6 等价于定义 4；

（2）当且仅当命题 3。

证明：

（1）$B = X$，当且仅当 $A \lfloor B = A \lfloor X = A$。$A \lfloor B$ 是融贯的，即它满足公理 A1、A2、A3、A4，当且仅当 A 满足公理 A1、A2、A3、A4，即 A 是融贯的；

（2）显然？

⊣

如果主体确定了一个条件可取赌局集 $A \lfloor B$，一般而言，$A \lfloor B$ 不一定是融贯的。是否可以通过添加某些必要的赌局把 $A \lfloor B$ 扩张成一个融贯条件可取赌局集？答案是肯定的。

定义 7　令 $A \lfloor B$ 是一个条件可取赌局集，

$$E_{A \lfloor B} := \left\{ g + \sum_{k=1}^{n} \lambda_k f_k : gI_B \geqslant 0, n \geqslant 0, f_k \in A \lfloor B, \right.$$

$$\left. \lambda_k \in \mathbb{R}_{\geqslant 0}, k = 1, 2, \cdots, n \right\} \tag{2}$$

命题 10　$E_{A \lfloor B}$ 是包含 $A \lfloor B$ 且满足公理 A2、A3、A4 的最小可取赌局集。

证明：显然？

⊣

可以发现 $E_{A \lfloor B}$ 不一定满足 A1，如果 $A \lfloor B$ 不满足 A1，通过（2）得出的 $E_{A \lfloor B}$ 也不会满足 A1。因此，在使用式（2）之前，就需要考虑 $A \lfloor B$ 是否满足 A1。

定义 8　令 $A \lfloor B$ 是一个条件可取赌局集，如果

$$(\forall n \in \mathbb{N})(\forall \lambda_1, \lambda_2, \cdots, \lambda_n \in \mathbb{R}_{\geqslant 0})(\forall f_1, f_2, \cdots, f_n \in A \lfloor B) \sum_{k=1}^{n} \lambda_k f_k \not< 0$$

则 $A \lfloor B$ 被叫作避免部分损失。

命题 11　令 $A \lfloor B$ 是一个条件可取赌局集，如果 $B = X$，则定义 8 等价于定义 3。

证明：显然?

$\dashv$

定理 2　令 $A \lfloor B$ 是一个条件可取赌局集，$A \lfloor B$ 避免部分损失当且仅当 $A \lfloor B$ 被包含在某个融贯条件可取赌局集中：

$$\{D \lfloor B \in \mathbf{D} \rfloor B : A \lfloor B \subseteq D \lfloor B\} \neq \varnothing$$

证明：

$\Leftarrow$，假设存在某个融贯条件可取赌局集 $D \lfloor B$ 包含 $A \lfloor B$，考虑任意 $n \in \mathbb{N}$，任意实数 $\lambda_k \geq 0$，$A \lfloor B$ 中的任意赌局 f_k，通过公理 A1、A2 得出 $g := \sum_{k=1}^{n} \lambda_k f_k$ 属于 $D \lfloor B$，因为 $D \lfloor B$ 是融贯的，所以 $g \not< 0$。

$\Rightarrow$，由定义 7 得出 $E_{A \lfloor B}$ 是包含 $A \lfloor B$ 且满足公理 A1、A2、A3 的条件可取赌局集，如果（$\forall h \in E_{A \lfloor B}$）（$h \not< 0$），那么 $E_{A \lfloor B}$ 就满足 A4，因此它就是一个包含 $A \lfloor B$ 的条件可取融贯集。

$\dashv$

一旦有了避免部分损失的评估 $A \lfloor B$，它就可以被扩张成一个融贯条件可取赌局集。但是在众多的融贯扩张中，研究者想知道哪一个是最保守的。

命题 12　考虑一簇条件可取赌局集 $(A \lfloor B)_i$，$i \in I$，如果任意 $(A \lfloor B)_i$ 都是融贯的，那么 $\cap_{i \in I} (A \lfloor B)_i$ 也是融贯的。

证明：显然?

$\dashv$

某个性质在大交集下保持不变，这就是闭包的思想。对于任意评估 $A \lfloor B$，考虑包含它的融贯条件可取赌局集的类 $\{D \lfloor B \in \mathbf{D} \rfloor B : A \lfloor B \subseteq D \lfloor B\}$，把这个类上的大交集定义为 $A \lfloor B$ 的闭包 $\mathrm{Cl}_{\mathbf{D} \lfloor B}(A \lfloor B)$：

$$\mathrm{Cl}_{\mathbf{D} \lfloor B}(A \lfloor B) := \cap \{D \lfloor B \in \mathbf{D} \rfloor B : A \lfloor B \subseteq D \lfloor B\}$$

约定 $\cap \varnothing = \{f I_B : f \in L(X)\}$。定义了算子 $\mathrm{Cl}_{\mathbf{D} \lfloor B}$，就有如下性质。

定理 3　令 $A \lfloor B$、$(A \lfloor B)_1$、$(A \lfloor B)_2$ 是条件可取赌局集，那么：

（1）$(A \lfloor B) \subseteq \mathrm{Cl}_{\mathbf{D} \lfloor B}((A \lfloor B))$。

（2）如果 $(A \lfloor B)_1 \subseteq (A \lfloor B)_2$，那么 $\mathrm{Cl}_{\mathbf{D} \lfloor B}((A \lfloor B)_1) \subseteq \mathrm{Cl}_{\mathbf{D} \lfloor B}((A \lfloor B)_2)$。

（3）$\mathrm{Cl}_{\mathbf{D} \lfloor B}\left(\mathrm{Cl}_{\mathbf{D} \lfloor B}(A \lfloor B)\right) = \mathrm{Cl}_{\mathbf{D} \lfloor B}(A \lfloor B)$。

（4）如果 $(A \lfloor B) \subseteq (L \lfloor B)_{\geq 0}$，那么 $\mathrm{Cl}_{\mathbf{D} \lfloor B}(A \lfloor B) = (L \lfloor B)_{\geq 0}$。

（5）$A{\rfloor}B$ 避免部分损失当且仅当 $\mathrm{Cl}_{\mathbf{D}{\rfloor}B}(A{\rfloor}B) \neq (L{\rfloor}B)$。

（6）$A{\rfloor}B$ 是融贯条件可取赌局集当且仅当它避免部分损失且 $A{\rfloor}B = \mathrm{Cl}_{\mathbf{D}{\rfloor}B}(A{\rfloor}B)$。

证明：

（1）显然?

（2）如果 $(A{\rfloor}B)_1 \subseteq (A{\rfloor}B)_2$，那么 $\{D{\rfloor}B \in \mathbf{D}{\rfloor}B : (A{\rfloor}B)_1 \subseteq D{\rfloor}B\} \supseteq \{D{\rfloor}B \in \mathbf{D}{\rfloor}B : (A{\rfloor}B)_2 \subseteq D{\rfloor}B\}$，那么由 $\mathrm{Cl}_{\mathbf{D}{\rfloor}B}$ 的定义可得出 $\mathrm{Cl}_{\mathbf{D}{\rfloor}B}((A{\rfloor}B)_1) \subseteq \mathrm{Cl}_{\mathbf{D}{\rfloor}B}((A{\rfloor}B)_2)$。

（3）因为 $\mathrm{Cl}_{\mathbf{D}{\rfloor}B}(A{\rfloor}B) \in \mathbf{D}{\rfloor}B$，所以 $\cap \{D{\rfloor}B \in \mathbf{D}{\rfloor}B : \mathrm{Cl}_{\mathbf{D}{\rfloor}B}(A{\rfloor}B) \subseteq D{\rfloor}B\} = \mathrm{Cl}_{\mathbf{D}{\rfloor}B}(A{\rfloor}B)$，即 $\mathrm{Cl}_{\mathbf{D}{\rfloor}B}\left(\mathrm{Cl}_{\mathbf{D}{\rfloor}B}(A{\rfloor}B)\right) = \mathrm{Cl}_{\mathbf{D}{\rfloor}B}(A{\rfloor}B)$。

（4）如果 $(A{\rfloor}B) \subseteq (L{\rfloor}B)_{\geqslant 0}$，那么 $\{DB \in \mathbf{D}{\rfloor}B : A{\rfloor}B \subseteq D{\rfloor}B\} = \mathbf{D}{\rfloor}B$，因为 $\mathbf{D}{\rfloor}B$ 中所有元素的交集就是 $(L{\rfloor}B)_{\geqslant 0}$。

（5）如果 $A{\rfloor}B$ 避免部分损失，那么 $\mathrm{Cl}_{\mathbf{D}{\rfloor}B}(A{\rfloor}B)$ 就是融贯的，因此 $\mathrm{Cl}_{\mathbf{D}{\rfloor}B}(A{\rfloor}B) \neq L{\rfloor}B$。相反的，如果 $A{\rfloor}B$ 招致部分损失，那么 $\mathrm{Cl}_{\mathbf{D}{\rfloor}B}(A{\rfloor}B) = \cap \varnothing = L{\rfloor}B$。

（6）假设 $A{\rfloor}B$ 避免部分损失且 $A{\rfloor}B = \mathrm{Cl}_{\mathbf{D}{\rfloor}B}(A{\rfloor}B)$。由 $A{\rfloor}B$ 避免部分损失推出 $\{D{\rfloor}B \in \mathbf{D}{\rfloor}B : A{\rfloor}B \subseteq D{\rfloor}B\} \neq \varnothing$，那么 $\mathrm{Cl}_{\mathbf{D}{\rfloor}B}(A{\rfloor}B)$ 是融贯的，所以 $A{\rfloor}B = \mathrm{Cl}_{\mathbf{D}{\rfloor}B}(A{\rfloor}B)$ 是融贯的。相反的，如果 $A{\rfloor}B$ 是融贯的，那么 $A{\rfloor}B \in \mathbf{D}{\rfloor}B$，所以 $\mathrm{Cl}_{\mathbf{D}{\rfloor}B}(A{\rfloor}B) = A{\rfloor}B$。因为 $A{\rfloor}B$ 是融贯的，所以 $\mathrm{Cl}_{\mathbf{D}{\rfloor}B}(A{\rfloor}B) = A{\rfloor}B \neq L{\rfloor}B$，由（5）可得出 $A{\rfloor}B$ 避免部分损失。

$\dashv$

定义 9　令 $A{\rfloor}B$ 是一个条件可取赌局集，则：

$\mathrm{Cl}_{\mathbf{D}{\rfloor}B}(A{\rfloor}B)$

$:= E_{A{\rfloor}B}$

$= \left\{ g + \sum_{k=1}^{n} \lambda_k f_k : gI_B \geqslant 0, n \in \mathbb{N}, f_k \in A{\rfloor}B, \lambda_k \in \mathbb{R}_{\geqslant 0}, k = 1,2,\cdots,n \right\}$

$= \left\{ h \in L{\rfloor}B : h \geqslant \sum_{k=1}^{n} \lambda_k f_k, n \in \mathbb{N}, f_k \in A{\rfloor}B, \lambda_k \in \mathbb{R}_{\geqslant 0} \right\}$

$\mathrm{Cl}_{\mathbf{D}{\rfloor}B}(A{\rfloor}B)$ 被叫作 $A{\rfloor}B$ 的自然扩张。

命题 13　令 $A{\rfloor}B$ 是一个条件可取赌局集，如果 $B = X$，那么定义 9 等价于定义 5。

证明：显然?

定理 4　如果条件可取赌局集 $A{\rfloor}B$ 避免部分损失，那么：

（1）$\mathrm{Cl}_{\mathbf{D}\rfloor B}(A\rfloor B)$ 是包含 $A\rfloor B$ 的最小融贯条件可取赌局集。

（2）$\mathrm{Cl}_{\mathbf{D}\rfloor B}(A\rfloor B) = E_{A\rfloor B}$。

证明：

（1）如果 $A\rfloor B$ 避免部分损失，那么 $\{D\rfloor B \in \mathbf{D}\rfloor B : A\rfloor B \subseteq D\rfloor B\} \neq \varnothing$，因此 $\mathrm{Cl}_{\mathbf{D}\rfloor B}(A\rfloor B)$ 是融贯条件可取赌局集。很明显，$\mathrm{Cl}_{\mathbf{D}\rfloor B}(A\rfloor B)$ 包含 $A\rfloor B$，而且被包含在任意包含 $A\rfloor B$ 的融贯条件可取赌局集中，那么 $\mathrm{Cl}_{\mathbf{D}\rfloor B}(A\rfloor B)$ 就是包含 $A\rfloor B$ 的最小融贯条件可取赌局集。

（2）通过 $E_{A\rfloor B}$ 的定义，可以看出它满足公理 A1、A2、A3。考虑 $E_{A\rfloor B}$ 中的任意元素 $h = g + \sum_{k=1}^{n}\lambda_k f_k$，因为 $A\rfloor B$ 避免部分损失，所以 $\sum_{k=1}^{n}\lambda_k f_k \not< 0$，又因为 $g \geq 0$，所以 $h \not< 0$，即 $E_{A\rfloor B}$ 满足公理 A4，所以它是融贯的。通过 $E_{A\rfloor B}$ 的定义可以看出它是包含 $A\rfloor B$ 的任意融贯条件可取赌局集的子集。所以 $E_{A\rfloor B}$ 是最小的融贯条件可取赌局集，即 $\mathrm{Cl}_{\mathbf{D}\rfloor B}(A\rfloor B) = E_{A\rfloor B}$。 ⊣

当对一个避免部分损失的评估 $A\rfloor B$ 使用闭包算子（即自然扩张）$\mathrm{Cl}_{\mathbf{D}\rfloor B}(A\rfloor B)$ 时，这等价于：首先对 $A\rfloor B$ 施加公理 A1、A2、A3 得到新的赌局，然后把这些新的赌局添加到了 $A\rfloor B$ 中去。这表明自然扩张是一种保守的推理机制，因为它把避免部分损失的评估 $A\rfloor B$ 同由公理 A1、A2、A3 得到的最小融贯条件可取赌局集联系起来。

因为总是存在这种保守的推理，这就保证了总是可以假定主体具有一个融贯条件可取赌局集，它把评估 $A\rfloor B$ 转化为 $\mathrm{Cl}_{\mathbf{D}\rfloor B}(A\rfloor B)$。但是，如果 $A\rfloor B$ 招致部分损失，$\mathrm{Cl}_{\mathbf{D}\rfloor B}(A\rfloor B)$ 也会招致部分损失，那么评估 $A\rfloor B$ 就是不理性的，而必须通过移除某些赌局以满足避免部分损失。

通过命题 13、命题 11、命题 9，可以发现条件可取赌局集是（非条件）可取赌局集的扩张，可取赌局集只是条件可取赌局集的特例。

第三节　下界预期理论

"可取"概念提供了一个基础去构造非精确概率的一般理论，但是该理论不是用事件、条件概率、期望等传统概念来构建的，而是通过下界预期和上界预期来建立的。下界预期和上界预期理论属于概率的主观主义，主观概率具有很多不同的解释，本书将采用行为解释：主体对赌局的概率反映它采取确定行动的意愿。

一、下界预期和上界预期

考虑一个非空集 X，它被解释为某个实验的可能结果集。X 上的一个赌局 f 是 X 上的一个有界实值映射，如果实验的结果是 $x \in X$，那么赌局的值就是 $f(x)$，所以此映射表示一个不确定的奖励。

下界预期理论考虑两种涉及 f 的交易：接受以价格 μ 买进 f（它等价于接受赌局 $f - \mu$）和接受以价格 λ 卖出 f（它等价于接受赌局 $\lambda - f$）。

定义 10 对于某个赌局 f，主体的下界预期 $\underline{P}(f)$ 表示主体买进 f 所接受的上确界价格，也就是说，它是最大的价格 s，且满足对于任意的购买价格 $\mu < s$，主体都愿意接受以 μ 买进 f。

$$\underline{P}(f) := sup\{\mu \in \mathbb{R} : f - \mu \in D\}$$

这里 D 是主体的可取赌局集。这种行为解释意味着对于任意 $\epsilon > 0$，主体愿意接受用 $\underline{P}(f) - \epsilon$ 去买进不确定奖励 f，即主体接受交易 $f - \underline{P}(f) + \epsilon$。但是，研究者并没有说主体实际上会以 $\underline{P}(f)$ 去购买 f。

同时，对于赌局 f，可以考虑主体的上界预期（下确界卖出价格）$\overline{P}(f)$：它是主体出售 f 时愿意接受的最低价格。

$$\overline{P}(f) := inf\{\lambda \in \mathbb{R} : \lambda - f \in D\}$$

所以对于任意 $\epsilon > 0$，主体愿意以价格 $\overline{P}(f) + \epsilon$ 卖出 f。

例子 10 假设抛掷一个硬币，主体接受一个定义在硬币抛掷结果上的赌局 f：如果正面朝上，它得到 10 元；如果反面朝上，它得到 5 元；如果边缘朝上，它得到 0 元。即

$$f(正面) = 10$$
$$f(反面) = 5$$
$$f(边缘) = 0$$

此赌局对主体而言是可取的，因为它不会带来任何财富的损失，甚至会在某些情形中增加财富。一方面，如果主体是理性的，它就愿意以某个价格 x 买进此赌局，此时它是财富将增长 $f - x$：如果正面朝上将增长 $10 - x$ 元，如果反面朝上则增长 $5 - x$ 元，如果边缘朝上则增长 $0 - x$ 元。主体愿意支付的最大价格 x 就是它对 f 的下界预期 $\underline{P}(f)$。如果主体完全能确定硬币不会边缘朝上，那么它将倾向于最多支付 5 元，因为此时它确定自己的财富不会有损失。如果不能确定硬币不会边缘朝上，那么主体会很谨慎，不愿意支付 5 元的购买价格，因为这可能带来损失。另一方面，假设主体手里存在赌局 f，它考虑以某个价格 y 卖出 f。如果正面朝上则财富将

增长 $y-10$ 元，如果反面朝上则财富将增长 $y-5$ 元，如果边缘朝上则财富将增长 $y-0$ 元。它要求的最低出售价格就是 f 的上界预期 $\overline{P}(f)$。如果它确定硬币不会边缘朝上，它就会接受以任何高于 10 的价格卖出 f，因为它确定这样不会损失财富。如果主体知道硬币一定正面朝上，它就不应以低于 10 的价格卖出 f，因为这样才不会导致损失。

$\dashv$

在赌局集 $L(X)$ 的任意子集 K 上，假设主体有一个评估——下界预期 $\underline{P}(f)$，它是一个实值泛函：

$$\underline{P}:K \to \mathbb{R}$$

被叫作定义在 K 上的下界预期。

因为以价格 μ 卖出赌局 f 等价于以价格 $-\mu$ 买进赌局 $-f$，那么 f 的最低可取卖出价格等于 $-f$ 的最高可取买进价格：

$$
\begin{aligned}
\overline{P}(f) &= inf\{\lambda \in \mathbb{R} : \lambda - f \in D\} \\
&= inf\{\lambda \in \mathbb{R} : -f - (-\lambda) \in D\} \\
&= inf\{-\mu \in \mathbb{R} : -f - \mu \in D\} \\
&= -sup\{\mu \in \mathbb{R} : -f - \mu \in D\} \\
&= -\underline{P}(-f)
\end{aligned}
$$

所以如果给定了定义在 K 上的下界预期 $\underline{P}$，通过 $\overline{P}(f) := -\underline{P}(-f)$ 就可以定义 $-K := \{-f : f \in K\}$ 上的共轭上界预期 $\overline{P}$，相反也成立，但主要使用下界预期。

二、避免确定损失

主体的下界预期 $\underline{P}$ 表达出了为了接受确定的赌局需要的条件，因此需要服从第一章第一节中的理性公理。

定义 11 一个下界预期 $\underline{P}$ 避免确定损失，对于任意自然数 $n \geq 0$ 和 K 中的任意赌局 $f_1, f_2, \cdots, f_n$ 而言，

$$\sup_{x \in X} \sum_{i=1}^{n} [f_i(x) - \underline{P}(f_i)] \geq 0$$

如何辩护这个性质呢？假设它不被满足，那么就存在 $n \geq 0$，K 中的赌局 $f_1, f_2, \cdots, f_n, \sigma \geq 0$，满足 $\sum_{k=1}^{n} [f_k - (\underline{P}(f_k) - \sigma)] \leq -\sigma$，这就意味着可取交易 $f_k - (\underline{P}(f_k) - \sigma)$ 的和导致了至少 σ 的损失。但是，通过理性公理 A2 得出可取交易的和仍然是可取的，这同理性公理 A4 矛盾。所以，此性质得到辩护。

就像经典逻辑的推导，如果非精确概率归纳推理的初始评估不满足避免确定损失，那么由此开始的推理是无意义的。

例子 11 主体决定至多用 5 元购买上一个例子中的赌局 f，那么对于另一个赌局 g：

$$g(\text{正面}) = 0$$
$$g(\text{反面}) = 5$$
$$g(\text{边缘}) = 9$$

如果主体决定至多用 6 元去购买赌局 g，那么这两个赌局主体需要付出 $5+6=11$ 元，获得的总的奖励是 $f+g$——如果正面朝上或者反面朝上则主体得到 10 元；如果边缘朝上则主体得到 9 元。因此主体在 $\underline{P}(f) = 5$、$\underline{P}(g) = 6$ 的这种评估下至少损失 $11-10=1$ 元，那么此评估招致了确定的损失，所以此评估是不合理的。

⊻

三、融贯性

定义 12 假设 $\underline{P}$ 的定义域为 K，对于任意自然数 $m, n \geq 0$，K 中的任意赌局 $f_0, f_1, \cdots, f_n$ 而言，如果满足

$$\sup_{x \in X} \sum_{i=1}^{n} \left[f_i(x) - \underline{P}(f_i) \right] - m \left[f_0(x) - \underline{P}(f_0) \right] \geq 0 \tag{3}$$

则 $\underline{P}$ 被叫作融贯的。

如何辩护这个定义呢？假设它不成立。如果 $m=0$，这就表示 $\underline{P}$ 招致了确定损失。如果 $m>0$，那么就存在某个 $\sigma>0$ 满足：

$$\sum_{i=1}^{n} \left[f_i - (\underline{P}(f_i) - \sigma) \right] \leq m \left[f_0 - (\underline{P}(f_0) + \sigma) \right]$$

不等式左边部分是可取交易的和，通过理性公理 A2 得出它是可取的，那么右边部分也是可取的，但是这就意味着主体应该接受以价格 $\underline{P}(f_0) + \sigma$ 购买赌局 f_0，此价格是严格高于原来的购买价格 $\underline{P}(f_0)$，这也是一个问题，但是严重程度低于招致确定损失。

所以融贯性是一个比避免确定损失更强的理性标准，它要求通过正线性组合有穷多个其他可取赌局，不会提高某个赌局 f 最大可取购买价格。

例子 12 主体决定最多用 5 元购买 f；最多用 4 元购买 g；最少用 6 元卖出 g。即

$$\underline{P}(f) = 5$$
$$\underline{P}(g) = 4$$

$$\overline{P}(g) = 6$$

主体的财富相应的变化见表 1 - 1。

表 1 - 1 财富变化

结果 赌局	正面朝上	反面朝上	边缘朝上
f	10	5	0
g	0	5	9
5 元购入 f	5	0	-5
4 元购入 g	-4	1	5
6 元售出 g	6	1	-3

这些评估避免了确定损失，但是不融贯，原因是如果主体接受最多 5 元购买 f，它就应该愿意最低以 5 元的价格卖出 g。因为"最低以 5 元的价格卖出 g"导致财富变化为：正面朝上得到 5 元；反面朝上得到 0 元；边缘朝上得到 -4 元。这种财富的增加高于"最高以 5 元买进 f"，所以"最低以 5 元的价格卖出 g"是可取的，即 $\overline{P}(g) = 5$，这就修改了 g 的最低卖出价格，所以此评估是不融贯的。

⊣

融贯下界预期在推理时很有用处。

定理 5 令 Γ 是一个非空索引集，对于任意 $\gamma \in \Gamma$，令 $\underline{P}_\gamma$ 是定义在 K 上的融贯下界预期，则

（1）下包络定理：K 上的下界预期 $\underline{Q}(f) := \inf_{\gamma \in \Gamma} \underline{P}_\gamma(f)$ 是融贯的。

（2）收敛定理：令 $\underline{P}_n$ 是一列来自 $\{\underline{P}_\gamma : \gamma \in \Gamma\}$ 的融贯下界预期，且逐点收敛到另一个下界预期 $\underline{P}$，即对于任意 $f \in K, \underline{P}(f) := \lim_n \underline{P}_n(f)$；那么 $\underline{P}$ 也是 K 上的融贯下界预期。

（3）凸性定理：令 $\underline{P}_1 \smallsetminus \underline{P}_2 \in \{\underline{P}_\gamma : \gamma \in \Gamma\}$ 和 $\alpha \in (0,1)$，则下界预期 $\alpha \underline{P}_1 + (1 - \alpha) \underline{P}_2$ 也是融贯的。[197]

假设对于任意两个赌局 f、g，令 $f \wedge g$ 表示它们的逐点最小值，$f \vee g$ 表示逐点最大值：对于任意 $x \in X$

$$(f \wedge g)(x) := \min\{f(x), g(x)\}$$
$$(f \vee g)(x) := \max\{f(x), g(x)\}$$

定理 6 令 $\underline{P}$ 是一个融贯下界预期，$\overline{P}$ 是它的共轭融贯上界预期，f_n

是一列赌局。那么，对于任意两个赌局 $f, g \in \text{dom} \underline{P}$，$\forall a \in \mathbb{R}$，$\forall \lambda \in (0, +\infty)$，$\kappa \in [0, 1]$，下列命题都成立：[197]

(1) $\inf f \leqslant \underline{P}(f) \leqslant \overline{P}(f) \leqslant \sup f$

(2) $\underline{P}(a) = \overline{P}(a) = a$

(3) $\underline{P}(f + a) = \underline{P}(f) + a$
$\overline{P}(f + a) = \overline{P}(f) + a$

(4) 如果 $f \leqslant g + a$，那么
$$\underline{P}(f) \leqslant \underline{P}(g) + a$$
$$\overline{P}(f) \leqslant \overline{P}(g) + a$$

(5) $\underline{P}(f) + \underline{P}(g) \leqslant \underline{P}(f + g)$
$$\leqslant \underline{P}(f) + \overline{P}(g)$$
$$\leqslant \overline{P}(f + g)$$
$$\leqslant \overline{P}(f) + \overline{P}(g)$$

(6) $\underline{P}(\lambda f) = \lambda \underline{P}(f)$
$\overline{P}(\lambda f) = \lambda \overline{P}(f)$

(7) $\kappa \underline{P}(f) + (1 - \kappa) \underline{P}(g) \leqslant \underline{P}(\kappa f + (1 - \kappa) g)$
$$\leqslant \kappa \underline{P}(f) + (1 - \kappa) \overline{P}(g)$$
$$\leqslant \overline{P}(\kappa f + (1 - \kappa) g)$$
$$\leqslant \kappa \overline{P}(f) + (1 - \kappa) \overline{P}(g)$$

(8) $\underline{P}(|f|) \geqslant \underline{P}(f)$
$\overline{P}(|f|) \geqslant \overline{P}(f)$

(9) $|\underline{P}(f)| \leqslant \overline{P}(|f|)$
$|\overline{P}(f)| \leqslant \overline{P}(|f|)$

(10) $|\underline{P}(f) - \underline{P}(g)| \leqslant \overline{P}(|f - g|)$
$|\overline{P}(\text{f}) - \overline{P}(g)| \leqslant \overline{P}(|f - g|)$

(11) $|\underline{P}(|f + g|)| \leqslant \underline{P}(|f|) + \overline{P}(|g|)$
$|\overline{P}(|f + g|)| \leqslant \overline{P}(|f|) + \overline{P}(|g|)$

(12) $\underline{P}(f \vee g) + \underline{P}(f \wedge g) \leqslant \underline{P}(f) + \overline{P}(g)$
$$\leqslant \overline{P}(f \vee g) + \overline{P}(f \wedge g)$$
$\underline{P}(f) + \underline{P}(g) \leqslant \underline{P}(f \vee g) + \overline{P}(f \wedge g)$
$$\leqslant \underline{P}(f) + \overline{P}(g)$$
$\underline{P}(f) + \underline{P}(g) \leqslant \overline{P}(f \vee g) + \underline{P}(f \wedge g)$
$$\leqslant \overline{P}(f) + \overline{P}(g)$$

(13) 关于一致收敛，$\underline{P}$、$\overline{P}$ 都是连续的：对于任意 $\epsilon > 0$，任意 $f, g \in$

K，如果

$$sup\,|f - g| < \epsilon$$

那么

$$|\underline{P}(f) - \underline{P}(g)| < \epsilon$$

（14）如果 $\lim\limits_{n\to\infty}\overline{P}(\,|f_n - f|) = 0$，那么

$$\lim\limits_{n\to\infty}\underline{P}(\,|f_n|) = \underline{P}(f)$$
$$\lim\limits_{n\to\infty}\overline{P}(\,|f_n|) = \overline{P}(\text{f})$$

当下界预期 $\underline{P}$ 的定义域 K 是线性空间时——即在赌局的线性组合下封闭，那么融贯性具有一个简单的数学形式[197]，此时 $\underline{P}$ 是融贯的当且仅当：

C1. 接受确定获得：对于任意 $f \in K$，$\underline{P}(f) \geqslant inf\,f$。

C2. 超线性：对于任意 $f, g \in K$，$\underline{P}(f + g) \geqslant \underline{P}(f) + \underline{P}(g)$。

C3. 正齐性：对于任意 $f \in K$ 和 $\lambda > 0$，$\underline{P}(\lambda f) = \lambda \underline{P}(f)$。

事实上，一个下界预期在任何定义域上都是融贯的当且仅当它能够被扩张成一个定义在满足 C1、C2、C3 的线性空间上的下界预期。

一个仅仅定义在事件 A 的指标 I_A 上的融贯下界预期被叫作融贯下界概率，记为

$$\underline{P}(A)：= \underline{P}(I_A)$$

主体对事件 A 的下界概率 $\underline{P}(A)$ 也可以用行为来定义：假设对"事件 A 是否发生"的赌局的总赌注是 1，主体下的注是 r，它的对手下的注是 $1 - r$，如果事件 A 发生主体得到 $1 - r$，如果事件 A 不发生主体得到 $- r$，那么 $\underline{P}(A)$ 被看成是它对事件所下的最大赌注 r。同样地，主体对事件 A 的上界概率 $\overline{P}(A)$ 也被看成是 1 减去它打赌 A 不会发生所下的最大赌注。

这里表达出了下界预期理论同传统概率理论的区别，研究首先从下界和上界预期开始，然后推导出事件的概率，而传统理论是先定义了概率，再通过期望运算把概率扩展到预期。

Walley 认为需要融贯概念足够弱以使它的表达能力足够强，如果有其他的需要可以添加额外条件以得到上界和下界概率、2 - 单调容量（Capacity）、n - 单调容量、信念函数、概率测度等，它们都被看成是融贯下界预期的特例。这些额外的要求能否被看成是理性的条件还存在争议，但融贯性是理性的必要条件。[198]

四、与可取赌局集的关系

为了引入下界预期，需要赌局的"可取"概念，因为需要判断那些形

如 $f - \alpha$ 的赌局是可取的。该思想就建立了融贯下界预期和融贯可取赌局集之间的一种联系。

给定一个融贯可取赌局集 D，可以定义一个下界预期：对于 X 上的任意赌局 f，

$$\underline{P}(f) := sup\{\alpha \in \mathbb{R} : f - \alpha \in D\}$$

那么 $\underline{P}$ 就是一个融贯下界预期，它满足融贯预期的定义。

相反地，如果主体在赌局集 K 上确定了一个下界预期 $\underline{P}$，即对于 $\forall f \in K$，它愿意以不超过 $\underline{P}(f)$ 的任意价格购买 f，所以任意赌局 $f - \underline{P}(f) + \alpha(\alpha > 0)$ 都是可取的，那么就得到了下述两个集合：

$$G_P := \{f - \underline{P}(f) : f \in K\}$$
$$A_P := \{f + \alpha : f \in G_P, \alpha > 0\}$$

因此，确定了下界预期 $\underline{P}$ 就等价于确定了 G_P 中的赌局都是临界可取的（marginally desirable）和 A_P 中的赌局都是可取的。

定理 7　令 $\underline{P}$ 定义在 K 上，[197] 则：

（1）$\underline{P}$ 避免确定损失当且仅当赌局集 A_P 避免部分损失；

（2）$\underline{P}$ 是融贯的当且仅当赌局集 A_P 是融贯的。

所以存在三种不同的方式去表达融贯的评估：融贯可取赌局集、融贯下界预期、线性预期的凸紧集。第一种是最一般的，也是表达力最强的；后两种是数学等价的。它们的使用各有优势，如线性预期的凸紧集在敏感度分析上更有用处；可取赌局集在决策上更有益。

五、最不精确和最精确的预期

融贯下界预期的一种特殊情形就是空（vacuous）下界预期：对于任意赌局 $f \in L$

$$\underline{P}(f) := inf\, f$$
$$\overline{P}(f) := sup\, f$$

意思是：只有当接受此赌局完全不会产生损失时，主体才认为它是可取的，因此它的最大可取购买价格是赌局的最低奖励。此概念表达了如果主体完全不了解任何信息，就产生了最大的不精确。

例子 13　主体对事件 A——抛掷一枚未知偏好的骰子得到 1 点——的发生打赌，则 $X = \{1,2,3,4,5,6\}$，$A = \{1\}$，f 就是 I_A。由于它对此骰子完全不了解，那么

$$\underline{P}(I_A) := inf\, I_A = 0$$

$$\overline{P}(I_A) := sup\, I_A = 1$$

所以主体认为事件 A 发生的概率范围是 $[0,1]$，这产生了最大的不精确。

⊣

最不精确的反面就是最精确——主体的最大购买价格等同于最小卖出价格，那么

$$P(f) := \underline{P}(f) = \overline{P}(f)$$

被叫作 f 的预期或者公平价格。一般而言，如果主体确定了赌局集 K 上的一个预期 P，那么它就隐含地定义了 K 上的下界预期 $\underline{P}$ 和上界预期 $\overline{P}$，且在 K 上 $\underline{P}$ 和 $\overline{P}$ 都等于 P。

现在用 $\overline{Q}$ 表示 $\underline{P}$ 的共轭上界预期，用 $\underline{Q}$ 表示 $\overline{P}$ 的共轭下界预期：对于任意 $f \in -K$ 而言，

$$\overline{Q}(f) := -\underline{P}(-f) = -P(-f)$$
$$\underline{Q}(f) := -\overline{P}(-f) = -P(-f)$$

如果任意 $f \in -K$，就会发现主体对它的最大购买价格 $\underline{Q}(f) := -P(-f)$ 等于最小卖出价格 $\overline{Q}(f) := -P(-f)$，即从"主体对 K 中任意赌局公平价格的评估"可以推出"它对 $-K$ 中任意赌局公平价格的评估"，所以很自然地就把 P 扩张为定义域是 $-K \cup K$ 的 Q，而且对于任意 $f \in -K \cup K$ 而言，在 $Q(f) = -Q(-f)$ 的意义上 Q 是自我共轭的。这样一个定义在负不变（即 $K = -K$）的定义域上的融贯预期被叫作线性预期（linear prevision），$L(X)$ 上的所有线性预期所构成的集合被表示为 $P(X)$[195]。

更加一般而言，一个定义在赌局集 K 上的实值泛函 P 被叫作线性预期，如果对于任意自然数 $m, n \geqslant 0$，任意 K 中的赌局 $f_1, f_2, \cdots, f_m, g_1, g_2, \cdots, g_n$，满足

$$sup_{x \in X} \left[\sum_{i=1}^{m} [f_i(x) - P(f_i)] - \sum_{j=1}^{n} [g_j(x) - P(g_j)] \right] \geqslant 0 \qquad (4)$$

如何辩护此定义呢？假设它对于某个自然数 $m, n \geqslant 0$，某些 K 中的赌局 $f_1, f_2, \cdots, f_m, g_1, g_2, \cdots, g_n$ 不成立，那么存在一个 $\sigma > 0$ 满足

$$\sum_{i=1}^{m} [f_i - P(f_i) + \sigma] + \sum_{j=1}^{n} [P(g_j) - g_j + \sigma] \leqslant -\sigma \qquad (5)$$

一方面，因为 $P(f_i)$ 被解释为主体对赌局 f_i 的最大可取购买价格，所以主体将愿意接受购买价格 $P(f_i) - \sigma$，因此交易 $f_i - P(f_i) + \sigma$ 是可取的；另一方面，因为 $P(g_j)$ 被解释为主体对赌局 g_j 的最小可取卖出价格，主体将愿意接受价格 $P(g_j) + \sigma$，所以交易 $P(g_j) - g_j + \sigma$ 是可取的。那么，不等式（5）的左边是可取的，但是它至少产生了 σ 的损失，这就同理性

公理 A4 矛盾了。

　　一个下界预期和上界预期都融贯的任意泛函，如果它们的定义不是负不变的，那么它们不一定是线性预期。这是因为融贯的下界预期只能保证式（3）对 $n \leqslant 1$ 成立，融贯的上界预期只能保证式（3）对 $m \leqslant 1$ 成立，这两个性质不能推出式（4）成立。

　　例子 14　主体对事件 A——抛掷一枚均匀骰子得到 1 点——的发生打赌，则 $X = \{1,2,3,4,5,6\}$，$A = \{1\}$，f 就是 I_A。由于主体完全了解此骰子，那么

$$\underline{P}(I_A) = \overline{P}(I_A) = 1/6$$

因此主体认为事件 A 发生的概率是 1/6，相较于空下界预期，这产生了最大的精确。

⊣

六、与经典概率的关系

　　定义在某个事件类 F 上的指标的线性预期 P 被叫作 F 上的可加概率。特别地，如果 F 是事件的域，那么 P 就是有穷可加概率，这就从下界预期导出了可加概率，即式（4）简化为通常的概率公理：

PC1.　对于 $\forall A \in F$，$P(A) \geqslant 0$。

PC2.　$P(X) = 1$。

PC3.　当 $A \cap B = \varnothing$ 时，$P(A \cup B) = P(A) + P(B)$。

　　假设一个定义在 $L(X)$ 上的线性预期 P，考虑它在事件的指标集上的限制 Q，这个限制也可以看成是一个定义在 X 的幂集上 $\wp(X)$ 上的集函数：

$$Q(A) := P(I_A)$$

它是有穷可加概率，而且 P 是在事件上等于 Q 的唯一线性预期[199]。因此，对线性预期而言，无论是依据"事件"的公平赔率还是依据"赌局"的公平价格来表达主体的信念，在表达力上这两者没有差异。但是这对一般的下界预期不成立，假设一个定义在事件类上的融贯下界概率，把它扩张成定义在所有赌局上的融贯下界预期，那么存在多少个这样的扩张呢？答案是无穷多个[123]83。这就是为什么本书使用术语"赌局"而不是"事件"来建立融贯下界预期的原因。

　　假设存在两个下界预期 $\underline{P}$ 和 Q，如果

$$\mathrm{dom}\underline{P} \subseteq \mathrm{dom}Q$$

且 $\mathrm{dom}\underline{P}$ 中的任意赌局 f 都有

$$\underline{P}(f) \leqslant Q(f)$$

这就叫作 Q 占优（dominate）$\underline{P}$。

假设 $\underline{P}$ 定义在 K 上，就可以定义出 $\underline{P}$ 的占优线性预期集：

$$M(\underline{P}) := \{P \in P(X) : (\forall f \in K)P(f) \geqslant \underline{P}(f)\}$$

$M(\underline{P})$ 被叫作 $\underline{P}$ 的信度集（credal set），可以用 $M(\underline{P})$ 来刻画 $\underline{P}$ 的融贯性。

定理 8 $\underline{P}$ 是融贯的当且仅当它是 $M(\underline{P})$ 的下包络[123]134，即对任意 $f \in K$，

$$\underline{P}(f) = \min\{P(f) : P \in M(\underline{P})\}$$

占优线性预期集可以建立起融贯下界预期 $\underline{P}$ 和线性预期的弱紧凸集（weak-compact and convex set）之间的一一对应。

命题 14 给定一个融贯下界预期 $\underline{P}$，线性预期集 $M(\underline{P})$ 是弱紧凸集。相反，通过下包络，每个线性预期的弱紧凸集唯一决定了一个融贯下界预期 $\underline{P}$[123]133。

此命题看起来好像表明下界预期理论和贝叶斯敏感度分析是数学等价的，但在条件下界预期上，融贯下界预期和线性预期集并不是数学等价的，这也是本书不赞同贝叶斯敏感度分析的一个原因。

实质上，一个融贯下界预期被它的占优线性预期集的极值点决定。

定理 9 令 $\underline{P}$ 是定义在 K 上的融贯下界预期，$M(\underline{P})$ 是对应的占优线性预期集，则

（1）$M(\underline{P})$ 的极值点的集合 $\mathrm{ext}(M(\underline{P}))$ 是非空的；

（2）$M(\underline{P})$ 是 $\mathrm{ext}(M(\underline{P}))$ 的凸包（convex hull）的弱闭包（weak closure）；

（3）对于任意赌局 $f \in K$，存在一个线性预期 $P \in \mathrm{ext}(M(\underline{P}))$ 满足 $P(f) = \underline{P}(f)$，即 $\underline{P}$ 是 $\mathrm{ext}(M(\underline{P}))$ 的下包络[197]。

综上所述，预期与期望（expectation）、概率的关系足够清楚了：概率和效用的积分就是期望；期望是非精确预期区间中的一个特殊值。预期这个概念里面包含了效用的内涵，因此以预期为基石的 IP 归纳理论能够用于表达风险，而传统的基于概率的归纳推理却力有不逮。

七、自然扩张

基于下界预期可以做出推理。假设主体已经确定某个集合 K 中任意赌局 f 的最大可取购买价格 $\underline{P}(f)$，怎么由此评估推断出 $L(X)$ 中其他赌局 g

的最大可取购买价格?

基本的推理过程如下: $\forall g_1, g_2, \cdots, g_n \in K, \forall f \in L(X) \setminus K$, 非负实数 $\lambda_1, \lambda_2, \cdots, \lambda_n, \sigma > 0$, f 的购买价格 μ 满足: 对于任意 $x \in X$

$$f(x) - \mu \geqslant \sum_{i=1}^{n} \lambda_i [g_i(x) - \underline{P}(g_i) + \sigma]$$

由 $\underline{P}$ 的定义可知不等式右边的交易是可取的, 因为左边的交易优于右边, 所以左边的交易也是可取的。因此主体应该倾向于用价格 μ 去购买赌局 f, 而且它对 f 的最大可取购买价格至少是 μ。

定义 13 $\underline{P}$ 的自然扩张是一个定义在 $L(X)$ 上的下界预期:

$$\underline{E}(f) := \sup_{\substack{g_i \in K, \lambda_i \geqslant 0 \\ i = 1, 2, \cdots, n, n \in \mathbb{N}}} \inf_{x \in X} \left[f(x) - \sum_{i=1}^{n} \lambda_i [g_i(x) - \underline{P}(g_i)] \right] \quad (6)$$

定理 10 假设定义在 K 上的下界预期 $\underline{P}$ 满足避免确定损失, 令 $\underline{E}$ 是它的自然扩张: [197]

(1) $\underline{E}$ 是 L 上的满足在 K 上占优 $\underline{P}$ 的最小融贯下界预期。

(2) $\underline{E}$ 在 K 上等于 $\underline{P}$ 当且仅当 $\underline{P}$ 是融贯的, 此时它是 $\underline{P}$ 到 L 的最小融贯扩张。

因此为了同 $\underline{P}$ 相融贯, $\underline{E}(f)$ 是 f 的最小的、最保守的购买价格。可能存在其他融贯扩张, 但是它们都比 $\underline{E}(f)$ 表达了更强的要求。

例子 15 向主体提供另一个赌局 h:

$$h(\text{正面朝上}) = 2$$
$$h(\text{反面朝上}) = 3$$
$$h(\text{边缘朝上}) = 4$$

考虑前面的评估 $\underline{P}(f) = 5, \underline{P}(g) = 4$, 那么它应该至少支付

$$\underline{E}(h) = \sup_{\lambda_1, \lambda_2 \geqslant 0} \min\{2 - 5\lambda_1 + 4\lambda_2, 3 - \lambda_2, 4 + 5\lambda_1 - 5\lambda_2\}$$

当 $\lambda_1 = 0$、$\lambda_2 = 1/5$ 得到这个上确界 $\underline{E}(h) = 14/5$, 它是从前面的评估和融贯性推出的 h 的最大可取购买价格。

如果下界预期 $\underline{P}$ 不满足避免确定损失, 那么等式 (6) 将得出对于任意的 $f \in L$ 而言 $\underline{E}(f) = +\infty$。原因是如果主体的初始评估产生损失, 那么通过线性组合将产生更大的损失。所以首要验证的是初始评估是否满足避免确定损失, 然后再考虑它的推导。

假设下界预期 $\underline{P}$ 避免确定损失, $\underline{E}$ 就是定义在所有赌局上的最小融贯下界预期, 且满足在 K 上占优 $\underline{P}$, 因为满足 $Q(f) \geqslant \underline{P}(f), f \in K$ 的其他任何融贯下界预期 Q 都满足 $Q(f) \geqslant \underline{E}(f), f \in L$。一般而言, $\underline{E}$ 不是 $\underline{P}$ 的扩

张，但是，当 P 融贯时，E 是 P 的扩张；当 P 不融贯时，自然扩张将会把 P 修改为最小的融贯下界预期。所以，自然扩张可以把初始评估修改成满足融贯性的其他评估，而且是最保守的修改。

例子 16　再次考察评估：

$$\underline{P}(f) = 5$$
$$\underline{P}(g) = 4$$
$$\overline{P}(g) = 6$$

即例子 12，已经表明这些评估避免确定损失但是不融贯。如果运用等式（6）将得到它们的自然扩张：

$$\underline{E}(f) = 5$$
$$\underline{E}(g) = 4$$
$$\overline{E}(g) = 5$$

由此可以发现，自然扩张修改了原来的评估，因此主体倾向于任何大于 5 元的价格卖出赌局 g 是融贯的，而倾向于任何大于 6 元的价格卖出赌局 g 是不融贯的。

⊣

由融贯下界预期 P 导出的自然扩张也可以由其他等价的理论来计算。

考虑定义域为 K 的融贯下界预期 $\underline{P}$，得出 $A_P := \{f - \underline{P}(f) + \alpha : f \in K, \alpha > 0\}$ 为对应的可取赌局集，A_P 的自然扩张 $E(A_P)$ 给出了包含 A_P 的最小融贯可取赌局集，那么 $E(A_P)$ 在集合 $A_P \cup L^+$ 的正线性组合下是封闭的，即包含 A_P 和所有非负赌局的最小凸锥。$\underline{P}$ 的自然扩张就是 $\underline{E}(f) = sup\{\mu : f - \mu \in E(A_P)\}$。

如果考虑 K 上占优 $\underline{P}$ 的线性预期集合 $M(\underline{P})$，那么

$$\underline{E}(f) = \min\{P(f) : P \in M(\underline{P})\}$$

当 $\underline{P}$ 是定义在线性空间上的融贯下界预期时，$\underline{P}$ 的自然扩张的表达式可以被简化，也就是说，可以简化自然扩张的计算，这就得到下述命题。

定理 11　令 $\underline{P}$ 是定义在线性空间上的融贯下界预期，那么它的自然扩张是：

$$\underline{E}_P(f) = sup\{a + \underline{P}(g) : a \in \mathbb{R}, g \in dom\underline{P}, a + g \leqslant f\}$$

另外，当 $dom\underline{P}$ 包含所有常值赌局 $a \in \mathbb{R}$ 时，那么自然扩张的表达式可以进一步简化为：[197]

$$\underline{E}_P(f) = sup\{\underline{P}(g) : g \in dom\underline{P}, g \leqslant f\}$$

如果只考虑事件，那么此定理可以被简化为定理 12。

定理 12　令 $\underline{P}$ 是定义在事件域 $\boldsymbol{F}$ 上的融贯下界预期，那么它到任意

事件的自然扩张是：[197]

$$\underline{E}_P(I_A) = sup\{\underline{P}(I_F):F \in \mathbf{F}, F \subseteq A\}, A \subseteq X$$

所以在某些情况下可以通过上述两个命题简化推理。

第四节　条件下界预期理论

前面的理论主要处理有界赌局，但是在很多情形中它难以应用，如统计决策和最优控制问题，因为这些问题涉及无界函数，所以有必要把前面的理论推广到无界赌局。为了推广 Wally 的下界预期理论，引入广义下界预期——任意赌局（不一定是有界赌局）上的 $\mathbb{R} \cup \{-\infty, +\infty\}$ - 值函数，某个赌局的下界预期表示对它的最大购买价格，当某个赌局的下界预期是 $-\infty$ 时，它不能以任何价格被购买，当它的下界预期是 $+\infty$ 时，它能以任何价格被购买。本节有两个目标：

（1）把前面的下界预期理论扩张到无界赌局上，讨论广义下界预期的避免确定损失和融贯性，以及自然扩张；

（2）把理论扩张到条件下界预期上。

一、回顾可取赌局集

现在假设奖励可以具有无界的效用。X 上的一个赌局 f 是一个用效用尺度表达的实值获得，从数学上来说，它是一个 X 到 $\mathbb{R}$ 的映射，被解释为一个不确定获得：如果 f 取值为 x，那么接受一个总量为 $f(x)$ 的效用。约定 X 上的所有赌局被表示为 $\mathbf{G}(X)$，或者简写为 $\mathbf{G}$，则 $L(X) \subseteq \mathbf{G}(X)$。类似于 $L(X)$，$\mathbf{G}(X)$ 是一个关于赌局逐点加法、逐点纯量乘法、逐点序的线性格。

主体关于 f 的信念将导致它接受或者拒绝关于 f 的交易。那么，可以把主体的可取赌局集 D——主体愿意接受的赌局集——当成是主体关于 f 的一个信念模型。如果考虑两个主体，一个带有可取赌局集 D_1，另一个带有可取赌局集 D_2，那么 $D_1 \subseteq D_2$ 就意味着第二个主体至少会接受第一个主体接受的所有赌局。可取赌局集之间的包含关系被解释为"至多具有同样的信息"。

主体可以接受任意的赌局集，但接受某些赌局集不是理性的，所以需要引入理性公理。对于任意赌局 f 和 g，所有非负实数 λ，满足：

A1. 如果 $f \in D$，那么 $\lambda f \in D$。即如果主体倾向于接受 f，也应该倾向于接受 λf。

A2. 如果 $f \in D$ 和 $g \in D$，那么 $f + g \in D$。即如果主体倾向于接受 f 和 g，也应该倾向于接受它们的组合 $f + g$。

A3. 如果 $f \geq 0$，那么 $f \in D$。即主体应该倾向于接受不会给它带来损失的赌局。

A4. 如果 $f < 0$，那么 $f \notin D$。即主体不应该倾向于接受给它带来损失的赌局。

命题 15　如果 $f \in D$ 和 $g \geq f$，那么 $g \in D$。

证明：$g \geq f$ 推出 $g - f \geq 0$，由 A3 得到 $(g - f) \in D$。且 $f \in D$，由 A2 得出 $f + (g - f) = g \in D$。

⊣

定义 14　任何满足上述四条理性公理的可取赌局集 D 都被叫作融贯的。X 上的所有融贯可取赌局集被表示为 $\mathbf{D}(X)$，简写为 $\mathbf{D}$。

一般而言，不能期望被主体接受的赌局集 A 是融贯的，但是可以用下述方式尽可能保守地把 A 扩张成一个融贯的可取赌局集：

$$E_A := \left\{ g + \sum_{k=1}^{n} \lambda_k f_k : g \geq 0, n \geq 0, f_k \in A, \lambda_k \in \mathbb{R}_{\geq 0}, k = 1, 2, \cdots, n \right\}$$
$$= \mathrm{nonneg}(\mathbf{G}_{\geq 0} \cup A)$$
$$= \mathbf{G}_{\geq 0} + \mathrm{nonneg}(A)$$

很明显，E_A 包含 A，而且满足公理 A2、A3、A4，但它不一定满足 A1，所以需要一个特别的定义。

定义 15　任意可取赌局集 A 避免部分损失，如果它满足：对于任意的自然数 n，任意非负实数 $\lambda_1, \lambda_2, \cdots, \lambda_n$，$A$ 中的任意赌局 $f_1, f_2, \cdots, f_n$，满足

$$\sum_{k=1}^{n} \lambda_k f_k \not< 0$$

$f < g$ 表示 $f \leq g \wedge f \neq g$。

如果主体具有一个避免确定损失的可取赌局集 A，那么 A 就能被扩展为一个融贯的可取赌局集，对于这些扩张而言，可以找出一个最保守的扩张。因为融贯可取赌局集的交仍然是融贯的，最保守的融贯扩张就是所有融贯扩张的交集。这就得到下述命题。

命题 16　考虑一族非空可取赌局集 $D_i, i \in I$。如果所有 D_i 都融贯，那么它们的交集 $\cap_{i \in I} D_i$ 也融贯。[197]

对于任意避免确定损失的评估 A，可以考虑包含 A 的所有融贯可取赌局集的集合 $\{D \subseteq \mathbf{D}: A \subseteq D\}$，然后把这些融贯可取赌局集的交集定义为 A 的闭包 $\mathrm{Cl}_{\mathbf{D}}(A)$：

$$\mathrm{Cl}_{\mathbf{D}}(A) := \cap \{D \subseteq \mathbf{D}: A \subseteq D\}$$

在上述表达式中，把空的交集看成是 $\mathbf{G}: \cap \varnothing$。所以闭包 $\mathrm{Cl}_{\mathbf{D}}$ 具有下述性质。

定理 13 令 A、A_1、A_2 是避免确定损失的可取赌局集，那么下述命题成立：[197]

(1) $A \subseteq \mathrm{Cl}_{\mathbf{D}}(A)$ 。

(2) 如果 $A_1 \subseteq A_2$，那么 $\mathrm{Cl}_{\mathbf{D}}(A_1) \subseteq \mathrm{Cl}_{\mathbf{D}}(A_2)$ 。

(3) $\mathrm{Cl}_{\mathbf{D}}(\mathrm{Cl}_{\mathbf{D}}(A)) = \mathrm{Cl}_{\mathbf{D}}(A)$ 。

(4) 如果 $A \subseteq \mathbf{G}_{\geqslant 0}$，那么 $\mathrm{Cl}_{\mathbf{D}}(A) = \mathbf{G}_{\geqslant 0}$ 。

(5) A 避免确定损失当且仅当 $\mathrm{Cl}_{\mathbf{D}}(A) \neq \mathbf{G}$ 。

(6) A 是融贯的可取赌局集当且仅当 $\mathrm{Cl}_{\mathbf{D}}(A) = A$ 。

定理 14 如果可取赌局集 A 满足避免确定损失，那么存在一个最小的包含 A 的融贯可取赌局集，即

$$\mathrm{Cl}_{\mathbf{D}}(A) := E_A$$

$$= \left\{ g + \sum_{k=1}^{n} \lambda_k f_k : g \geqslant 0, n \geqslant 0, f_k \in A, \lambda_k \in \mathbb{R} \geqslant 0) \right\}$$

$$= \left\{ h \in \mathbf{G} : h \geqslant \sum_{k=1}^{n} \lambda_k f_k, n \geqslant 0, f_k \in A, \lambda_k \in \mathbb{R} \geqslant 0) \right\}$$

它被叫作 A 的自然扩张。[197]

就像有界赌局那样，此命题表明闭包算子 $\mathrm{Cl}_{\mathbf{D}}$ 添加了一些赌局——A 中的赌局经过公理 A2、A3、A4 的运算之后所得到的赌局——到 A 中。

现在可以把有界赌局上的下界预期推广到任意赌局上的条件下界预期。

二、条件下界预期

就像上一小结回顾可取赌局集一样，"可取"是本研究的基础概念。假设主体已经确定了一个避免确定损失的可取赌局集，通过自然扩张，就可以推出一个融贯可取赌局集。约定

$$\mathbb{R}^* := \mathbb{R} \cup \{-\infty, +\infty\}$$

表示广义实数，$P^{\circ}(X)$ 或者 P° 表示排除了空集的 X 的幂集。

定义 16 条件下界预期 $\mathrm{lpr}(D)(\cdot|\cdot): \mathbf{G} \times P^{\circ} \rightarrow \mathbb{R}^*$，即对于 X 上的任

意赌局 f 和 $P°$ 中的任意事件 A,

$$\text{lpr}(D)(f\,|\,A) := sup\{\mu \in \mathbb{R} : (f-\mu)\ I_A \in D\}$$

和条件上界预期 $\text{upr}(D)\ (\cdot|\cdot):\mathbf{G} \times P° \to \mathbb{R}^{\,*}$,即对于 X 上的任意赌局 f 和 $P°$ 中的任意事件 A,

$$\text{upr}(D)(f\,|\,A) := inf\{\mu \in \mathbb{R} : (\mu-f)\ I_A \in D\}$$

所以把 D 同两个定义在 $\mathbf{G} \times P°$ 上的特殊泛函联系起来,lpr 是把融贯可取赌局集转换成 $\mathbf{G} \times P° - \mathbb{R}^{\,*}$ 映射的算子,它被叫作条件下界预期。同样的,upr 是把融贯可取赌局集转换成 $\mathbf{G} \times P° - \mathbb{R}^{\,*}$ 映射的算子,它被叫作条件上界预期。

如何解释 $\text{lpr}(D)(f\,|\,A)$ 呢?如果 A 发生,主体购买 f 的最大可取价格 μ,即用奖励 μI_A 交换随机奖励 $f I_A$,如果 A 不发生则交易取消。同样的,$\text{upr}(D)(f\,|\,A)$ 是在 A 发生的条件下主体出售 f 的最小可取价格 μ,即用随机奖励 $f I_A$ 交换奖励 μI_A,如果 A 不发生则交易取消。

因为 $\mathbb{R}^{\,*}$ – 值泛函 $\text{lpr}(D)\ (\cdot|\cdot)$ 和 $\text{upr}(D)\ (\cdot|\cdot)$ 满足下述共轭关系:对于 $\forall (f,A) \in \mathbf{G} \times P°$ 而言,$\text{upr}(D)(f\,|\,A) = -\text{lpr}(D)(-f\,|\,A)$,即总可以依据一种泛函定义出另一种泛函,所以本书只讨论条件下界预期。

有界赌局上的下界预期不需要取无穷值,但是在这里需要,因为:

(1)无论 D 融贯与否,对于特定无界赌局 f 和事件 A 而言,可能任意的购买价格都是不可取的,那么集合 $\{\mu \in \mathbb{R} : (f-\mu)\ I_A \in D\} = \varnothing$,所以 $\text{lpr}(D)(f\,|\,A) = -\infty$。

(2)对于特定无界赌局 f 而言,可能所有的购买价格都是可取的,这就意味着 $\{\mu \in \mathbb{R} : (f-\mu)\ I_A \in D\} = \mathbb{R}$,所以 $\text{lpr}(D)(f\,|\,X) = +\infty$。

如果 $f I_A$ 是有界赌局,那么 $\text{lpr}(D)\ (\cdot|\cdot)$ 和 $\text{upr}(D)\ (\cdot|\cdot)$ 不会是无穷的,但是只要引入了无界赌局,融贯可取赌局集就可能推导出无穷大购买价格或者无穷小的出售价格,这将导致某些结论的变化。

定理 15　令 $\text{lpr}(D)\ (\cdot|\cdot)$ 是同融贯可取赌局集 D 相关的条件下界预期,那么对于任意赌局 f 和 g,任意非负实数 λ,任意实数 a,满足 $A \subseteq B$ 的任意非空事件 A 和 B,下述陈述成立:[200]

P1. 有界:$inf(f\,|\,A) \leqslant \text{lpr}(D)(f\,|\,A)$。

P2. 超可加性:$\text{lpr}(D)(f+g\,|\,A) \geqslant \text{lpr}(D)(f\,|\,A) + \text{lpr}(D)(g\,|\,A)$ (当右边良定义时)。

P3. 非负齐次:$\text{lpr}(D)(\lambda f\,|\,A) = \lambda \text{lpr}(D)(f\,|\,A)$。

P4. 贝叶斯规则:$\text{lpr}(D)((f-a)\ I_A\,|\,B) \begin{cases} \geqslant 0, \text{如果 } a < \text{lpr}(D)(f\,|\,A) \\ \leqslant 0, \text{如果 } a > \text{lpr}(D)(f\,|\,A) \end{cases}$。

它的逆命题是否成立呢？如果有一个定义在 $\mathbf{G} \times P^\circ$ 上的 $\mathbb{R}^*$ – 值泛函 $\underline{P}(\cdot|\cdot)$，在什么条件下它可以被看成是某个融贯可取赌局集的条件下界预期呢？

命题 17 考虑定义在 $\mathbf{G} \times P^\circ$ 上的任意 $\mathbb{R}^*$ – 值泛函 $\underline{P}(\cdot|\cdot)$，存在某个融贯可取赌局集 D 满足 $\underline{P}(\cdot|\cdot) = \mathrm{lpr}(D)(\cdot|\cdot)$ 当且仅当 $\underline{P}(\cdot|\cdot)$ 满足定理 15 中的性质 P1、P2、P3、P4。

现在我们可以讨论 $\underline{P}(\cdot|\cdot)$ 的诸多性质了，而且这些性质将非常有用。

定理 16 考虑定义在 $\mathbf{G} \times P^\circ$ 上的 $\mathbb{R}^*$ – 值泛函 $Q(\cdot|\cdot)$ 的任意限制，且 $Q(\cdot|\cdot)$ 满足性质 P1、P2、P3、P4，那么对于任意赌局 f 和 g，赌局网 f_α，实数 a，非负实数 λ，满足 $A \subseteq B$ 的事件 $A, B \in P^\circ$，如果下述陈述有意义，则它们都成立：[197]

（1）有界：
$$inf(f|A) \leq \underline{P}(f|A)$$
$$\leq \overline{P}(f|A)$$
$$\leq sup(f|A)$$

（2）正规性：$\underline{P}(a|A) = \overline{P}(a|A) = a$

（3）常数可加性：
$$\underline{P}(f+a|A) = \underline{P}(f|A) + a$$
$$\overline{P}(f+a|A) = \overline{P}(f|A) + a$$

（4）混合超/次可加性：当不等式的两边都是良定义时，
$$\underline{P}(f|A) + \underline{P}(g|A) \leq \underline{P}(f+g|A)$$
$$\leq \underline{P}(f|A) + \overline{P}(g|A)$$
$$\leq \overline{P}(f|A) + \overline{P}(g|A)$$

（5）非负齐次：
$$\underline{P}(\lambda f|A) = \lambda \underline{P}(f|A)$$
$$\overline{P}(\lambda f|A) = \lambda \overline{P}(f|A)$$

（6）单调性：
$$f \leq g + a \Rightarrow \underline{P}(f|A) \leq \underline{P}(g|A) + a, \overline{P}(f|A) \leq \overline{P}(g|A) + a$$

（7）$\underline{P}(|f||A) \geq \underline{P}(f|A)$
$\overline{P}(|f||A) \geq \overline{P}(f|A)$

（8）如果 $\underline{P}(f|A) - \underline{P}(g|A)$ 是良定义，则 $|\underline{P}(f|A) - \underline{P}(g|A)| \leq \underline{P}(|f-g||A)$；如果 $\overline{P}(f|A) - \overline{P}(g|A)$ 是良定义，则 $|\overline{P}(f|A) - \overline{P}(g|A)| \leq \overline{P}(|f-g||A)$

（9）$\underline{P}(|f+g||A) \leq \underline{P}(|f||A) + \overline{P}(|g||A)$

$$\overline{P}(|f+g|\,|A) \leqslant \overline{P}(|f|\,|A) + \overline{P}(|g|\,|A)$$

（10）

$$\underline{P}(f \vee g\,|A) + \underline{P}(f \wedge g\,|A) \leqslant \underline{P}(f\,|A) + \overline{P}(g\,|A)$$
$$\leqslant \overline{P}(f \vee g\,|A) + \overline{P}(f \wedge g\,|A)\,\underline{P}(f\,|A) + \underline{P}(g\,|A)$$
$$\leqslant \underline{P}(f \vee g\,|A) + \overline{P}(f \wedge g\,|A)$$
$$\leqslant \overline{P}(f\,|A) + \overline{P}(g\,|A)\,\underline{P}(f\,|A) + \underline{P}(g\,|A)$$
$$\leqslant \overline{P}(f \vee g\,|A) + \underline{P}(f \wedge g\,|A)$$
$$\leqslant \overline{P}(f\,|A) + \overline{P}(g\,|A)$$

（11）假设 $\overline{P}(|f-g|\,|A) = R$ 是一个实数，那么

$$|\overline{P}(f\,|A) - \overline{P}(g\,|A)| \leqslant R$$
$$|\underline{P}(f\,|A) - \underline{P}(g\,|A)| \leqslant R$$

（12）$\overline{P}(|f_\alpha - f|\,|A) \to 0 \Rightarrow \overline{P}(f_\alpha\,|A) \to \overline{P}(f\,|A), \underline{P}(f_\alpha\,|A) \to \underline{P}(f\,|A)$

（13）一致连续：关于半范数 $sup(|\cdot|\,|A)$ 所产生的拓扑，$\underline{P}(\cdot\,|A)$ 是一致连续的。即对于任意 $\varepsilon > 0$，如果

$$sup(|f-g|\,|A) \leqslant \varepsilon$$

那么

$$|\underline{P}(g\,|A) - \underline{P}(f\,|A)| \leqslant \varepsilon$$

（14）$\phi: \mathbb{R} \to \mathbb{R}^*: a \mapsto \underline{P}((f-a)I_A\,|B)$ 是个非递增且一致连续的函数，且满足对于任意实数 a，

$$\phi(a) \geqslant 0 \quad \text{如果 } a < \underline{P}(f\,|A),$$
$$\phi(a) = 0 \quad \text{如果 } a = \underline{P}(f\,|A),$$
$$\phi(a) \leqslant 0 \quad \text{如果 } a > \underline{P}(f\,|A)。$$

（15）$\psi: \mathbb{R} \to \mathbb{R}^*: a \mapsto \overline{P}((f-a)I_A\,|B)$ 是个非递增且一致连续的函数，且满足对于任意实数 a，

$$\psi(a) \geqslant 0 \quad \text{如果 } a < \overline{P}(f\,|A),$$
$$\psi(a) = 0 \quad \text{如果 } a = \overline{P}(f\,|A),$$
$$\psi(a) \leqslant 0 \quad \text{如果 } a > \overline{P}(f\,|A)。$$

（16）如果 $0 \leqslant \underline{P}(f\,|A) < +\infty$，那么

$$\underline{P}(f\,|A)\,\underline{P}(A\,|B) \leqslant \underline{P}(fI_A\,|B)$$
$$\leqslant \underline{P}(f\,|A)\,\overline{P}(A\,|B)$$
$$\leqslant \overline{P}(fI_A\,|B)$$

如果 $0 \leqslant \overline{P}(f\,|A) < +\infty$，那么

$$\underline{P}(fI_A\,|B) \leqslant \overline{P}(f\,|A)\,\underline{P}(A\,|B)$$
$$\leqslant \overline{P}(fI_AB)$$

$$\le \overline{P}(f\mid A)\ \overline{P}(A\mid B)$$

如果 $0\le \underline{P}(f\mid A)\le +\infty$ ，那么

$$\underline{P}(fI_A\mid B)\ge \underline{P}(f\mid A)\ \underline{P}(A\mid B)$$

$$\overline{P}(fI_A\mid B)\ge \underline{P}(f\mid A)\ \overline{P}(A\mid B)$$

特别的，如果 $\underline{P}(f\mid A)=+\infty$ ，

如果 $\underline{P}(A\mid B)$ ，那么 $\underline{P}(fI_A\mid B)$

+	$+\infty$
0	≥ 0

且

如果 $\overline{P}(A\mid B)$ ，那么 $\overline{P}(fI_A\mid B)$

+	$+\infty$
0	≥ 0

如果 $0\le \overline{P}(f\mid A)<+\infty$ ，那么

$$\overline{P}(fI_A\mid B)\ge \overline{P}(f\mid A)\ \underline{P}(A\mid B)$$

特别的，如果 $\overline{P}(f\mid A)=+\infty$ ，

如果 $\underline{P}(A\mid B)$ ，那么 $\overline{P}(fI_A\mid B)$

+	$+\infty$
0	≥ 0

这里 0 表示等于 0 ，+ 表示严格为正，$+\infty$ 表示加上无穷，≥ 0 表示非负。

（17）$\underline{P}(f\mid A)=\underline{P}(fI_A\mid A),\overline{P}(f\mid A)=\overline{P}(fI_A\mid A)$

（18）如果 $\overline{P}(A\mid B)=0$ ，那么

如果 $\underline{P}(f\mid B)$ ，那么 $\underline{P}(fI_A\mid B)$

$-\infty$	≤ 0
$\mathbb{R}$	0
$+\infty$	≥ 0

且

如果 $\overline{P}(f\mid B)$ ，那么 $\overline{P}(fI_A\mid B)$

$-\infty$	≤ 0
$\mathbb{R}$	0
$+\infty$	≥ 0

而且，对于任意实数 a ，

$$\begin{cases}\phi(a):=\underline{P}((f-a)\ I_A\mid B)=\underline{P}(fI_A\mid B)\\ \psi(a):=\overline{P}((f-a)\ I_A\mid B)=\overline{P}(fI_A\mid B)\end{cases}$$

　　综上所述，已经引入了可取赌局集和必须接受的理性限制，进而导出了条件下界预期。当然，也可以直接引入条件下界预期。

　　主体关于赌局 f 和非空事件 A 的条件下界预期 $\underline{P}(f\,|\,A)$ 可以被直接定义为它对 f 的最大购买价格：$\underline{P}(f\,|\,A)$ 是最大的 $s\in\mathbb{R}^{*}$。其满足：对于严格小于 s 的任意价格 $t\in\mathbb{R}$，如果观察到 $f=x\wedge x\in A$，则它都愿意支付 t 去交换 $f(x)$（否则主体不用支付，也不会得到）。所以主体仅仅考虑它是否接受 $(f-\mu)\,I_A$ 这样的赌局。通过确定赌局 f 和非空事件 A 的条件下界预期 $\underline{P}(f\,|\,A)$，实际上主体是在表达它接受满足 $\mu<\underline{P}(f\,|\,A)$ 的赌局 $(f-\mu)\,I_A$。

　　但是对于 $\mu>\underline{P}(f\,|\,A)$，主体没有做出任何承诺，既没有接受也没有拒绝，即本书没有给出下界预期的穷尽解释。所以主体可以被纠正，以至于提高购买价格，这也是自然扩张的作用。

　　同时，也可以在 $\mathrm{dom}\underline{P}(\cdot\,|\,\cdot)\subseteq\mathbf{G}\times\mathcal{P}^{\circ}$ 上定义 $\mathbb{R}^{*}$-值泛函——即条件下界预期，并不要求 $\underline{P}(\cdot\,|\,\cdot)$ 必须定义在所有的赌局和所有的非空事件上，甚至对 $\mathrm{dom}\underline{P}(\cdot\,|\,\cdot)$ 的结构也没有要求，它可以是 $\mathbf{G}\times\mathcal{P}^{\circ}$ 的任意子集。通过推广避免确定损失和融贯性，可以确立对于任何避免确定损失的条件下界预期，存在一个定义在 $\mathbf{G}\times\mathcal{P}^{\circ}$ 上的占优的最少承诺融贯下界预期——自然扩张。

　　同样地，可以把赌局 f 解释为一个不确定的损失：如果 x 最后是 f 的真值，则主体损失了总量为 $f(x)$ 的效用。主体关于赌局 f 和非空事件 A 的条件上界预期 $\overline{P}(f\,|\,A)$ 可以被直接定义为它接受的 f 的最小卖出价格：$\overline{P}(f\,|\,A)$ 是最小的 $s\in\mathbb{R}^{*}$。其满足：对于严格大于 s 的任意价格 $t\in\mathbb{R}$，如果观察到 $f=x,x\in A$，它都愿意用 $f(x)$ 去交换 t（否则主体不用交换，也不会得到）。因为获得 r 等价于损失 $-r$，可以看到：

$$\overline{P}(f\,|\,A)=-\underline{P}(-f\,|\,A)$$

从任意条件下界预期 $\underline{P}(\cdot\,|\,\cdot)$ 可以推出 $\mathrm{dom}\overline{P}(\cdot\,|\,\cdot):=\{(-f,A):(f,A)\in\mathrm{dom}\underline{P}(\cdot\,|\,\cdot)\}$ 上的共轭条件上界预期 $\overline{P}(\cdot\,|\,\cdot)$，它表达了同样的行为倾向。因此本书只研究条件下界预期。

　　当 $\mathrm{dom}\overline{P}(\cdot\,|\,\cdot)$ 是 $G\times\{X\}$ 的子集 $K\times\{X\}$ 时，使用一个简单的记法：对于 K 中的任意 f，

$$\underline{P}(f):=\underline{P}(f\,|\,X)$$

$\underline{P}(\cdot\,|\,\cdot)$ 或者 $\underline{P}$ 被叫作（非条件）下界预期，它的共轭上界预期被表示为 $\overline{P}$。这就确保了前面讨论的有界赌局上的下界预期是条件下界预期的特例。

　　$\underline{P}(\cdot\,|\,\cdot)$ 可能是自我共轭的，即 $\mathrm{dom}\underline{P}(\cdot\,|\,\cdot)=\mathrm{dom}\overline{P}(\cdot\,|\,\cdot)$ 且对于

$\forall (f,A) \in \mathrm{dom}\underline{P}(\cdot|\cdot)$ 而言，

$$\overline{P}(f|A) = \underline{P}(f|A)$$

那么用 $P(\cdot|\cdot)$ 代替 $\underline{P}(\cdot|\cdot)$ 和 $\overline{P}(\cdot|\cdot)$。如果把自我共轭的条件下界预期 $P(\cdot|\cdot)$ 叫作条件预期，那么 $P(f|A)$ 表达了在条件 A 下赌局 f 的公平价格：主体在条件 A 下愿意用任何价格 $t < P(f|A)$ 购买 f，也愿意用任何价格 $t > P(f|A)$ 卖出 f。

总之，条件下界预期不同于有界赌局上的下界预期，因为：

（1）它含有条件；

（2）它不仅定义在有界赌局上也定义在无界赌局上；

（3）它在广义实数上取值。

如果 $\underline{P}(f|A) = -\infty$，就意味着在条件 A 下，主体表示不愿意以任意价格 $t \in \mathbb{R}$ 购买 f。如果 $\underline{P}(f|A) = +\infty$，就意味着在条件 A 下，主体表达出意愿以任何价格 $t \in \mathbb{R}$ 购买 f。

三、避免确定损失

在可取赌局集理论中，特别要求主体的可取赌局集避免确定损失，在条件下界预期理论中也是一样。给定一个条件下界预期，它确定了在某些条件下某些赌局的最大购买价格，是否可以推出在其他条件下其他赌局的最大购买价格？答案是肯定的。

定义 17　假设存在两个条件下界预期 $\underline{P}(\cdot|\cdot)$、$\underline{Q}(\cdot|\cdot)$，如果

$$\mathrm{dom}\underline{P}(\cdot|\cdot) \subseteq \mathrm{dom}\underline{Q}(\cdot|\cdot)$$

且对于 $\forall (f,A) \in \mathrm{dom}\underline{P}(\cdot|\cdot)$ 而言，

$$\underline{P}(f|A) \le \underline{Q}(f|A)$$

那么条件下界预期 $\underline{Q}(\cdot|\cdot)$ 占优条件下界预期 $\underline{P}(\cdot|\cdot)$。

命题 18　令 A_1、A_2 是避免确定损失的可取赌局集，如果 $A_1 \subseteq A_2$，那么 $\mathrm{Cl_D}(A_1) \subseteq \mathrm{Cl_D}(A_2)$，$\mathrm{lpr}(\mathrm{Cl_D}(A_1))(\cdot|\cdot)$ 占优 $\mathrm{lpr}(\mathrm{Cl_D}(A_2))(\cdot|\cdot)$。[197]

主体的条件下界预期 $\underline{P}(\cdot|\cdot)$ 对应于它的一个可取赌局集：

$$A_{\underline{P}(\cdot|\cdot)} := \{(f-\mu)I_A : (f,A) \in \mathrm{dom}\underline{P}(\cdot|\cdot), \mu \in \mathbb{R}, \mu < \underline{P}(f|A)\}$$

定义 18　令 $\underline{P}(\cdot|\cdot)$ 为条件下界预期，如果它满足下述条件中的一个，则 $\underline{P}(\cdot|\cdot)$ 避免确定损失。

（1）可取赌局集 $A_{\underline{P}(\cdot|\cdot)}$ 满足避免部分损失。

（2）存在某个融贯的可取赌局集 D 满足 $\mathrm{lpr}(D)(\cdot|\cdot)$ 占优 $\underline{P}(\cdot|\cdot)$。

（3）存在某个定义在 $\mathbf{G} \times \mathcal{P}^\circ$ 上的条件下界预期 $\underline{Q}(\cdot|\cdot)$ 满足性质 P1、

P2、P3、P4 且占优 $\underline{P}(\cdot|\cdot)$。

（4）对于任意自然数 n，非负实数 $\lambda_1,\lambda_2,\cdots,\lambda_n,\mathrm{dom}\underline{P}(\cdot|\cdot)$ 中的 $(f_1,A_1),(f_2,A_2),\cdots,(f_n,A_n)$，满足 $a_i < \underline{P}(f_i|A_i)$ 的任意实数 $a_1,a_2,\cdots,a_n$，都有

$$sup\left(\sum_{k=1}^n \lambda_k(f_k-a_k)\,I_{A_k}\,\Big|\,A_1\cup A_2\cup\cdots\cup A_n\right)\geqslant 0$$

这个定义如何同非条件下界预期的避免确定损失相联系呢？

定理 17 令 $\underline{P}(\cdot|\cdot)$ 是定义在 $\mathbf{G}\times\{X\}$ 的子集上的条件下界预期，那么 $\underline{P}(\cdot|\cdot)$ 避免确定损失当且仅当它满足下述任一个条件：[197]

（1）存在某个定义在 $\mathbf{G}\times\{X\}$ 上的条件下界预期 $Q(\cdot|\cdot)$ 满足性质 P1、P2、P3 且占优 $\underline{P}(\cdot|\cdot)$。

（2）对于任意自然数 n，非负实数 $\lambda_1,\lambda_2,\cdots,\lambda_n$，满足 $\sum_{k=1}^n \lambda_k\underline{P}(f_k|X)$ 是良定义的 $\mathrm{dom}\underline{P}(\cdot|\cdot)$ 中的赌局 $f_1,f_2,\cdots,f_n$，都有

$$sup\left(\sum_{k=1}^n \lambda_k f_k\,\Big|\,X\right)\geqslant\sum_{k=1}^n \lambda_k\underline{P}(f_k|X)$$

在进一步讨论之前，应该检查一下此新概念——避免确定损失的条件下界预期——是否能推导出有界赌局上的下界预期。

命题 19 考虑定义在有界赌局上的一个下界预期 Q，所以 $\mathrm{dom}Q\subseteq L(X)$，而且在 $\mathrm{dom}Q\times\{X\}$ 上定义对应的条件下界预期 $\underline{P}(\cdot|\cdot)$：对于 $\forall f\in\mathrm{dom}Q$ 而言，$\underline{P}(f|X):=Q(f)$，那么在定义 18 的意义上下界预期 $\underline{P}(\cdot|\cdot)$ 避免确定损失当且仅当 Q 在定义 11 的意义上避免确定损失。[197]

所以下界预期只是条件下界预期的特例。

四、条件下界预期的融贯性和自然扩张

在给定了主体的条件下界预期评估，如何推出它对任意赌局的最大购买价格？一个简单的方法是使用自然扩张。给定一个条件下界预期 $\underline{P}(\cdot|\cdot)$，它刻画的最小融贯可取赌局集是 $A_{\underline{P}(\cdot|\cdot)}$ 的自然扩张：

$$\mathrm{Cl}_{\mathbf{D}}(A_{\underline{P}(\cdot|\cdot)}) = E_{A_{\underline{P}(\cdot|\cdot)}}$$

$$= \left\{h\in\mathbf{G}:h\geqslant\sum_{k=1}^n \lambda_k(f_k-a_k)\,I_{A_k},n\in\mathbb{N},(f_k,a_k)\right.$$
$$\left.\in\mathrm{dom}\underline{P}(\cdot|\cdot),\lambda_k\in\mathbb{R}_{\geqslant 0},a_k\in\mathbb{R},a_k<\underline{P}(f_k|a_k)\right\}$$

$$= \mathrm{nonneg}(\mathbf{G}_{\geqslant 0}\cup A_{\underline{P}(\cdot|\cdot)})$$

现在我们可以用可取赌局集 $E_{A_{P(\cdot|\cdot)}}$ 来构造定义在 $\mathbf{G} \times P^{\circ}$ 上的条件下界预期 $\mathrm{lpr}(E_{A_{P(\cdot|\cdot)}})(\cdot|\cdot)$ ——即 $\underline{P}(\cdot|\cdot)$ 的自然扩张。

定义 19　考虑一个避免确定损失的条件下界预期 $\underline{P}(\cdot|\cdot)$，那么条件下界预期 $\underline{E}_{P(\cdot|\cdot)}(\cdot|\cdot) := \mathrm{lpr}(\mathrm{Cl}_{\mathbf{D}}(A_{P(\cdot|\cdot)}))(\cdot|\cdot) = \mathrm{lpr}(E_{A_{P(\cdot|\cdot)}})(\cdot|\cdot)$ 被叫作 $\underline{P}(\cdot|\cdot)$ 的自然扩张。即对于 $\forall f \in \mathbf{G}$，$\forall A \in P^{\circ}$，都有

$$\underline{E}_{P(\cdot|\cdot)}(f|A) := sup\Big\{a \in \mathbb{R} : n \in \mathbb{N}, a_k \in \mathbb{R}, a_k < \underline{P}(f_k|a_k), \lambda_k \geqslant 0,$$
$$(f_1, a_1), (f_2, a_2), \cdots, (f_n, a_n) \in \mathrm{dom}\underline{P}(\cdot|\cdot),$$
$$(f - a)I_A \geqslant \sum_{k=1}^{n} \lambda_k(f_k - a_k)I_{A_k}\Big\}$$

注意如果 $\underline{P}(\cdot|\cdot)$ 避免确定损失，那么 $A_{P(\cdot|\cdot)}$ 就避免确定损失，且 $E_{A_{P(\cdot|\cdot)}}$ 是融贯可取赌局集，通过定理 15 可得出 $\mathrm{lpr}(\mathrm{Cl}_{\mathbf{D}}(A_{P(\cdot|\cdot)}))(\cdot|\cdot)$ 满足 P1、P2、P3、P4。

对于某个赌局 f 和某个事件 A，主体的 $\underline{P}(f|A)$ 可能不等于 $\underline{E}_{P(\cdot|\cdot)}(f|A)$，这就意味着主体没有完全考虑到 $\underline{P}$ 的评估和融贯性带来的行为蕴涵。如果 $\underline{P}$ 没有这种缺陷，则称它为融贯的。

定义 20　令 $\underline{P}(\cdot|\cdot)$ 和 $\underline{Q}(\cdot|\cdot)$ 都是条件下界预期，如果
$$\mathrm{dom}\underline{P}(\cdot|\cdot) \subseteq \mathrm{dom}\underline{Q}(\cdot|\cdot)$$
且
$$(\forall(f,A) \in \mathrm{dom}\underline{P}(\cdot|\cdot))(\underline{P}(f|A) = \underline{Q}(f|A))$$
那么 $\underline{P}(\cdot|\cdot)$ 就是 $\underline{Q}(\cdot|\cdot)$ 的限制，$\underline{Q}(\cdot|\cdot)$ 就是 $\underline{P}(\cdot|\cdot)$ 的扩张。

定义 21　令 $\underline{P}(\cdot|\cdot)$ 是条件下界预期，如果它满足下述任一个条件，那么它就是融贯的：[197]

（1）存在某个融贯可取赌局集 D 满足 $\mathrm{lpr}(D)(\cdot|\cdot)$ 是 $\underline{P}(\cdot|\cdot)$ 的扩张。

（2）存在某个定义在 $\mathbf{G} \times P^{\circ}$ 上的条件下界预期 $\underline{Q}(\cdot|\cdot)$ 满足性质 P1、P2、P3、P4 且是 $\underline{P}(\cdot|\cdot)$ 的扩张。

（3）$\underline{P}(\cdot|\cdot)$ 避免确定损失，且是 $\underline{E}_{P(\cdot|\cdot)}(\cdot|\cdot)$ 的限制。

（4）对于任意自然数 n，非负实数 $\lambda_0, \lambda_1, \cdots, \lambda_n$，$\mathrm{dom}\underline{P}(\cdot|\cdot)$ 中的任意 $(f_0, A_0), (f_1, A_1), \cdots, (f_n, A_n)$，满足 $a_0 > \underline{P}(f_0|A_0)$ 和 $(\forall k \in \{1, 2, \cdots, n\})(a_k < \underline{P}(f_k|A_k))$ 的任意实数 $a_0, a_1, \cdots, a_n$，有

$$sup\Big(\sum_{k=1}^{n} \lambda_k(f_k - a_k)I_{A_k} - \lambda_0(f_0 - a_0)I_{A_0} \Big| A_0 \cup A_1 \cup \cdots \cup A_n\Big) \geqslant 0$$

定义 21 同非条件下界预期的融贯性有什么关系呢？

定理 18　令 $\underline{P}(\cdot|\cdot)$ 是定义在 $\mathbf{G} \times \{X\}$ 的子集上的条件下界预期，那

么 $\underline{P}(\cdot|\cdot)$ 是融贯的当且仅当它满足下述一个条件:[197]

（1）存在某个定义在 $\mathbf{G} \times \{X\}$ 上的条件下界预期 $\underline{Q}(\cdot|\cdot)$ 满足性质 P1、P2、P3 且是 $\underline{P}(\cdot|\cdot)$ 的扩张。

（2）对于任意自然数 n，非负实数 $\lambda_0, \lambda_1, \cdots, \lambda_n$，满足 $\sum_{k=1}^{n} \lambda_k \underline{P}(f_k|X) - \lambda_0 \underline{P}(f_0|X)$ 是良定义的赌局 $\forall f_0, f_1, \cdots, f_n \in \mathrm{dom}\underline{P}(\cdot|X)$，都有

$$sup\left(\sum_{k=1}^{n} \lambda_k f_k - \lambda_0 f_0 \mid X\right) \geqslant \sum_{k=1}^{n} \lambda_k \underline{P}(f_k|X) - \lambda_0 \underline{P}(f_0|X)$$

所以非条件下界预期的融贯性是条件下界预期融贯性的特例。

命题 20　考虑有界赌局上的一个下界预期 Q，所以 $\mathrm{dom}Q \subseteq L(X)$，而且在 $\mathrm{dom}Q \times \{X\}$ 上定义对应的条件下界预期 $\underline{P}(\cdot|\cdot)$：对于 $\forall f \in \mathrm{dom}Q$ 而言 $\underline{P}(f|X) := Q(f)$。那么，在定义 21 的意义上条件下界预期 $\underline{P}(\cdot|\cdot)$ 是融贯的当且仅当 Q 在定义 12 的意义上是融贯的。[197]

下述命题总结了融贯性的大部分重要结果。

定理 19　令 $\underline{P}(\cdot|\cdot)$ 是融贯条件下界预期，那么对于任意赌局 f 和 g，赌局网 f_α，实数 a，非负实数 λ，满足 $A \subseteq B$ 的事件 $A, B \in P^\circ$，当下述陈述有意义时，它们都成立：[197]

（1）有界：

$$inf(f|A) \leqslant \underline{P}(f|A)$$
$$\leqslant \overline{P}(f|A)$$
$$\leqslant sup(f|A)$$

（2）正规性：$\underline{P}(a|A) = \overline{P}(a|A) = a$

（3）常数可加性：

$$\underline{P}(f+a|A) = \underline{P}(f|A) + a$$
$$\overline{P}(f+a|A) = \overline{P}(f|A) + a$$

（4）混合超/次可加性：当不等式的两边都是良定义时，

$$\underline{P}(f|A) + \underline{P}(g|A) \leqslant \underline{P}(f+g|A)$$
$$\leqslant \underline{P}(f|A) + \overline{P}(g|A)$$
$$\leqslant \overline{P}(f+g|A)$$
$$\leqslant \overline{P}(f|A) + \overline{P}(g|A)$$

（5）非负齐次：

$$\underline{P}(\lambda f|A) = \lambda\underline{P}(f|A)$$
$$\overline{P}(\lambda f|A) = \lambda\overline{P}(f|A)$$

（6）单调性：

$$f \leqslant g + a \Rightarrow \underline{P}(f|A) \leqslant \underline{P}(g|A) + a\overline{P}(f|A) \leqslant \overline{P}(g|A) + a$$

(7)　$\underline{P}(\,|f|\,|A) \geqslant \underline{P}(f\,|A)$

　　　$\overline{P}(\,|f|\,|A) \geqslant \overline{P}(f\,|A)$

(8) 如果 $\underline{P}(f\,|A) - \underline{P}(g\,|A)$ 是良定义，则

$$|\underline{P}(f\,|A) - \underline{P}(g\,|A)| \leqslant \overline{P}(\,|f-g|\,|A)$$

如果 $\overline{P}(f\,|A) - \overline{P}(g\,|A)$ 是良定义，则

$$|\overline{P}(f\,|A) - \overline{P}(g\,|A)| \leqslant \overline{P}(\,|f-g|\,|A)$$

(9)　$\underline{P}(\,|f+g|\,|A) \leqslant \underline{P}(\,|f|\,|A) + \overline{P}(\,|g|\,|A)$

　　　$\overline{P}(\,|f+g|\,|A) \leqslant \overline{P}(\,|f|\,|A) + \overline{P}(\,|g|\,|A)$

(10)　$\underline{P}(f \vee g\,|A) + \underline{P}(f \wedge g\,|A) \leqslant \underline{P}(f\,|A) + \overline{P}(g\,|A)$

$$\leqslant \overline{P}(f \vee g\,|A) + \overline{P}(f \wedge g\,|A)$$

　　$\underline{P}(f\,|A) + \underline{P}(g\,|A) \leqslant \underline{P}(f \vee g\,|A) + \overline{P}(f \wedge g\,|A)$

$$\leqslant \overline{P}(f\,|A) + \overline{P}(g\,|A)$$

　　$\underline{P}(f\,|A) + \underline{P}(g\,|A) \leqslant \overline{P}(f \vee g\,|A) + \underline{P}(f \wedge g\,|A)$

$$\leqslant \overline{P}(f\,|A) + \overline{P}(g\,|A)$$

(11) 假设 $\overline{P}(\,|f-g|\,|A) = R$ 是一个实数，那么

$$|\overline{P}(f\,|A) - \overline{P}(g\,|A)| \leqslant R$$

$$|\underline{P}(f\,|A) - \underline{P}(g\,|A)| \leqslant R$$

(12) $\overline{P}(\,|f_\alpha - f|\,|A) \to 0 \Rightarrow \overline{P}(f_\alpha\,|A) \to \overline{P}(f\,|A), \underline{P}(f_\alpha\,|A) \to \underline{P}(f\,|A)$

(13) 一致连续：关于范数 $sup(\,|\cdot|\,|A)$ 所产生的拓扑，$\underline{P}(\cdot\,|A)$ 是一致连续的。即对于任意 $\varepsilon > 0$，如果

$$sup(\,|f-g|\,|A) \leqslant \varepsilon$$

那么

$$|\underline{P}(g\,|A) - \underline{P}(f\,|A)| \leqslant \varepsilon$$

(14) $\phi:\mathbb{R} \to \mathbb{R}^*:a \mapsto \underline{P}((f-a)\,I_A\,|B)$ 是个非递增且一致连续的函数，且满足对于任意实数 a，

$$\phi(a) \geqslant 0 \quad 如果\ a < \underline{P}(f\,|A),$$

$$\phi(a) = 0 \quad 如果\ a = \underline{P}(f\,|A),$$

$$\phi(a) \leqslant 0 \quad 如果\ a > \underline{P}(f\,|A)。$$

(15) $\psi:\mathbb{R} \to \mathbb{R}^*:a \mapsto \overline{P}((f-a)\,I_A\,|B)$ 是个非递增一致连续的函数，且满足对于任意实数 a，

$$\psi(a) \geqslant 0 \quad 如果\ a < \overline{P}(f\,|A),$$

$$\psi(a) = 0 \quad 如果\ a = \overline{P}(f\,|A),$$

$$\psi(a) \leqslant 0 \quad 如果\ a > \overline{P}(f\,|A)。$$

(16) 如果 $0 \leqslant \underline{P}(f\,|A) < +\infty$，那么

$$\underline{P}(f\,|\,A)\,\underline{P}(A\,|\,B) \leqslant \underline{P}(fI_A\,|\,B)$$
$$\leqslant \underline{P}(f\,|\,A)\,\overline{P}(A\,|\,B)$$
$$\leqslant \overline{P}(fI_A\,|\,B)$$

如果 $0 \leqslant \overline{P}(f\,|\,A) < +\infty$，那么

$$\underline{P}(fI_A\,|\,B) \leqslant \overline{P}(f\,|\,A)\,\underline{P}(A\,|\,B)$$
$$\leqslant \overline{P}(fI_A\,|\,B)$$
$$\leqslant \overline{P}(f\,|\,A)\,\overline{P}(A\,|\,B)$$

如果 $0 \leqslant \underline{P}(f\,|\,A) \leqslant +\infty$，那么

$$\underline{P}(fI_A\,|\,B) \geqslant \underline{P}(f\,|\,A)\,\underline{P}(A\,|\,B)$$
$$\overline{P}(fI_A\,|\,B) \geqslant \underline{P}(f\,|\,A)\,\overline{P}(A\,|\,B)$$

特别的，如果 $\underline{P}(f\,|\,A) = +\infty$，

如果 $\underline{P}(A\,|\,B)$，那么 $\underline{P}(fI_A\,|\,B)$

$+$	$+\infty$
0	$\geqslant 0$

且

如果 $\overline{P}(A\,|\,B)$， 那么 $\overline{P}(fI_A\,|\,B)$

$+$	$+\infty$
0	$\geqslant 0$

如果 $0 \leqslant \overline{P}(f\,|\,A) < +\infty$，那么

$$\overline{P}(fI_A\,|\,B) \geqslant \overline{P}(f\,|\,A)\,\underline{P}(A\,|\,B)$$

特别的，如果 $\overline{P}(f\,|\,A) = +\infty$，

如果 $\underline{P}(A\,|\,B)$，那么 $\overline{P}(fI_A\,|\,B)$

$+$	$+\infty$
0	$\geqslant 0$

这里 0 表示等于 0，$+$ 表示严格为正，$+\infty$ 表示加上无穷，$\geqslant 0$ 表示非负。

(19) $\underline{P}(f\,|\,A) = \underline{P}(fI_A\,|\,A)$

$\overline{P}(f\,|\,A) = \overline{P}(fI_A\,|\,A)$

(20) 如果 $\overline{P}(A\,|\,B) = 0$，那么

如果 $\underline{P}(f\,|\,A)$，那么 $\underline{P}(fI_A\,|\,B)$

$-\infty$	$\leqslant 0$
$\mathbb{R}$	0
$+\infty$	$\geqslant 0$

且

$$如果\ \overline{P}(f\,|\,A),那么\ \overline{P}(fI_A\,|\,B)$$

$$- \infty \qquad\qquad\qquad \leqslant 0$$

$$\mathbb{R} \qquad\qquad\qquad 0$$

$$+ \infty \qquad\qquad\qquad \geqslant 0$$

而且，对于任意实数 a,

$$\begin{cases} \phi(a) := \underline{P}((f-a)\,I_A\,|\,B) = \underline{P}(fI_A\,|\,B) \\ \psi(a) := \overline{P}((f-a)\,I_A\,|\,B) = \overline{P}(fI_A\,|\,B) \end{cases}$$

研究者认为，作为不确定性的理性模型的最低要求是融贯性，实际上只需要避免确定损失这个条件，任何满足此要求的条件下界预期通过自然扩张都能被转化为融贯的条件下界预期。同时，自然扩张也表达了一种推理，因为它表明定义在任何赌局集上的评估如何被扩张到更大的赌局集上。

$\underline{P}(\cdot\,|\,\cdot)$ 的自然扩张 $\underline{E}_{\underline{P}(\cdot\,|\,\cdot)}(\cdot\,|\,\cdot)$ 是最保守的融贯条件下界预期，即定义在 $\mathbf{G}\times P^\circ$ 上的占优 $\underline{P}(\cdot\,|\,\cdot)$ 的所有融贯条件下界预期占优 $\underline{E}_{\underline{P}(\cdot\,|\,\cdot)}(\cdot\,|\,\cdot)$。

定理 20　令 $\underline{P}(\cdot\,|\,\cdot)$ 是融贯条件下界预期，那么下述陈述成立：[197]

（1）如果 $\underline{P}(\cdot\,|\,\cdot)$ 避免确定损失，那么 $\underline{E}_{\underline{P}(\cdot\,|\,\cdot)}(\cdot\,|\,\cdot)$ 是定义在 $\mathbf{G}\times P^\circ$ 上的占优 $\underline{P}(\cdot\,|\,\cdot)$ 的逐点最小融贯条件下界预期。

（2）如果 $\underline{P}(\cdot\,|\,\cdot)$ 是融贯的，那么 $\underline{E}_{\underline{P}(\cdot\,|\,\cdot)}(\cdot\,|\,\cdot)$ 是定义在 $\mathbf{G}\times P^\circ$ 上且在 $\mathrm{dom}\underline{P}(\cdot\,|\,\cdot)$ 上等于 $\underline{P}(\cdot\,|\,\cdot)$ 的逐点最小融贯条件下界预期。

也就是说，如果 $\underline{P}(\cdot\,|\,\cdot)$ 避免确定损失，那么 $(\forall (f,A)\in \mathrm{dom}\underline{P})\left(\underline{P}(f\,|\,A)\leqslant \underline{E}_{\underline{P}}(f\,|\,A)\right)$，即自然扩张 $\underline{E}_{\underline{P}(\cdot\,|\,\cdot)}(\cdot\,|\,\cdot)$ 可能修改初始评估 $\underline{P}(\cdot\,|\,\cdot)$。但是，如果 $\underline{P}(\cdot\,|\,\cdot)$ 是融贯的，那么 $(\forall (f,A)\in \mathrm{dom}\underline{P})\left(\underline{P}(f\,|\,A)=\underline{E}_{\underline{P}}(f\,|\,A)\right)$，即自然扩张 $\underline{E}_{\underline{P}(\cdot\,|\,\cdot)}(\cdot\,|\,\cdot)$ 不会修改初始评估 $\underline{P}(\cdot\,|\,\cdot)$。

第五节　非精确概率归纳推理的一个例子

前文为我们呈现了 IP 归纳推理的一般方法，下面给出一个具体实例。

一、非精确概率归纳推理的步骤

首先描述非精确概率归纳推理的一般方法，它具有四个步骤：

第一步：依据可用的概率判断构造出赌局集；

第二步：检查此赌局集是否避免确定损失；

第三步：通过自然扩张构造一个定义在所有赌局上的融贯下界预期；

第四步：得出证据对结论的支持度。

研究者承认各种概率判断，只要这些判断表达了主体的信念。例如，主体可能做出分类概率（classificatory probability）判断（事件 A 是可能的）和比较概率（comparative probability）判断（事件 A 至少同事件 B 同样可能）。研究者允许任何判断，只要它可以被解释为"特定赌局对主体而言几乎是可取的"，这样的判断被叫作关于"可取"的直接判断。

在日常生活中，形如"事件 A 是可能的"这样的概率命题是常见的形式，它被叫作分类概率命题。这种概率命题的行为解释是主体愿意以大于 1/2 的任意赔率对事件 A 进行下注，也可以解释为主体在两个赌局之间的选择：

（1）如果 A 发生了，主体将得到一个有价值的奖励，反之则什么也得不到。

（2）如果 A 没有发生，主体将得到一个同样价值的奖励，反之则什么也得不到。如果主体偏好于第一个赌局，那么它认为 A 是可能的。

在日常生活中另一种常见的命题涉及事件概率的比较，即比较概率命题，它比分类概率命题提供了更多的信息。用 $A \geq B$ 表示命题"事件 A 至少同事件 B 一样可能"，它的行为解释是：存在两个赌局 f_1、f_2，f_1 被定义为如果事件 A 发生主体将得到一个有价值的奖励，反之则什么也得不到；f_2 被定义为如果事件 B 发生主体将得到一个同样的奖励，反之则什么也得不到。如果主体偏向于 f_1，则它认为事件 A 至少同事件 B 一样可能。所以分类概率命题是比较概率命题的特例。

例如"A 是可能的"被解释为主体愿意以任何大于 1/2 的比率对事件 A 下注，或者被解释为愿意接受形如 $A - \mu$，$\mu < 1/2$ 的任何赌局，以至于赌局 $A - 1/2$ 是几乎可取的。在这种方法中，第一步是构造一个被主体判定为几乎可取的赌局集 D，即非精确概率归纳推理的前提。

作为前提的判断形式是多样的，这里列举了不同类型的判断，以及对应的几乎可取赌局和下界预期。约定用 A、B、C 表示事件，用 f、g 表示赌局，用 λ 表示确定的实数：

（1）A 是可能的

——$A - 1/2 \in D$

——$\underline{P}(A - 1/2 \in D) \geqslant 0$

——$\underline{P}(A) \geqslant 1/2$

（2）A 同 B 至少一样可能？

——$A - B \in D$

——$\underline{P}(A - B) \geqslant 0$

（3）A 和 B 没有区别

——$A - B \in D$ 且 $B - A \in D$

——$\underline{P}(A - B) = \overline{P}(A - B) = 0$

（4）A 同 λ 倍的 B 至少一样可能？

——$A - \lambda B \in D$

——$\underline{P}(A - \lambda B) \geqslant 0$

（5）在 B 条件下 A 是可能的

——$B(A - 1/2) \in D$

——$\underline{P}(B(A - 1/2)) \geqslant 0$

（6）在 C 条件下，A 同 B 至少一样可能？

——$C(A - B) \in D$

——$\underline{P}(C(A - B)) \geqslant 0$

（7）A 不发生的比率至少是 $\lambda : 1$

——$A^{c} - \lambda A \in D$

——$\overline{P}(A) \leqslant (1 + \lambda)^{-1}$

（8）f 是（几乎）可取的

——$f \in D$

——$\underline{P}(f) \geqslant 0$

（9）主体愿意用价格 λ 购买 f

——$f - \lambda \in D$

——$\underline{P}(f) \geq \lambda$

（10）主体愿意用价格 λ 卖出 f

——$\lambda - f \in D$

——$\overline{P}(f) \leq \lambda$

（11）f 同 g 至少一样好？

——$f - g \in D$

——$\underline{P}(f - g) \geq 0$

（12）在 B 条件下，f 是可取的

——$Bf \in D$

——$\underline{P}(Bf) \geq 0$

（13）在 B 条件下，主体愿意用价格 λ 购买 f

——$B(f - \lambda) \in D$

——$\underline{P}(B(f - \lambda)) \geq 0$

此外，通过这些简单的判断依据下述步骤可以构造出更加复杂的判断。

第一步：产生一个几乎可取赌局集 D。

第二步：检查 D 是否避免确定损失，否则，从这些可取赌局中可以构造出一个带来损失的赌局，此时必须重新检查 D 中的判断，检查这些判断是否表达了准确的偏好？主体是否理解和接受这些判断的行为解释？

第三步：假设 D 避免确定损失，计算自然扩张 E 和对应的下界预期 $\underline{P}$。自然扩张 E 和对应的下界预期 $\underline{P}$ 都是融贯的，但是 D 不一定。没有理由去要求 D 是融贯的，因为只要求主体做出概率判断，而没有要求对应的可取赌局的有穷组合也是可取的。如果 D 中的每个赌局 f 都决定了一个封闭的凸半空间 $M_f = \{P \in \mathbf{P}(X) : P(f) \geq 0\}$，那么 M 就是 D 中所有 f 的半空间 M_f 的交，即 $M = M(D) = \{P \in \mathbf{P}(X) : (\forall f \in D) P(f) \geq 0\}$。假设 D 避免确定损失，则 $M(D)$ 非空，且 $E = \{f : (\forall P \in M(D)) P(f) \geq 0\}$，对应的下界预期 $\underline{P} = \min\{P(f) : P \in M(D)\}$。这就简单地表达出了 D 的自然扩张。

第四步：依据得出的自然扩张 E 和对应的下界预期 $\underline{P}$ 去计算前提对结论的支持度。

二、详细的例子

下面用一个例子来具体说明非精确概率归纳推理的过程。考虑一场足

球比赛，对于参赛的某个球队而言，只有三种可能结果：赢球（W）、输球（L）、平局（D）。假设主体关于比赛的信念表达为下述概率命题，且把它们翻译为对应的可取赌局 f_1、f_2、f_3、f_4：

（1）赢球是不可能的

——$f_1 = 1/2 - W = D + L - 1/2 \geqslant 0$

（2）赢球至少和平局一样可能

——$f_2 = W - D \geqslant 0$

（3）平局至少和输球一样可能

——$f_3 = D - L \geqslant 0$

（4）不输球的比率不超过 $4:1$

——$f_4 = L - 0.2 \geqslant 0$

如果主体具有类似条件下以前比赛结果的信息，那么具有这种非精确概率判断是合乎情理的。因为两场比赛不可能在完全相同的条件下举行，就很难做出更加精确的判断。

上述四个命题就是推理前提，现在要问今天比赛的结果是什么以及前提对结论的支持度是多少。

如果只有这四个命题，那么可取赌局集 $D = \{f_1, f_2, f_3, f_4\}$。很明显，如果 D 避免确定损失，那么线性预期类 $M(D)$ 是下述四个半空间的交集：

$$M_{f_1} = \{P \in \mathbf{P}(X) : P(W) \leqslant 0.5\}$$
$$M_{f_2} = \{P \in \mathbf{P}(X) : P(W) \geqslant P(D)\}$$
$$M_{f_3} = \{P \in \mathbf{P}(X) : P(D) \geqslant P(L)\}$$
$$M_{f_4} = \{P \in \mathbf{P}(X) : P(L) \geqslant 0.2\}$$

$M(D)$ 的极端值对应了表 1-2 中四个概率质量函数。

表 1-2　极端值

结果的概率 概率质量函数	$P(W)$	$P(D)$	$P(L)$
P_1	1/3	1/3	1/3
P_2	0.5	0.25	0.25
P_3	0.5	0.3	0.2
P_4	0.4	0.4	0.2

自然扩张 $\underline{P}$ 就是这四个线性扩张的下包络。通过下界和上界概率 $(\underline{P}, \overline{P})$ 可以把推理的结果总结如下：由于从上述四个前提可以推出三个

命题，赢球是可能的，前提是对此结论的支持度的下界和上界是
(0.33, 0.5)；平局是可能的，前提是对此结论的支持度的下界和上界是
(0.25, 0.4)；输球是可能的，前提是对此结论的支持度的下界和上界是
(0.2, 0.33)。

因为 X 只含有三个元素，所以可以把线性预期类 $M(D)$ 表示为二维
概率单形的子集。概率单形是一个高为 1 的等边三角形，X 上线性预期被
表示为概率单形上的点，X 中元素的概率等于表示线性预期的点到第三边
的垂直距离。这种单形表示有助于构造 M 和研究新的可取判断对结论支
持度的影响。

赌局 f 等同于超平面 $\{P \in \mathbf{P}(X) : P(f) = 0\}$，它是一条切割单形的直
线。因为 M 是所有半空间 $M_{f_j} = \{P \in \mathbf{P}(X) : P(f_j) \geq 0\}$ 的交集，所以 M
就是所有直线（实线）围城的区域。本例中的 M 就是四条直线围成的阴
影区域（见图 1–9），分类概率命题 f_1、f_4 对应于平行于三角形边的直线，
比较概率命题 f_2、f_3 对应于平分三角形的直线，四个极端值就是四条直线
的交点。

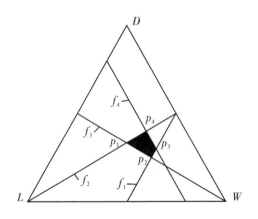

图 1–9　单形表达①

包含 M 的半空间对应于几乎可取赌局，这些赌局构成了自然扩张 E。
不可取赌局就是那些对应的半空间与 M 不相交的赌局。其他赌局——对
应于切割 M 的直线——的可取性是不明确的。在本例中，赌局 $D-0.2$ 是
可取的，赌局 $D-0.5$ 是不可取的，赌局 $D-0.3$ 是不明确的。在这种条件

---

① 用几何中的单形可视化了此例子中的推理。

下，如果往前提中添加了新的证据，就能很方便地评估它对结论支持度的影响。

通过做相切于 M 且与单形的边平行的直线，可以直接读出 X 中元素的上界和下界概率，例如，直线 $P(D) = 0.25$ 和 $\overline{P}(D) = 0.4$ 就相切于 M 且与单形的 LW 边平行，那么 $\underline{P}(D) = 0.25$ 和 $\overline{P}(D) = 0.4$。一般而言，$\underline{P}(f)$ 和 $\overline{P}(f)$ 恰好是满足"直线 $P(f) = \mu$ 相切于 M"的值 μ。

当初始命题集 D 招致确定损失，这个构造程序将产生空集 M，这时前提对任何结论的支持度都为 0。那么，可以找出 D 中的一个最小子集，使得此集合中的赌局的对应半空间的交集为空。假设赌局 $f_5 = 0.2 - D$ 被添加到 D 中，对应的半空间 M_{f_5} 并不同 M 相交，即产生了空集 M，这就表明新的赌局集招致确定损失。由此可以发现半空间 M_{f_1}、M_{f_3}、M_{f_5} 的交集是空集，表明了对应的命题 f_1、f_3、f_5 不是避免确定损失的，事实上 $f_1 + f_3 + 2f_5 = -0.1$。

一般而言，往前提中添加更多的证据——即往 D 中添加更多的赌局 f——的效果可以通过 M 和 M_f 的交集看出来。所以单形表示可以被用于展示其他命题对推理的影响，但是当 $|X| \geq 5$ 时，已经不能画出了它的单形表达了。

第六节　小　　结

本章深入探讨了非精确概率归纳推理。首先定义了一个实值映射——赌局，以及由此构成的赌局集。如果一个赌局集中的所有赌局都被主体接受，那么它就构成了一个可取赌局集。这个可取赌局集反映了主体的信念，代表了主体所接受的东西，成为推理的前提。然而，并非所有的可取赌局集都是合理的，因为许多信念在事后看来可能是不理性的。因此，合理的可取赌局集需要满足一些特定的性质。

这些性质即四个公理，分别是：如果某个赌局是可取的，那么放大此赌局的任何倍数也是可取的；如果两个赌局都是可取的，那么它们的和也是可取的；如果某个赌局的值大于零，那么它是可取的；如果某个赌局的值小于零，那么它不是可取的。这四个公理一起构成了对"理性"概念的表达，只有满足这四条公理的可取赌局集才是理性的。

接着，本章进一步探讨了如何从一个前提（可取赌局集）出发，使其变得理性。首先，需要判断可取赌局集是否避免了部分损失，因为不满足此条件的前提肯定会给主体带来损失，一定是不理性的。然后，可以通过自然扩张得到一个包含前提的理性可取赌局集，它是满足四条公理的最小集合，也是从前提所能推出的所有可能结果。

然而，可取赌局集理论虽然直观地表达了非精确概率的归纳推理，但它不能计算出前提对结论的支持度——概率。因此，需要一种数值计算理论——下界预期理论。在此理论中，可以在可取赌局集上定义一个实值泛函，将前提转化为概率。然后，需要判断这个概率是否避免了确定损失，如果满足此条件，就可以对这个概率进行自然扩张，使其变得理性。这样就可以一步计算出结论的非精确概率。

本书并不仅限于静态的非精确概率，更希望能够更新概率，即引入条件概率。因此，本章进一步讨论了条件可取赌局集和条件下界预期。同样需要首先判断它们是否避免了确定损失，然后进行自然扩张以达到理性。研究发现，（非条件）可取赌局集和（非条件）下界预期只是条件可取赌局集和条件下界预期的特例。

然而，此理论仍有一些缺陷。

首先，理论假设是"效用是精确且线性的"，这个假设过于强硬。研究者认为"假设概率是精确的"是不合理的，却假设了"效用是精确的"，这主要是为了便于数学处理和降低问题的难度。如果想进一步推进这个理论，就需要假设效用也是非精确的，这将需要修改赌局的定义、修改理性公理，以及修改避免确定损失和自然扩张的方法。

其次，避免确定损失是一个很强的要求。在经典逻辑中，已经有弗协调逻辑来弱化一致性，研究者也希望能够弱化这一假设。他们想知道，是否能从不一致的前提中得出一些合理的结论。

最后，理论的计算难度较大，不够直观。这是因为无论是判断避免确定损失，还是计算自然扩张，都不是人力所能承担的。但是，这个缺陷也有其辩护的地方，因为数理逻辑本就是为计算机而设计的，非精确概率归纳推理主要是为人工智能设计的，需要计算机的辅助，至今已经发明了很多算法，可统称为概率边界分析[201-202]。至于人类进行非精确概率归纳推理的模式，主要还是依赖于直觉，而非数值计算。

第二章　非精确概率的哲学解释

概率理论的解释对于理解和应用概率至关重要，不同的解释会导致不同的应用，并可能催生新的理论。经典精确概率的解释主要关注频率解释、性向解释、主观解释、逻辑解释等。其中，主观主义的解释与本主题——非精确概率在风险中的应用——有着紧密的联系。主观主义将概率解释为信念度，通过贝叶斯敏感度分析，可以得出非精确概率。然而，主观主义并不能准确地解释下界预期理论，因为"预期"是一个综合了概率和效用的概念，所以需要发展一种适配下界预期的解释。

在本章中，首先探讨概率解释的意义（第一节），然后提供下界预期的解释（第二节），最后回应对这种解释的一些反对观点（第三节）。目标是通过深入的理论探讨和分析，提供一个全面的视角来理解非精确概率的解释，并为它在风险中的使用打下基础。

第一节　非精确概率的解释

概率只有通过解释才能得到辩护，通过与其他概率解释相比较，就能得到非精确概率需要的解释。

一、概率解释与数学表达

首先需要区分概率的解释和概率的数学表达。目前存在多种刻画不明确的数学模型，如上界概率和下界概率、可加概率测度类、比较概率序等，其中任何一种模型都能给出多种不同的概率解释，同样的，任意一种概率解释都能给出不同数学表达。所以在讨论某种解释时，可以不假定特定类型的数学模型，在思考某个数学模型时，也可以参考不同的解释。

为了发展出一种有用的非精确概率推理理论，有必要给出一种清晰的概率解释，De Finetti 的工作完全体现了解释如何影响概率理论。例如，他对有穷概率而不是可数可加概率的强调是他操作主义解释的结果。所以，如果没有一个清晰的概率解释，就很难辩护概率模型为什么是恰当的，用传统、常识、某些数学标准（简单性、易处理）来辩护概率公理都是不够充分的。此外，需要一个清晰的解释也是为了知道概率的应用，为了评估推理中的概率值，为了理解概率结论，不理解这些概率的意义，这些评估和结论都是武断的和无用的。但是许多数学家和概率学家漠视解释的问题，研究者认为这些问题是本质性的，而且是概率逻辑理论的起点，同时也能窥探理论的后续发展[123]13。

尽管概率的解释和数学结构不是一一对应的，但是这两个问题相关，特定的解释被用于支持特定的数学结构。为了使得概率的结论在认知 – 行为上有用，就需要一种行为解释，将使用这种解释去辩护理性公理，然后推导出非精确概率的一个特殊数学结构。

二、非精确概率的行为解释

为了使理论更具一般性，首先引入一个概念——意向系统（intentional systems）[203 - 204]，它包括人群（公司、专业协会、委员会、民族），同时也包括动物、机器、电脑、专家系统或者人类与它们的电脑的组合。在后面的讨论中，本书用术语"主体"代指这类意向系统。意向系统的本质特征是它们能决策和行动，它们能被看成是具有某种程度的智力或者理性，也能被看成是具有目的性的，以至于它们依据信念去选择行动，进而接近目标。意向系统的行为受到价值和信念的影响。价值涉及事态或者行动结果对主体的意义，它被效用所刻画。信念涉及重要事件在未来发生的可行性，通过概率来刻画，因此认知概率是一种信念度。信念和价值（也就是概率和效用）是主体行为的一种心理解释，根据这种模型，当某个行为产生了更多的期望效用时，主体就偏好于此行动[114,205 - 208]，所以信念和价值就是行为倾向——特定的信念和价值倾向于特定的行为表现。因为大部分行为都是本能的和无意识的，所以研究者们关心那种深思熟虑的行为[98 - 99,209 - 211]。

任何意向系统都可以用行为来解释，所以讨论行为主义是有益的。行为主义有很多分支，这里关注与研究相关的两种解释：激进行为主义和逻辑行为主义。

Watson 和 Skinner 给出了一种极端的行为主义——激进行为主义或者

刺激反应理论。激进行为主义者仅仅关注可观察的行为，特别是对刺激的可观察反应，他们不愿意假定不可观察的心理状态——如用于解释行为的信念和价值，而且反对把内省作为心理状态的证据来源。De Finetti[102,212]倡导概率的操作主义理论。他把概率定义为对刺激（比如评分规则）的回应，延续了这种激进的行为主义传统。但是，激进行为主义和操作主义存在困难：

（1）被观察到的行为是一个不可靠的证据，因为存在任意选择和伪装的行为；

（2）许多信念并不表现在行为中；

（3）如果概率等同于对刺激的特定反应，就很难解释面对不同的刺激为什么会得出同样的概率，或者为什么概率超越了它被定义的特殊条件从而在其他语境中也能影响行为；

（4）内省是信念和价值观的一个有用但不是绝对可靠的证据来源。

逻辑行为主义者把特定的行为倾向等同于心理状态（如信念和价值观），Ryle[213]、Tolman[214]、Hull[215]认为心理仅仅是一组行为倾向，所以逻辑行为主义同本书所采纳的概率的行为解释相容。

当主体倾向于选择某个行动时，那么此行动的结果就比其他行动的结果更可取。通过提炼这些比较，希望通过观察主体的行为去测量主体的价值和信念，但是这种方法存在两个必要的限定：

（1）不能总是依据信念和价值来解释主体的行动，在许多情形中，主体选择行动可能是任意的，不是由信念和价值确定的，所以从被观察到的行为中去推断信念和价值必须谨慎。

（2）信念可以影响行为倾向，但不能把信念等同于任何实际的选择或者实际的行为，而且信念本身并不能决定行为，它们只有通过与价值相互作用才能影响行为，所以当缺乏价值的参与时，不能直接从行为中推断出信念。

所以，本逻辑理论是基于概率模型的最低限度的行为解释：任意概率模型都能潜在地影响行为。这便于理解推理结论的意义，掌握它们的使用[123]20。例如，如果天气预报宣称今天下雨的概率是 0.9，那么你应该把这些数值同私人效用联系起来，以决定是否还要去散步。注意最低限度的行为解释不需要信念被规约为行为倾向，也不需要通过已观察到的行为测量信念，所以采纳这种最低限度的行为解释，就不会重蹈任意一种行为主义的错误。研究者们仅仅要求信念和概率应该潜在地影响行为，所以任意一种行为主义都满足这一条件。

在上述模型中，信念和价值都被看成是先已存在的，仅仅需要从行为中提炼出来。但是在很多情形中，主体没有先已存在的信念和价值，或者信念和价值太模糊以至于无法用于推理和决策，这时主体需要分析可用证据做出概率评估，所以需要描述从证据而来的概率构造过程。因此，概率的证据解释应该先于行为解释。事实上，如果证据解释能够被看成是最低限度行为解释的补充，那么它就同本理论相容，Carnap[108] 和 Shafer[74] 也接受最低限度的行为解释。在 Carnap 后期的写作中，他支持效用最大化原则作为概率和行为的中间桥梁，并且指出通过此原则概率的公理导致了理性的行为，进而辩护了概率公理。

三、非精确概率的认知解释

在客观（aleatory）概率和认知（epistemic）概率之间存在一个重要的区分①，客观概率刻画了经验现象中的随机性，认知概率刻画了主体的信念度。"这枚硬币有 0.5 的可能性反面朝上"就是一个客观概率的陈述，因为这时可能性表示一种并不依赖于观察者的物理性质。"主体相信这枚硬币可能反面朝上"就是一个认知概率的陈述，因为这指的是特殊观察者的信念。所以对于任意概率，很自然地考虑它的客观解释和主观（认知）解释②。

客观概率和认知概率通过直接推理的原则（principle of direct infer-ence）联系起来。这个原则就是：当主体知道客观概率时就应该采纳它们作为自己的认知概率，以及做出相应的行动。例如，你知道了硬币反面朝上的可能性是 0.5，那么你就应该以 5:5 或者以更有利的赔率对结果打赌。通过这个原则，涉及的所有概率模型都可以给出认知的、行为的解释。

统计抽样模型和科学理论中涉及的概率必须给出一种客观解释，因为

---

① 这个区分最早源自 Hacking[209]，他认为这个区分可以追溯到 De Morgan、Venn、Car-nap[107]、Mellor[211]、Levi[128] 等。

② 很明显，认知解释同时与证据解释和行为解释相关。任何认知概率理论都需要解决两个任务：①解释概率如何被运用到推理和决策中；②解释如何从证据构造出概率。哪一种解释在上述两个任务中可能更加成功呢？许多论证偏向于行为解释而不是证据解释。首先概率的行为解释支持融贯公理，因为违背行为解释会导致非理性的行为，这就完成了第二个任务；融贯公理能够推出更新概率和决策的规则，这就完成了一个任务。相反，虽然存在很多从证据确定概率的方法，但是这些方法中的任意一个都存在某种任意或者约定的成分，而且这些方法仅仅对简单证据可用。此外，证据可以相当复杂，而且任意方法集不大可能覆盖所有类型的证据，所以证据理论不可能完成第一个任务。

这种解释表达了外部世界的随机性。客观解释并不仅仅出现在物理理论中，也会出现在生物学、经济学、社会学、心理学、语言学理论中[216]，这些理论关注的都是客观经验现象，而不是个人或者群体的信念。客观解释存在两种概率，分别称为性向解释和频率解释，而且每种解释都有多个版本。性向解释用概率去测量事件在特殊实验中出现的趋势，从而把概率看成是实验设置的倾向，它允许从已知的物理性质中构造可能性，因为还不清楚必要的规律，所以性向解释是理论性的[128,131,211,217-222]。频率解释把概率等同于有穷类中的相对频率，或者等同于无穷序列中的相对频率，它类似于操作主义，而且依赖对统计数据的测量[62,101-102,188-192]。本研究偏好于性向解释而不是频率解释，因为性向解释可以运用于单个非重复的实验，且有解释其他物理性质的潜力①。

认知概率的解释不同于客观概率，存在两种分类方式。

第一种分类方式：

（1）行为解释，用行为（打赌行为或者行为间的选择）来解释；

（2）证据解释，概率测量了假设和可用证据之间的逻辑或者语言关系。

第二种分类方式：

（1）逻辑解释，认知概率被大量的证据唯一地确定；

（2）私人解释，概率仅仅被融贯性公理而不是证据所限制；

（3）理性解释（rationalistic interpretation），它位于上述两者之间，要求概率以某种方式同证据保持一致，但不要求此概率被唯一地确定。逻辑解释趋向于证据解释，私人解释趋向于行为解释。

此外，还可以区分概率的操作性解释和理论性解释。在操作主义的解释中，概率等同于从特殊程序中得到的观察，此时认知概率就是主体选择的某个赔率，客观概率就是被观察到的相对频率。在理论性解释中，概率模型的变量（如信念）并不是直接可观察的，但是它们可以通过与其他变量（如价值观）相互作用进而影响观察。

在推理中需要概率表达主体认知上的不明确，所以这些概率必须是认知的，况且推理的实质就是认知。那么，需要什么样的认知解释呢？需要采用的解释是理论性的、理性的、行为的、构造性的。其中，需要理论性的解释是因为概率模型能被用于特殊语境之外，需要理性的解释是因为推

①　性向解释存在很多困难：①性向同决定论相容吗？②可能性为什么应该满足标准概率公理？③性向是实验的本质特征吗？或者性向仅仅是依赖于某种特殊实验吗？④可能性如何同认知概率和理性行为联系起来？⑤性向同其他物理性质相关吗？

理的结论并不完全是主观任意的，需要行为的解释是要告诉研究者如何使用推理的结论，需要构造性的解释是要从证据导出概率。这种解释同 Jeffreys 和 Carnap 的客观贝叶斯理论解释不同，他们对概率的解释是认知的、证据的、理论性的、逻辑的、构造的。同 De Finetti、Savage、Lindley 的主观贝叶斯主义解释不同，他们的解释是认知的、行为的、操作主义的、私人主义的。

第二节　下界预期的解释

本章第一节讨论了概率解释的一般性问题，第一章也阐述了融贯下界和上界预期的理论，是时候讨论它的哲学解释问题了。本节首先讨论下界预期的最低行为解释，然后讨论扩充这种解释的各种版本——客观的解释、逻辑的解释、私人主义的解释、操作的解释、穷尽的解释、敏感度分析解释。虽然融贯的逻辑理论与这些解释一致，但是这些扩张版本不能恰当地处理不确定下的推理问题，所以采用行为解释，而且此解释是认知的、理性的、理论的、不完全的、直接的，也是普遍适用的。

一、功利主义

从直观上来看，下界预期的解释与功利主义相关。功利主义是西方影响巨大的伦理学说，它起源于古希腊的西勒尼学派和伊壁鸠鲁学派的快乐主义，由边沁发展而成为系统的伦理体系，密尔继承完善了这一学说。其原则是最大多数人的最大幸福，这一原则认为个人利益是道德基础，社会利益从个人利益开始。

边沁的功利主义建立在快乐之上。他认为快乐是人们所欲求的唯一东西，相反，痛苦就是尽力避免的东西，只有痛苦和快乐才能指示人们应该做什么以及如何做。所以，边沁认为避苦趋乐是人的本性，追求快乐是人的一切行为选择的最终目的。在此基础上，边沁提出了功利主义原理。他把功利解释为外物有利于主体求福避祸的那种性质，由于此性质，该外物就趋向于产生利益、快乐、幸福等，或者防止祸患、恶、痛苦等。因此在边沁看来，幸福与快乐、利益与善是同一概念。那么，一种行为带来的快乐与痛苦的差额大于另一行为带来的快乐与痛苦的差额，它就比另一个行为更好，就应该选择此行为。而在一切可能的行为中，差额最大的那种行为就是最好的行为，这就是功利主义原则，很明显，这就是边沁版的期望效用化。

边沁认为，每个人根据个人利益来选择，他在各种可供选择的行为中选择能获得最大利益的行为——最大幸福原则，这是个人选择的绝对依据。如果选择的主体是指社会，那么功利原则就表现为尽可能地提高社会幸福以减少社会不幸。在边沁看来，社会是一个虚构团体。它只是内部成员的组合，所以社会幸福就是成员的利益总和，那么功利原则在社会方面就是最大多数人的最大幸福原则。这里边沁注意到了个人利益离不开他人利益，所以对个人而言行为选择这就是一个赌局。他相信功利原则可以普遍地为人们所接受，因为这是人的天性，人们会不假思索地用这一原则来调整自己的行为。

在决策中，究竟如何运用最大多数人的最大幸福原则？边沁认为，这需要对幸福、快乐、痛苦的数量进行计算和比较。要进行苦乐的计算就必须对苦乐的来源和种类加以研究，边沁发现苦乐通常有四个来源（即四种制裁）：自然制裁、政治制裁、宗教制裁、道德制裁。自然制裁指自然界所造成的苦乐；宗教制裁指由不可见的神灵所造成的苦乐；政治制裁指政府的奖惩措施所造成的苦乐；道德制裁指由于某人的品行所带来的苦乐。在这四种制裁中，自然制裁最为基本，它贯穿于其他三种制裁之中，其他三种制裁必须经过自然制裁才能起作用。

考察了苦乐的来源后，边沁开始计算功利。它认为苦乐值的大小由七个条件决定：强度、持久度、确定性、远近性、继生性、纯粹性、范围。其中，强度指苦乐的强烈程度，持久度指苦乐的持续时间的长短，确定性指主体对苦乐的感受的确定的还是不确定的，远近性指苦乐的产生是眼前的还是遥远的，继生性指一种苦乐之后会不会派生出其他苦乐，纯粹性指获得苦乐之后会不会有乐后之乐或者苦后之苦，范围指遭受苦乐的人数。

进而边沁提出计算苦乐的六个步骤。

第一步：计算行为产生的每一种明显快乐的价值；

第二步：计算行为产生的每一种明显痛苦的价值；

第三步：计算行为在除此快乐之后产生的每一种明显快乐的价值；

第四步：计算行为在除此痛苦之后产生的每一种明显痛苦的价值；

第五步：对个人来说，总计所有快乐和痛苦的价值，如果快乐大于痛苦，这一行为就是好的，反之则为坏的；

第六步：对社会或者团体来讲，首先计算各个成员的苦乐，然后计算有好效果与坏效果的人数总和，如果好效果的人数大于坏效果的人数，该行为对社会就有好效果，反之则有坏效果。

通过这种计算，可以确定数量上最大的快乐作为行为的最佳选择——最大多数人的最大幸福。

综上所述，功利主义主张功利或最大幸福原则是各种生活的根本，认为行为越能增进幸福就越正当，越能产生不幸就越不正当，断言快乐和痛苦的免除是人生的目的，是唯一可欲求的东西，因此这种理论受到各种攻击。反对者认为主张快乐之外没有其他目的的理论是堕落的，是一种只配猪的理论。为了捍卫功利主义，密尔进行了反驳。他说不只存在猪的快乐，人类有些官能的快乐比动物的欲望更高尚，而一旦人们意识到了这些快乐，即使是不满足此官能的事物也比动物的快乐更值得欲求。把某些种类的快乐看成比其他种类的快乐更有价值是密尔对反驳的回应。

那么，如何判断哪种快乐更有价值呢？密尔认为要依靠经验。如果有机会享受两种快乐的人都选择其中一种，那么这种快乐就更有价值，谁也不会放弃人类的快乐去追求兽性的快乐。密尔进而讨论了两种快乐或者两种生活方式中哪一种更好的问题。他认为，只有对这两类快乐都清楚的人才有决定权，或者如果他们的意见有分歧，那么其中大多数人的判断就是最终裁决，除此之外没有其他裁判者了。要决定一个人是否值得忍受某种痛苦来换取某种快乐，除了身受者的判断之外，没有什么东西能够决定，因此如果身受者认为从高级官能中得到的快乐在性质上比兽性所享受的快乐更可取时，便没有人能反对这种说法了。[228]

但是功利主义也存在困难。首先，区分苦乐的来源对于苦乐的计算没有意义，因为苦乐是一种主观的感受，同一种苦乐对于不同的人而言完全不同，所以没有必要去分析苦乐的种类，直接讨论具体行为对人的苦乐感受就足矣。其次，关于苦乐的计算，也没有必要区分苦乐的诸多方面，这只会带来计算的复杂性，因为行为间的苦乐没有绝对的值只有相对值，所以在讨论众多行为的苦乐计算时，直接对行为进行相对赋值就足矣。另外，不能笼统地计算苦乐值，因为不同主体对同一行为的苦乐感受不同，赋值也会不同，最多在一个主体之上讨论行为的苦乐值。本理论就是一种对苦乐的新的计算方法，在此理论中，苦乐被看成是效用，任意的行为选择被看成是一个赌局。

二、下界预期的行为解释

一个下界预期 P 是定义在赌局集 K 上的实值函数，这里 K 是可能空间

Ω 上的所有赌局组成的类的任意子集，所以三元组 $(\Omega, K, \underline{P})$ 被看成是一个下界预期①。$\forall f \in K$ 被看成是一个不确定的奖励，下界预期 $\underline{P}$ 就刻画了主体对这些赌局的态度，那么 $(\Omega, K, \underline{P})$ 的行为解释是：对于 $\forall f \in K$，主体将愿意用严格小于 $\underline{P}(f)$ 的任意价格买进赌局 f，这里 f、$\underline{P}(f)$ 是用同样的效用单位来测量的。所以，$\underline{P}(f)$ 被看成是赌局 f 的最大买进价格，即 $\underline{P}(f)$ 是满足赌局 $f - \mu$ 可取的最大价格 μ。

$\underline{P}$ 的行为解释是最低要求的，表现在：[123]101

（1）不要求通过直接评估购买价格构造出 $\underline{P}$，而仅仅要求 $\underline{P}(f)$ 能被解释为最大购买价格。

（2）模型 $\underline{P}$ 的主要目的不是去描述主体对赌局的态度，因为这些态度仅仅是模型的蕴涵，它可能还具有其他蕴涵，所以模型 $\underline{P}$ 不一定采用私人主义的或者主观主义的解释，也可能采用逻辑的解释。

（3）唯一确定的是主体倾向于用小于 $\underline{P}(f)$ 的任何价格购买 f，没有排除主体倾向于用任何大于 $\underline{P}(f)$ 的价格购买 f 的可能性。所以，模型 $\underline{P}$ 就是主体信念的不完全或非穷尽描述，这也符合实际，因为在实践中模型通常非穷尽。

（4）主体可能没有用高于 $\underline{P}(f)$ 的价格购买 f 的倾向，也可能有此倾向，因为可能存在信念的不明确。此时，没有假设主体具有任何特别的行为倾向，融贯公理也不会要求这一点。

（5）$\underline{P}$ 具有直接的行为解释，不要求 $\underline{P}$ 被构造为可加概率测度类 M，尽管很多例子可以这么做，因为 M 的解释是成问题的，所以下界预期比概率测度类更加基本。

（6）不要求通过某个可操作性的过程测量出 $\underline{P}$。

（7）对 Ω、K 都没有限制，K 是 Ω 上的任意赌局类。当 K 是事件的指标函数类时，下界预期 $\underline{P}(A)$ 被叫作事件 A 的下界概率，它是在事件 A 上的最大赔率。

（8）$\underline{P}$ 的行为解释依赖于主体的效用函数是精确的这种理想情形，在发展概率和统计推理的理论时，这种限制性是足够的，但是为了构造决策的一般理论时，必须扩展到非精确的效用。

---

① 陈述概率理论一般方法是首先定义概率，然后定义期望，但是从预期（期望）出发，然后把概率处理成一种特殊的预期，这是因为在不假设可加性的前提下，概率不能决定预期。Bayes、De Finetti[101,102]、Hacking[209]、Suppes[216]、Whittle[2]也都使用了这种处理方法。此外，本书沿用了 De Finetti 的术语"预期（Prevision）"而不是"期望（Expectation）"来区分这两种不同的处理方式。

由于这些是最低要求，因此对概率持不同观点的研究者都会接受 $\underline{P}$ 的行为解释。非贝叶斯主义者会否定贝叶斯教条——赌局的最大购买价格总是等于最低卖出价格，但是它们很难否认上述这些要求。尽管这是最低限度的解释，但也足以辩护融贯预期理论。在此基础之上，更加特殊的解释——逻辑的、操作的、贝叶斯的、贝叶斯敏感度分析——都可以被看成是最低行为解释的扩张，所以这些解释都同最低行为解释相容。

三、客观概率与认知概率

大部分频率主义者或者性向主义者都认为客观概率可以被用于决策，虽然第一节的行为解释不同于频率主义解释或性向解释，但通过采用直接推理原则——当主体知道了客观概率的值时，就应该把它采纳为认知概率，行为解释与客观概率相容。

认知解释又可以细分出逻辑解释和私人主义解释，行为解释同它们都相容。有时候存在充分的证据做出概率判断，那么逻辑解释就是适用的。但是通常不能确定某个概率模型是否是唯一合理的模型，例如，在可用证据是复杂的或者模糊的时候，就需要私人主义解释，但是又不能过分偏爱私人解释，因为理性不仅仅涉及融贯性，此外私人解释会导致不同的概率模型。

四、操作性的解释与理论性的解释

下界预期理论的操作性解释用 $\underline{P}$ 表示主体接受形如 $f-\mu$, $\mu < \underline{P}(f)$ 的任意赌局，这就意味着主体愿意接受在一系列赔率上下注①。

操作性解释有很多优点，它通过对应的操作性过程直观地构造出概率，也就更加直接地辩护了避免确定损失原则。但是操作性的解释也具有严重的缺点，这使得它在大部分实践中变得不适用，原因是：

（1）为什么操作性被构造出来的概率刻画了主体在其他情境中的行为；

（2）操作性的解释要求信念等同于特殊的行为而不是心理状态；

（3）具有操作性解释的概率模型不能被修正；

（4）对赌局可取的断定不能被当作信念的证据；

---

① Giles[136] 给出了一种操作性的主观概率理论，De Finetti[102,105] 给出了两种操作性的预期定义。

（5）不能给出不可观察信念的操作性解释。

通过在一种假设的条件下把 $\underline{P}$ 解释成主体的行为倾向，理论解释确实区分了特殊的行为和潜在的信念。因为模型 $\underline{P}$ 表达的是主体愿意接受形如 $\lambda(f-\mu),\lambda>0,\mu<\underline{P}(f)$ 的赌局，注意这只是描述了主体的心理状态——接受这种赌局，而不是给出了对任何特殊的赌局的承诺。由于行为是直接可观察的，心理状态不是直接可观察的，因此 $\underline{P}$ 又可以被看成是一个描述了影响可观察行为的心理状态（主体信念）的理论。

五、穷尽的解释与不完全的解释

如果确定了赌局 f 的 $\underline{P}(f)$、$\overline{P}(f)$，且 $\underline{P}(f)<\overline{P}(f)$，此模型被解释为主体愿意接受"形如 $f-\mu,\mu<\underline{P}(f)$ 和 $\mu-f,\mu>\overline{P}(f)$"的赌局。假设主体的倾向融贯，可以推出主体不愿意接受"形如 $f-\mu,\mu>\overline{P}(f)$ 和 $\mu-f$，$\mu<\underline{P}(f)$"的赌局，因为会带来确定损失。但是在此解释下，并没有对"主体是否接受赌局 $f-\mu,\underline{P}(f)\leq\mu\leq\overline{P}(f)$ 或赌局 $\mu-f,\underline{P}(f)\leq\mu\leq\overline{P}(f)$"下任何断言，它或者接受、或者不接受、或者具有不同程度的接受、或者完全未定。在此解释下，$\underline{P}$ 是主体信念的不完全（incomplete）解释。

然而，在穷尽（exhaustive）的解释下，关于是否接受赌局 $f-\mu,\underline{P}(f)<\mu<\overline{P}(f)$ 或赌局 $\mu-f,\underline{P}(f)<\mu<\overline{P}(f)$，主体确实下了断言——此时主体"没有决定"是否接受 $f-\mu$，即不倾向于接受也不倾向于拒绝。那么 $\underline{P}(f)$ 就被定义为满足"主体倾向于接受 $f-\mu$"的上确界价格 μ，$\overline{P}(f)$ 就被定义为满足"主体倾向于拒绝 $f-\mu$"的下确界价格 μ。这就刻画了主体对所有赌局 $f-\mu,\mu\in\mathbb{R}\setminus\{\underline{P}(f),\overline{P}(f)\}$ 的态度[①]。此时 $\underline{P}$ 是主体关于赌局倾向的穷尽解释[57,128]。

在穷尽解释下，在主体倾向于接受的赌局和主体不倾向于接受的赌局之间存在一个清晰的界限，那么穷尽模型 $\underline{P}$ 的构造需要类似于贝叶斯理论的精确区分。相对地，构造不完全模型只需要确定那些赌局是主体倾向于接受的，余下的部分包括主体不倾向于接受的赌局和主体态度模糊的赌局[229]。在穷尽解释下，$\underline{P}$ 中非精确性的唯一来源是对信念的真正不确定，然而研究者还允许非精确性来源于信念的不完全构造，所以支持不完全解释。

---

① 排除 $\mu=\underline{P}(f),\mu=\overline{P}(f)$ 的情况，因为此时涉及"上确界是否等于最大可取价格"，如果相等，则主体接受 $f-\mu$；反之，则"没有决定"是否接受。

穷尽的模型比不完全的模型更有用，因为它带有更多关于信念的信息。但是通常很难构造穷尽模型，也不必要。在实践中，有很多理由表明模型很难是穷尽的：[123]104

（1）对于那些不重要的事件，没有必要做出精确的概率评估。

（2）有限的时间和努力导致构造是不完全的。在构造过程中，从主体的证据推导出上确界价格 $\overline{P}(f)$，但是 $\overline{P}(f)$ 不一定是穷尽的。

（3）如果群体的成员具有信念 $\underline{P}_1, \underline{P}_2, \cdots, \underline{P}_n$，那么群体信念就是下包络 $\underline{P}(f) = \min\{\underline{P}_j(f) : 1 \leq j \leq n\}$，模型 $\underline{P}$ 就可以被看成是对每个成员信念的不完全描述。

（4）通过自然扩张，预期可以被扩张到更大的定义域，但是在此定义域上它可能不是穷尽的。

（5）一个不易处理的模型 $\underline{P}$ 可以被一个较不精确但更易处理的占优 $\underline{P}$ 的模型 $\underline{Q}$ 代替，即使 $\underline{P}$ 是穷尽的，$\underline{Q}$ 也将是不完全的。

所以不要求模型 $\underline{P}$ 是穷尽的，仅仅要求它是不完全的。在实践中，在上述条件的限制下，可以通过仔细的评估和构造让 $\underline{P}$ 尽可能穷尽。

六、行为解释与敏感度分析解释

贝叶斯敏感度分析的实践隐含了敏感度分析解释，同时，大部分非精确概率的早期研究者也采纳了敏感度分析解释，此解释广为流行的部分原因是任意的融贯下界预期都是某个线性预期类的下包络[57,230]。

一方面，已经考察了 $\underline{P}$ 的行为解释，它直接把 $\underline{P}$ 描述成主体的行为倾向，而没有参考下包络为 $\underline{P}$ 的线性预期；另一方面，敏感度分析解释仅仅把 $\underline{P}$ 看成是线性预期类的总结，依据理想精确教条，某个线性预期 P_T 表达了主体的信念，所以在实践中需要非线性模型 $\underline{P}$ 仅仅是对 P_T 的不确定。

依据理想线性预期 P_T 的不同意义，敏感度分析解释也有不同的版本：[123]106

（1）描述性解释：认为 P_T 表达了主体的行为倾向，非精确模型 $\underline{P}$ 来源于不完全的构造或者 P_T 的不准确测量[65,86,231-234]。但是依据人类推理和行为的心理学研究[235]，不可能通过精确的概率来表达行为倾向，特别是当倾向是无意识时[233]，大部分贝叶斯主义者都认识到了描述性的解释是站不住脚的，因此偏向于规范性解释。

（2）逻辑解释：只要主体拥有足够的时间和能力，它就可以对可用证据进行彻底分析，这时 P_T 表达了这种能够彻底分析的信念，所以 P_T 给出了一种逻辑解释[59,94,136,236-237]。这里假设一个完全的分析能够辩护精确逻辑概率是成问题的，因为当证据充分时，精确是合理的，但当只有很少的证据时，概率就是非精确的。

（3）私人主义解释：认为如果主体只有有限的时间和资源进行概率评估，那么 P_T 表达了主体最终选定的信念，模型 $\underline{P}$ 的非精确性来源于主体对最终被选定的信念的不确定。它假设只要提供足够的条件，主体就有能力选定最终的信念[122,234,238]。这种解释没有指出主体如何构造出 P_T，也没有指出主体为什么选择这一个而不是另一个占优 $\underline{P}$ 的线性预期。

此外，在敏感度分析解释之下，模型 $\underline{P}$ 的非精确性只来源于不完全的评估或者不完全的构造，不来源于信念的不明确。相对地，穷尽解释只承认信念的不明确，不承认不完全的评估或者不完全的构造。本书的解释同时承认非精确性的这两种来源，也就同敏感度分析解释和穷尽解释相容，但是研究者们认为敏感度分析解释比穷尽解释更加缺少辩护，因为通过彻底分析可用证据就可以得到穷尽模型，但是只有通过得到更多的证据才能消除信念的不明确，所以不明确是更主要的。

在某些情形中——主体有足够的信息去辩护精确概率模型，但是它缺乏时间、计算能力、推理策略去完全分析这些信息——敏感度分析解释是合理的，这时主体可能会把不同的线性预期看成是关于理想信念的假设。

总之，本书避免采纳任何敏感度分析解释，而采用下界预期的直接行为解释。

除下界预期的行为解释之外，总是能给出一个敏感度分析解释，所以解释对实践没有多大的影响，那么大部分的下界预期理论都可以被看成是贝叶斯敏感度分析，这包括非条件预期理论、大部分的条件预期和统计模型理论。所以，在融贯下界预期和线性预期类之间存在一个数学对应，而且在有穷空间下，这种对应还可以推广到条件概率和统计模型上。但是，它们之间也会有很多不同。

在决策理论中，如果效用评估是精确的，那么这两种进路就是数学等价的。但是当概率和效用都非精确时，差别就出现了，此时敏感度分析只关心最优行动，而行为解释则认为其他行动也是合理的。

当定义独立和置换这样的结构性质时，这两种解释之间的差别就出现了。例如，对独立性的定义，存在两个事件 A、B，当 A 以 B 为条件的赔率等于 A 的非条件赔率时，行为解释就认为这两个事件独立。而在可加概率类中的任意概率下，这两个事件都独立，敏感度分析解释才认为这两个事件独立。这两种定义非常不同，而且在实践中这种区别特别重要，因为它将影响直觉判断如何被翻译为推理模型。

下界预期的解释影响了推理理论的发展，因为它可以给出重要概念的定义：最大化、条件预期、独立、条件预期和统计模型的融贯性，所有这些概念都具有直接的行为解释，不需要参考线性预期。

解释最重要的影响可能是概率模型的评估和构造。相较于行为解释，操作性的、穷尽的、敏感度分析解释会导致不同的概率评估，因为不同解释的概率的非精确性来源不同。例如，对于无信息先验，行为解释采纳了非精确的先验概率，但是敏感度分析采纳了精确的无信息先验分布。一般来看，敏感度分析解释通过考虑理想精确概率的性质来构造模型，但是行为解释通过考虑行为性质来构造非精确模型[239]。

第三节 对行为解释反对观点的回应

很多反对行为理论的意见主要集中在统计推理上①，因为行为解释在决策中争议较少。通过讨论这些反对意见，可以看出概率的行为解释提供了统计推理和决策的坚实基础。

一、对赌局的强调

某些反对意见认为本理论太依赖赌局、赌商[56]，它们认为：

（1）行为解释涉及的概率是人工产物，因为它们涉及概率货币的奖励或者其他线性效用。

（2）对主体而言，下注的情形是不公平的，因为主体被迫接受某个赌商，然而它的对手可以自由地选择赌商和赌注[116,240]。

（3）赌商或者赌局的购买价格不是评估概率的好方法。

关于第一点，为了控制选项的效用影响从而简化预期的解释和测量，所以本书采用这种人工构造。赌局的特色是它们奖励的效用是精确的，但是在实际决策问题中，奖励的效用通常是非精确的。此外，通过信念影响主体对赌局的态度，信念可以很容易地得到理解。

第二点对本理论不是一个有效的批评，主体不是被迫在任意赌商下进

---

① 对其他反对意见的讨论参考 Berger[116]。

行赌局，也不存在剥削主体的对手。

笔者不同意第三点，因为很难直接评估赌局的理性购买和出售价格，其他构造概率模型的方法可能有用，但是它们同行为解释都相容。此外，笔者仅仅要求概率模型具有购买价格、赌商、其他行为解释这种蕴涵。

二、依赖行为和信念

一种普遍的反对意见认为科学不应该被私人信念玷污，特别是统计推理不应该被先验信念玷污，因为信念会被看成是偏见。另一种不同的反对意见认为推理（信念）应该同决策（行为）区分开，但是在此理论中信念和行为紧密相连。虽然如此，笔者却有充足的理由反对这些意见：[123]109

● 研究者认为认知概率应该具有某种行为解释，以至于统计结论适于指导未来的研究和决策。这里并不要求推理是为了某种特殊的决策，研究者认为推理有别于决策；也不要求认知概率仅仅被理解成关于行为倾向的模型，但是要求统计结论被当成是行动的基础，这是由行为解释所保证的。

● 研究者认为推理的结论是认知的，它们反映了特殊的信念状态。虽然统计推理是关于外部实在的推理（客观概率），但是它也属于推理，因此从本质上来讲也是认知的。此外，统计推理的结论通常是不确定的，就需要认知概率去表达这种对统计结论的不确定。

● 统计推理的目标是从统计证据得出结论，认知概率被用于测量这些结论中的不确定，那么认知概率就以这些被观察到的统计证据为条件。

● 除非有充实的先验信息，精确先验概率就不能被辩护。当先验概率是非精确的时候，后验概率也是非精确的，而且它们的精确性随信息的增加而增加。当几乎没有先验信息或者先验评估不可能时，先验概率就是高度非精确的，趋近于空先验。

● 通常单独的统计证据只能产生统计假设的空后验概率，为了得到有意义的后验概率，就需要某种有意义的先验概率，这就意味着必须考虑所有先验信息。因为结论和决策应该基于所有的可用信息（包括统计证据），如果存在先验信息，就不能忽视它们。

● 尽管强调信念，但是研究者并没有提倡认知概率的私人解释。如果统计推理具有主体间的有效性，那么统计推理的基础——先验概率——必须超越私人信念。在统计推理中，私人判断又是必须的，特别体现在挑选模型和推理策略上，但是这些私人判断应该尽可能被证据支持[241]。

所以基于所有可用证据（统计证据和先验信息）得到了非精确后验概率，再依据非精确后验概率表达统计结论，这里要求非精确后验概率的解释是认知的、行为的、理性的。

三、不同类型的不确定

因为用行为倾向来解释概率，所以就有批评者认为概率的行为理论用同样的方式处理所有类型的不确定。他们认为对物理随机实验结果的不确定应该区别于对未知物理常数的值的不确定。研究者认为使用不同意义的客观性可以区分这两种情形[123]113。

首先，随机实验结果的抽样模型通常具有客观解释，但是关于统计常数的认知概率不具有客观解释。这种解释的不同不一定表现为概率数值的差异。

其次，通常统计抽样模型是基于大量统计证据或者现象的物理理解，但是先验分布基于很少的证据，所以带有充足证据的抽样模型都是精确的，但是基于很少证据的先验分布是高度不精确的，因此通过概率的精确性可以区分这两种不确定[64]。此外，贝叶斯主义者通过精确概率表达这两种信息，频率主义者和统计的似然理论确实区分了这两种信息，但是只涉及统计信息，没有方法去吸收非统计的信息，所以贝叶斯主义和频率主义都不令人满意，也它们只是一些极端情形[242-243]。

同样地，通过精确度的差异，定性概率判断区别于精确数值概率判断。讨论了这些区别之后，行为解释和融贯理论就可以涵盖这些不同种类的不确定了。

四、对避免确定损失的强调

为了满足公理"避免确定损失"，就一定不存在产生净损失的可取赌局的有穷组合。很多研究者反对如此关注"避免确定损失"，特别是在推理中，他们认为：[123]115

（1）即使确定损失发生了，主体也可以通过拒绝接受这些赌局来避免伤害[244]。

（2）即使主体的概率评估招致了确定损失，在实践中主体也很难遭遇带来损失的赌局组合。

（3）仅当存在对手导致主体招致确定损失时，才有必要避免确定损失。但是这不会发生在统计推理中，在大部分决策问题中也不会发生。

关于第一点，在实践中，如果主体打算"通过拒绝某些可能倾向于接受的赌局"来避免确定损失，那么下界预期就不能表达主体对可取赌局不变的行为倾向。准确地说，在这些赌局的选择间一定存在某种相互作用——赌局 f 的"可取"依赖于已经被选择出来的其他赌局。所以第三点意见就相当于违反了公理 A2——主体倾向于接受赌局 f、g，但是却不倾向于接受 f、g 的某个正的线性组合。

对于后面两点，如果主体的预期招致了确定损失，就意味着在它的评估中存在非理性，无论这种招致损失的情形是否真正出现。与其说避免确定损失原则源于害怕实际损失，不如说源于害怕结果有害的行动的实现。所以，此公理在推理和决策中都是有根据的，当然在决策问题中，招致损失的预期可能导致明显有害的结论。

对避免确定损失原则感到不安的研究者们可能认为融贯性是更加基本的公理。融贯性可以被看成是一种与损失无关的自我一致性，特别地，相较于避免确定损失，融贯性与统计推理关系更加紧密。

五、缺乏客观性

行为理论的最常见的反对意见认为认知概率缺乏客观性，特别是贝叶斯统计学的先验概率缺乏客观性。因为客观性具有不同的意义——物理客观性、主体间的一致性、充足的根据，这里将逐一回应这些反对意见[123]111。

（一）物理客观性

许多贝叶斯主义者把客观性规约为主体间的一致性，因此，抽样模型的客观性仅仅反映了主体间的一致性[61,94,112,116,245-246]。然而贝叶斯理论的大部分批评者支持另一种客观性——物理客观。在此意义上，概率模型的正确性仅仅依赖于它与外部实在的符合程度，不依赖于任何观察者的信念和知识。这就涉及概率的客观解释，相对的主体间的一致性仅仅涉及认知概率，很明显，"模型的主体间一致性"与"模型对应于物理实在"之间是既不必要也不充分的关系。

如果科学的任务是提出假说和测试假说，那么应该给出科学理论中概率的客观解释，这样就有理由去区分涉及客观的统计抽样模型和仅仅涉及认知概率的先验分布，但是不能说在统计推理中"认知先验"无用。这种立场不同于贝叶斯主义者，它们排除了客观概率，也不同于频率主义者，它们仅仅在频率解释下承认先验概率。例如，抛掷一枚硬币，通常的贝努力模型认为抛掷之间独立，而且每一次抛掷正面朝上的可能性都是 θ —— 反映了硬币的物理性质，这是客观的。然而，从重复抛掷中得到的关于 θ 的取值信息可知，它是认知的，反映在 θ 的后验认知概率中。

（二）主体间的一致性

同时，我们也可以依据主体间的一致性来解释客观性。假设几个人都在评估抛掷的无穷序列结果的精确私人概率，如果每个人都把抛掷看成是可交换的（exchangeable），那么依据贝努力模型和 θ 的私人先验分布就能表达它们的概率。在贝努力模型抽象了私人信念的意义上，它是客观的。当观察的抛掷数目增大时，关于 θ 值的一致性就会增加。那么，模型的客观性就规约为主体间的一致性[102,246-248]。不幸的是，这种规约丧失了客观模型的重要特征——物理客观性。在规约解释下，同意"可交换性"的研究者们之间不难发现贝努力模型是错误的，因为规约解释的"正确"是指主体间一致性，如果以一种融贯方式更新概率，那么同意可交换性的研究者在概率更新后仍将同意可交换性。而在物理客观的意义下，模型不符合客观概率时才是错误的。

即使贝努力模型是物理正确的，随着统计数据的增加也不一定会出现意见的收敛。例如，当一个人认为 $\theta \leqslant 1/3$，dmj 其他人认为 $\theta \geqslant 2/3$ 时，可以确定至少某个人错误。或者如果所有人都认为 $\theta \leqslant 1/3$，且头朝上的相对频率收敛到 2/3，虽然关于 θ 的意见存在收敛，但却是收敛到 1/3，这时 1/3 就被看成是真正的值明显是错误的。

当然大部分的科学工作是识别、澄清、减少专家之间的不一致。当专家评估不同的概率分布 P_j 时，很重要的一点就是去识别专家观点之间的一致部分和不一致部分，其中一种方法是把专家信念的下包络 $\underline{P}(f) = \min\{P_j(f):1 \leqslant j \leqslant n\}$ 看成是群体信念的模型，那么事件 A 的群体信念的非精确性 $\Delta(A) = \overline{P}(A) - \underline{P}(A)$ 就直接测量了群体成员对 A 的概率的不一致程度。如果 A 涉及统计参数 θ 的值，则非精确性 $\Delta(A)$ 通常表示统计证据的积累。

（三）充足的根据

具有充足理由不同于物理客观性，也不同于主体间的一致性，因为它都涉及概率和证据的关系[249]。Keynes、Carnap、Jeffreys 均认为逻辑或语言关系唯一地决定了假设和证据之间的概率，那么概率是认知的也是客观的。不要求唯一性时，由于认知概率符合外部世界，因此它被看成是客观的。当认知概率基于大量相关信息时，它就有充足理由。

六、可观察性

基于行为解释，概率模型描述了主体接受赌局的倾向。对此，反对意见认为只有在状态 ω 能被确定以至于赌局的值变成已知的情况下，行为解释才是正确的。似乎这就排除了 ω 不可观察的情形，特别是排除了 ω 参数表示某个统计抽样模型的情形。因为对统计推理的解释涉及对统计参数的信念，所以需要表明这种信念是有意义的[102]21。

如果在某个确定的时间点上，存在一种特殊的验证程序去判定概率空间 Ω 的元素是否是真状态，那么此概率空间 Ω 就是可观察的。随机实验的结果通常是可观察的，如抛掷硬币，但统计参数的值通常是不可观察的。如果 θ 表示抛掷某个硬币头朝上的可能性，那么 θ 值就是不可观察的，因此在有穷的时间内，不能最后确定有关 θ 的事件的下注的输赢。

当 Ω 不可观察时，则永远也不能最终确定定义在 Ω 上的赌局的输赢，那么就不能用行为理论来解释下界预期，但是仍然可以给出间接的行为解释。至少在某种假设情境中，主体关于不可观察空间的信念能够影响行为，特别的，主体对统计参数空间 Θ 的信念能够影响它对未来统计观察的信念。主体对定义在可观察空间上的赌局的态度，能够间接地解释和测量它关于 Θ 的信念。

例如，令 $\Theta = \{0.4, 0.6\}$ 表示硬币偏好的两个假设，$X = \{H, T\}$ 表示单次抛掷的两种可能结果。令 α 和 β 分别表示主体对假设 $\theta = 0.6$ 的下界概率和上界概率，这些概率值并不能直接得出，但是从主体对"下一次抛掷头朝上"愿意下注的赔率，可以得出它对"下一次抛掷头朝上"的上界概率 $\overline{P}(H)$ 和下界概率 $\underline{P}(H)$。此外，从融贯性可以推出 $\underline{P}(H) = 0.4 + 0.2\alpha$ 和 $\overline{P}(H) = 0.4 + 0.2\beta$，那么 $\alpha = 5\underline{P}(H) - 2$ 和 $\beta = 5\overline{P}(H) - 2$，代入 $\overline{P}(H)$ 和 $\underline{P}(H)$ 即可得出 α 和 β 的值。在此意义上，主体的赔率完全揭示了它对 Θ 的信念。

在大部分情形中，对某些可观察物的信念并不能完全决定对 Θ 的信念。在硬币抛掷的例子中，如果把 Θ 扩张到概率区间 $[0,1]$，那么 $\overline{P}(H)$ 和 $\underline{P}(H)$ 只提供了对 Θ 的信念的部分信息。用 A 表示事件 $\theta > 1/2$，可以推出非精确评估 $\underline{P}(A) = \max\{2\underline{P}(H) - 1, 0\}$ 和 $\overline{P}(A) = \min\{2\overline{P}(H), 1\}$，

当 $\underline{P}(H) \leqslant 1/2 \leqslant \overline{P}(H)$ 时，$\underline{P}(A) = 0$，$\overline{P}(A) = 1$。

七、融贯性的强和弱

有的研究者认为融贯性太强了，因为:[123]117

（1）其他理性公理比融贯性更加重要，有时 j 为了满足它们有必要违背融贯性。

（2）人类推理和决策的心理学研究已经表明人类经常违反融贯性。

（3）在理论的应用中，其他类型的错误——如在构造易处理的概率模型时，由于理想化和近似所带来的错误——比不融贯更重要。

（4）人类不完全是融贯的，因为他们在计算和处理信念上的能力有限。

（5）在人类掌握如何构造概率模型之前，不能认为他们满足融贯性。

关于反对意见（1），研究者同意存在其他重要的理性公理，但是它们同融贯性相容，在构造概率的过程中，融贯和自然扩张处于核心位置，而且在融贯性和其他公理中没有发现任何不相容之处。

关于反对意见（2），目前还不清楚人类在实践中违反融贯性的程度，因为大部分心理学的研究都限制在人工问题中，在这些问题中都存在正确的客观概率，而且都假定了主体满足贝叶斯精确公理[114,205,250-254]。某些实验已经观察到了对贝叶斯融贯公理的违背，如非传递的选项[208,255-258]。贝叶斯公理确实不是实际信念的恰当描述，但至少某些违背的原因可能出在精确概率的构造上。相较于贝叶斯模型，非精确概率模型是信念的更好的描述，但是缺乏准确的分析就不能得到融贯的概率评估。所以，当前的理论被看成是一种提高和扩展人类推理能力的手段，而不仅仅是对人类推理的描述。

关于反对意见（3），原则上，研究者认为构造概率模型不需要理想化和近似，因为从这些理想的或者近似的模型出发，使用不融贯的推理会带来进一步的错误。但是在某些情形中，为了减少其他错误或为了易于处理，可以牺牲融贯性，例如使用自然扩张从某个复杂模型出发不易得出准确的推理。因为实践的限制，通常偏离理想的分析，但是需要认识到这种偏离是一种错误，而且需要评估它对结论的影响。

很明显，反对意见（四）和（五）是关于计算和评估的问题，反对意见（三）似乎是这些问题中最根本的。但是，我们不把融贯性看成是评估和证据处理的障碍，而是看成一种指导方法。

然而也有人认为融贯性太弱了，研究者同意融贯性太弱以至于不能完全刻画理性，这就需要额外的公理来确保概率模型符合可用证据。

八、概率评估

还有的反对意见认为，行为理论缺乏分析证据以得出概率的方法。研究者认为，这只能通过发展出一整套具体的推理策略才能解决，而且只有在承认了非精确评估能够恰当反映信息缺乏和信息冲突之后，才能开始着手处理评估问题。

第四节　小　结

本章深入探讨了非精确概率的各种解释，这些解释对于理论的发展和思考具有重要的推动作用。研究者采用了五种不同的概率解释：认知的、理论性的、理性的、行为的和构造性的。这些概率解释在推理过程中起到至关重要的作用，它们帮助人们理解主体认知的不确定性，使概率模型能够适应各种特殊的语境，保证推理的结论不完全是主观任意的，指导人们如何使用推理的结论，并通过构造性的方法从证据中导出概率。基于这些理解，可以对下界预期进行概率解释，即将 $\underline{P}(f)$ 视为赌局 f 的最大买进价格，也就是说，$\underline{P}(f)$ 是满足"赌局 $f-\mu$ 可取"的最大价格 μ。研究者还成功地反驳了反对观点，为本研究的解释进行了有力的辩护。

在本书的概率解释中，引入了效用的概念，用实数值来表达效用，这与功利主义的观点相吻合，从而将本理论与伦理学联系起来。这是一个重要的思想转变。自康德以后，哲学被划分为真、善、美三个领域，但这三个领域的联系一直难以明确。人们追求真理的原因是什么？有人认为"真"本身就值得追求，但这种观点并不完全令人信服。然而，如果将"追求真理"视为"追求善"，那么本研究就为"追求真理"找到了坚实的基础。本理论成功地实现了这一转变：支持传统逻辑推理的动力是"追求真理"，而支持非精确概率逻辑推理的动力是"追求善"。因为自然扩张表达的是理性，而理性描绘的是"追求善""追求好"，所以通过"追求善"的行为得出了逻辑"追求真理"的结论。但是，自诞生以来，并且到目前为止，仍没有办法区分开信念与价值[259]10。这是天生的缺点，至今没有被解决。

第三章   非精确性的来源

在探讨精确概率与非精确概率的研究对象的差异时，首先需要明确这种差异主要体现在"精确"与"非精确"的理解上，而非"概率"本身。精确概率的理论框架假设了客观概率是精确的，并且主体能够准确识别出这一概率的数值。然而，这两个假设在实际应用中往往是站不住脚的，尤其是在面对概率非精确的来源时。

本章深入探讨了非精确概率的研究对象与精确概率的研究对象的区别（第一节），并阐述了非精确概率如何刻画特殊的客观对象（第二节）。反驳精确概率对这些特殊对象的不恰当刻画，即反对精确性教条（第三节），并展示非精确概率如何克服精确概率的困难（第四节）。

本章的目标是揭示非精确概率的独特价值，以及它在处理现实世界中的复杂问题时的优势。因此，本章深入探讨了非精确概率的来源，包括信念的不明确性、模型的不完全性等，并阐述如何通过非精确概率来处理这些问题。

第一节   不确定性、不明确与非精确性

本节主要关注信念中不明确的来源和概率中不精确的来源，首先有必要的定义来区分一些术语[123]209。

一、不确定与不明确

不确定（uncertainty）和不明确（indeterminacy）都是信念的性质，它们分别描述了两类特殊的行为倾向。

对于某个事态 ω_0，如果主体倾向于接受 $f(\omega_0) > 0$ 的任何赌局 f，那么主体确定（certain）ω_0 是真事态。"确定"是一种极端的信念形式，相

反地，不确定就是缺乏确定，即对于 $\forall \omega \in \Omega$，如果主体都不确定 ω 是否为真状态，那么主体就不确定 Ω。

不确定又可以区分为明确的不确定（determinate uncertainty）和不明确的不确定（indeterminate uncertainty），可分别简写为明确和不明确。从行为上来看，这种区分很简单：对于赌局 f、h，如果主体在任何时候都倾向于选择 f，那么主体在 f、h 之间偏好于 f；对于定义在 Ω 上的任何一对赌局 f、h 和任何正常数 δ，如果在 h 和 $f+\delta$ 之间主体偏好于 $f+\delta$，或者在 $h+\delta$ 和 f 之间主体偏好于 $h+\delta$，那么主体关于 Ω 的信念是明确的。这就意味着，对于任意赌局 f、h，主体要么偏好于这一个，要么偏好于另一个，要么这两个赌局对它而言是等价。假设存在对主体而言不等价的两个赌局 f、h，如果在它们之间主体没有任何偏好，那么主体关于 Ω 的信念就是不明确的。

很明显，存在不明确的不确定，如果缺少反省就足以说明主体的信念可以不明确。因为不明确是信念的一个普遍特征，那么认知概率理论就需要提供能刻画不明确的非精确概率模型，或者需要提供消除不明确的方法。

如果用定义在 Ω 上的概率来表达对 Ω 的不确定，用第一章中的非精确概率模型表达信念的不明确，那么非精确就是指下述数学性质：上界和下界预期的非线性、上界和下界概率的非可加性、可取赌局类或者偏好序的不完全、占优线性预期的非唯一，精确指的是线性、可加性、完全、唯一等数学性质。

追求精确概率模型的最大理由是，在决策问题中主体需要选择唯一的行动，非精确概率通常不能确定唯一的行动。在这种情形中，只有通过更加仔细且彻底的证据分析，以至于做出更加精确的概率评估。但是，证据可能不足以辩护唯一的决策，以至于穷尽的分析将产生不完全的偏好。那么在几个选项都是合理的情况下，决策就存在任意性。此外，缺少反省也足以说明主体的选择是任意的，而且当只有很少的信息以咨决策时，也不可避免任意性。

二、不确定度和非精确度

在明确不确定的情形中，关于 f 的不确定度通常是由它的概率分布的离散程度来表示的，即用分布的熵或者 f 的方差或者标准差来表示。例如，对于概率值为 $P(A)$ 的事件 A，可以用熵来测量它的不确定度：

$$H_P(A) = -P(A)\log P(A) - (1 - P(A))\log(1 - P(A))$$

或者用方差来测量它的不确定度：$V_P(A) = P(A)(1 - P(A))$。对于这些测量，A 的不确定度是 $|P(A) - 1/2|$ 的递减函数，当 $P(A) = 1/2$ 时取得最大值。

当上界概率和下界概率不相等时，概率就是非精确的。赌局 f 的上界预期和下界预期之差是它的非精确度——$\Delta(f) = \overline{P}(f) - \underline{P}(f)$。对于任意事件 $A, \Delta(A) \subseteq [0,1]$。当 A 具有空概率时，即 $\overline{P}(A) = 1, \underline{P}(A) = 0$，则 $\Delta(A) = 1$。当 A 具有精确概率时，$\Delta(A) = 0$。

本进路与贝叶斯进路的最大的区别是，贝叶斯主义者使用高不确定度的精确概率分布来刻画具有很少信息的状态，但是研究者使用高不精确度的非精确概率模型。对于命题 A 而言，贝叶斯主义通过精确的概率 $P(A) = 1/2$ 来最大化对 A 的不确定度，但是研究者将通过空概率 $\underline{P}(A) = 0$、$\overline{P}(A) = 1$ 来最大化对 A 的非精确度。当关于 A 的极少信息时，贝叶斯主义者才愿意以大于 1/2 的任何赔率对 A 下注，但是研究者不愿意以任何赔率对 A 或¬A 下注。

这里关键的问题是关于命题的信息总量是否同它的不确定度或者非精确度紧密相关。考虑二项实验的例子，其中命题 A 表示二项实验的可能结果，如果人们观察了 n 次独立实验的结果，那么关于 A 的信息总量可以用观察次数 n 来进行简单测量。在一般条件下，当得到了 n 个观察结果之后，一方面，随着 $n \rightarrow \infty$，非精确度 $\Delta_n(A) \rightarrow 0$；另一方面，随着 $n \rightarrow \infty$，关于 A 的不确定度可能不会趋近于 0，这就表明了信息总量与非精确度的相关程度超过了信息总量与不确定度的相关程度。因为对 A 的不确定度主要依赖于 A 发生的客观概率，而不依赖于 n。如果 A 表示命题"下一次抛掷硬币头朝上"，而且存在大量证据表明此硬币是公平的，那么贝叶斯主义者认为 $P(A) = 1/2$，这就产生了与缺乏信息时同样的概率。所以贝叶斯进路饱受批评，因为它不能把缺乏信息同客观概率区分开来，这二者都被贝叶斯主义者看成是一样的。但是承认了不明确之后，通过使用精确概率来表达客观概率，使用非精确度来表达缺乏信息就能区分这两者。

第二节　非精确的来源

非精确可能是因为信念的不明确，或者是因为模型的不完全。[129] 不明确表示有限的可用信息。不完全表示模型仅仅表达了信念的部分信息，它通常是评估或者构造过程中的困难所造成的。贝叶斯敏感度分析已经意识到了不完全是非精确的一种来源，但是它们否认不明确。研究者承认这两种来源，而且从哲学或者实用的观点来看，不明确比不完全更加重要。通过寻找更多的相关信息，可能消除不明确，通过仔细分析和构造，可能消除不完全。

下面将讨论归纳支持度中非精确的主要来源，包括导致不明确的原因，以及导致不完全的原因[123]212。

一、不明确的来源

（一）相互冲突的证据

不同来源的证据都能提供支持或者反对结论的信息，通常合计这些证据比单独考虑每个来源的证据能对结论产生更精确的支持，但是当这两种来源的证据冲突时，就带来了相反的效果。例如，后验统计证据和先验证据之间的冲突就是一个典型的例子，假设主体最初相信抛掷某块硬币头朝上的可能性是 0.5，如果观察到的一系列抛掷的相对概率也是 0.5，就不存在先验证据与后验证据的冲突；如果此列抛掷的相对概率变为 0.3，就存在先验证据与后验证据的冲突，此时抛掷的后验概率的非精确度变大[260]。

（二）相互冲突的信念

我们可以从不同来源的信息得到相互冲突的概率评估，这就是第二种冲突，如不同专家意见之间的冲突。假设两个专家都给出了关于 Ω 的精确概率，分别表示为 P_1、P_2，那么总结这些专家意见的概率模型应该反映专家之间意见不一致的范围和程度，这可以由 P_1、P_2 的下包络 $\underline{P}$ 来完成，$\underline{P}$ 的非精确度恰好测量了专家之间意见不一致的程度，因为任何赌局 f 的非精确度都是 $\Delta(f) = |P_1 - P_2|$。

专家意见会出现不一致，可能是因为他们掌握的证据不同，或者是因为分析证据的方法不同。一般而言，P_1、P_2 之间的冲突主要来自评估相同证据的不同策略，此时通过改进策略可以消除冲突。

在专家意见冲突的情形中，可以通过质疑某个专家的意见来消除冲突，或者通过共享证据以促进意见的趋同。在先验证据与后验证据冲突的情形中，可以通过重新检验先验证据，以表明此先验证据是不合理的来消除冲突，或者通过发现后验证据有误来消除冲突。但同时也存在冲突不能消除的情形，这就导致了非精确的存在。

（三）有限的相关证据

对未来事件的评估通常是基于这些事件和过去观察的类比，但是这两种情况通常是近似的，以至于过去的观察与未来的事件之间只有有限的关联。例如，某人抛掷硬币的结果与预测另一个人的抛掷结果可能有关，一个简单的推理方法就是使用贝努力模型，但是为了反映这两个人的抛掷方式是否相似，有必要增加前提对结论支持度的非精确度。在未来事件不能被看成是随机事件的情形下，如果命题与现在的时间间隔越大，主体当前的证据同未来事件之间的关联度就越小，那么对未来事件的支持度应该变得越不精确。例如，命题 A_K 表示"中国房价在 $2037+K$ 年将会上涨"，那么当前证据对命题 A_K 的支持度的非精确度 $\Delta(A_K) = \overline{P}(A_K) - \underline{P}(A_K)$ 就会随着 K 的增加而增加，这就刻画出了当前的证据对未来事件不断减少的相关度。

（四）物理不明确

在贝努力模型中，通过观察大量的实验结果可以消除信念中的不明确。但是，在物理、社会、经济领域中不是这样的。因为对于物理、经济、社会的未来发展，存在一种概率精确度的限制，而且此限制不能通过获得更多的证据来消除。这是因为：

（1）它们的可能性是变动的；

（2）它们太过于复杂和不稳定以至于不能从细节上进行刻画；

（3）从证据上不能建立一个完全的模型。

所以只有非精确概率模型才能恰当地刻画这些现象，而且这种非精确性不可消除。

（五）缺乏相关证据

如果只有关于 Ω 的少量证据，那么关于它的信念是不明确的，为了反映"缺乏信息"，所以证据对结论的支持度是非精确的。研究者把这看成是非精确的最重要的来源。当存在大量相关证据时，精确预期就是合理的，如老手得出的概率比"缺少经验者"得出的概率更加精确。在完全没有相关证据的极端情形——完全不了解——中，空预期是恰当的模型，它表达了最大的非精确度。

当然，这依赖于对证据总量的理解。在统计问题中，证据总量通常随着样本大小的增加而增加，以至于建立在大样本上的结论更加精确。通常主体拥有关于 Ω 某个方面的大量证据，但是缺乏其他方面的证据，例如主体拥有确定事件 A 是否发生的大量证据，但是缺乏确定 A 具体发生时间的证据，即主体确定 A 一定会发生，但不确定什么时候会发生，此时前提对 A 的发生具有精确的支持度，但是对 A 的发生时间只有空的支持度。

二、不完全的来源

（一）难处理的模型

被构造出来的概率模型 P 可能难以处理，那么可以采纳一种易于处理但不精确的模型 Q 来替换 P。例如，Q 可以是基于某些假设——如独立性——得到的，此时模型的不完全带来了非精确。

（二）实践的限制

在非精确推理过程中，通过自然扩张从一个可取赌局集可以得到模型 $\underline{P}$。更多的可取判断将导致更高精确度的 $\underline{P}$，但是在实践中，只可能考虑有限多个赌局，那么就存在 $\underline{P}$ 的精确度的限制，而且通过分类概率命题和比较概率命题得出的 $\underline{P}$ 在精确度上会进一步受到限制。

（三）缺乏反省

通常情况下，花更多的时间来分析支持事件 A 的相关证据，它的非精确度 $\Delta(A) = \overline{P}(A) - \underline{P}(A)$ 将会越小。那么，非精确通常来源于缺乏时间或者过重的反省代价。在决策问题中，可能少量的反省就足以做出可以决定最优行动的非精确概率评估，那么就没有必要寻求更高的精确度。

（四）推理情境的影响

不同的推理方法，或者在不同时间使用同一推理方法都可能对结论产生不一致的支持度，这是因为：

（1）结论的支持度受到推理框架和推理语境的影响；

（2）在不同时间回忆起了不同的信息；

（3）潜在的信念是不稳定的。

在这些情形中，研究者希望刻画信念的稳定方面，而忽视不稳定的方面，这可以通过对已得出的支持度进行下包络运算以得出聚合下界预期来实现。

（五）计算能力的限制

有时候，想得出一个理想的支持度是不实际的，甚至可以使用恰当的推理策略时也是如此，因为分析能力和计算能力有限。例如，原则上可以确定精确的支持度，但是由于计算的困难很难得到精确值。相对地，我们很容易就能得到上界概率和下界概率。

（六）缺乏推理策略

主体可能拥有大量的相关证据，但却不能得出它们对结论的支持度，因为缺乏必要的推理策略。这时，通常会采用简化、理想化、忽视某些证据来做出一种近似的判断。为了刻画证据的"失真"，就需要引入非精确。

（七）自然扩张

通过自然扩张可以把下界预期扩张到更大的定义域上，通常情况下，这将变得不精确，甚至在原始定义域上支持度是精确的也是如此。

（八）前提中的模糊性

当结论是通过模糊（ambiguity）判断得出的，如"相当可能""大约0.9"，这种证据会对结论的支持度带来额外的不精确。

第三节　反对精确性教条

贝叶斯理论的核心假设是"用单一的可加概率来测量不确定"，而且效用值也应该用一个精确效用函数来测量，这个假设被叫作贝叶斯精确教条。说它是一个教条是恰当的，因为它是贝叶斯理论的基本假设，而且很多贝叶斯主义者均不加检验地接受了它①。

在贝叶斯主义之间也存在很多区分：

（1）严格贝叶斯主义，他们坚持"精确性"的教条；研究者们使用的术语"贝叶斯"主要指严格贝叶斯主义，如 De Finetti、Jeffreys、Savage、Lindly；

（2）贝叶斯敏感度分析，坚持弱化的理想精确性的教条，Berger[238] 和 Levi[129] 又把贝叶斯敏感度分析论者叫作"稳健贝叶斯主义"。

上述研究者至少均已接受了精确教条，所以把本理论叫作非贝叶斯的是恰当的。但是本理论与贝叶斯理论具有同样的目标，在某些重要的方面，研究者追随 De Finetti 的思想：采用概率和预期的行为解释，而且把理论建立在"融贯"概念之上。本理论同贝叶斯理论的区别是本研究在概率和效用模型中采用了非精确。

首先对于严格贝叶斯主义，虽然它具有很多的数学优点，但从认知上来看，它是不适用的，因为在任何条件下主体的认知都是近似的估计，不可能达到完全的精确。

贝叶斯主义通常使用敏感度分析来检查推论和决策的稳健性。在统计问题中，敏感度分析涉及评估精确先验分布类和似然函数类，通过贝叶斯规则组合每一对函数去形成一个后验分布类，然后检查这些后验分布是否导致了不同的结论。在决策问题中，为了确定一个最优决策类，往往用同样的方法去组合精确概率函数类和精确效用函数类。所以，敏感度分析确实承认了概率中的非精确，而且通过一个精确概率测度类来刻画非精确。这是一个有创造性的方法，因为精确概率便于处理，这就保持了严格贝叶斯主义的优点，又引入了非精确。但是，我们应该警惕这种进路，因为贝叶斯主义对标准概率公理的辩护建立在精确性教条之上，这同敏感度分析的实践不一致，所以采纳精确概率的贝叶斯理论作为非精确概率理论的基础没有说服力[123]241。

辩护敏感度分析的一种方法就是去建立精确性教条的弱化版本——理想精确度教条（dogma of ideal precision），它认为存在一个理想的精确概率模型，但是此模型可能不被精确地知道。理想模型可能表征了主体的真实信念，但由于时间的限制或者测量的误差或者智力的限制，不能精确地得出此模型。在这种解释之下，模型的非精确性只体现在理想模型的不确

---

① 关于这个教条在科学发展中的角色可参考 Kuhn[3-4]，它的起源和历史可参考 Hacking[209]、Fine[5]、Wally[88]。

定上，这被叫作非精确概率的敏感度分析解释（sensitivity analysis interpretation）。

理想精确性教条是精确性教条的弱化版本。它勉强承认概率中的非精确性，但只是因为时间和智力的限制无法做到完全的精确。研究者认为，理想精确性教条是不正确的也是不必要的。当只有少量相关证据时，甚至这个理想概率也是非精确的。因此，没有理由采纳敏感度分析解释。

非精确概率受到了"精确性教条是错误的"这种思想的推动，所以就需要解释和捍卫这种思想，研究者将反思精确概率理论及它的解释和精确性教条的辩护，说明它们都是没有说服力的，进而得出非精确、不明确、迟疑（indecision）同理性是相容的。

一、贝叶斯精确教条

贝叶斯主义者提出了很多公理系统，这些系统都包含了精确公理。精确公理可以形式化为贝叶斯精确教条，有必要仔细讨论这一公理。精确公理就是完全性公理或者可比较公理，包括得分规则、公平价格、行动间的偏好、比较概率四种理论形态，这些公理要求对于任意的事件、赌局、行动类中的对象，都可以进行排序。下面将考察这些不同的精确公理以及支持它们的论证。

（一）得分规则

代表人物是 De Finetti[102]，他假设主体能从一个确定的赌局类中挑选出最好的赌局。De Finetti 基于得分平方法提出了预期的操作性定义。假设主体关心赌局 $f_1, f_2, \cdots, f_n$，为了构造出主体对这些赌局的预期，需要它确定实数 $x_1, x_2, \cdots, x_n$。当观察到真状态 ω 后，要求主体付出罚金 $\sum_{j=1}^{n} (f_j(\omega) - x_j)^2$，也就是说，主体必须通过选择某个 $\tilde{x} = (x_1, x_2, \cdots, x_n)$ 而接受一个赌局 $S(\tilde{x}) = -\sum_{j=1}^{n} (f_j(\omega) - x_j)^2$。根据 De Finetti 的标准，$\tilde{x}$ 是可接受的或者融贯的当且仅当不存在产生一致更低的罚金的选择，即 $\tilde{x}$ 是可接受的当且仅当 $\tilde{x}$ 通过 $P(f_j) = x_j$ 定义了一个线性预期 P，因为如果令 $f_3 = f_1 + f_2$ 且 $x_3 \neq x_1 + x_2$，就违背了线性，主体通过把 x_1, x_2, x_3 修改为 $x_1' = x_1 + \delta, x_2' = x_2 + \delta, x_3' = x_3 - \delta, \delta = (x_3 - x_1 - x_2)/3$ 以得到一致更小的罚金。这就表明通过得分平方法构造出来的预期 P 是线性的。

对于这种论证研究者的回应是它混淆了选择和偏好。在涉及得分平方

法的决策问题中，主体的选择 $\tilde{x}$ 对应于某个线性预期 P，因为其他选择都是不可接受的。但是，在选择线性预期 P 时存在任意性，这种选择不是由信念决定的。此论证没有确定主体的信念是明确的，因为 $\tilde{x}$ 的线性并不是由主体的信念决定的，而是由计分规则的数学形式决定的。为了说明这一点，考虑一种不同的计分规则——绝对误差规则。对于有穷空间的任意子集 A_j，主体为了确定它的主观概率 x_j，就得接受赌局 $S(\tilde{x}) = -\sum_{j=1}^{n} |A_j - x_j|$。假设某个线性预期 P 表达了主体的信念，那么 $P(|A_j - x_j|) = |1 - x_j| P(A_j) + |x_j| P(A_j^c)$，如果 $P(A_j) > 1/2$，则 $x_j = 1$ 时它取得最小值；如果 $P(A_j) < 1/2$，则 $x_j = 0$ 时它取得最小值；如果 $P(A_j) = 1/2$，则 $x_j \in [0,1]$ 时它取得最小值。那么在 P 下，$\tilde{x}$ 是分类选择，即如果主体判定 A_j 是可能的，则它选择 $x_j = 1$；如果 A_j 是不可能的，则它选择 $x_j = 0$。当然这种选择并不意味着主体只能把事件分类为可能的或者不可能的，正如平方积分规则，选择的类型是由规则的数学形式而不是潜在信念的精确度确定的。虽然当主体的信念的类型是分类的时候，绝对误差规则有用，当主体的信念明确时，平方积分规则有用，但是这些规则没有告诉人们主体信念的任何结构信息。

（二）公平价格

代表人物是 De Finetti 和 Ramsey，他们假设主体对事件的最大买进价格等同于最低卖出价格。这就要求事件或赌局同常值赌局是可比较的。

De Finetti 的进路与本研究类似，也是基于融贯性，区别在于 De Finetti 假设任意赌局 f 的上界预期和下界预期相同，$P(f)$ 被叫作 f 的公平价格。此假设连同避免确定损失可以得出 P 是线性预期。

De Finetti 的假设是:[102]

"We might ask an individual, e. g. You, to specify the certain gain which is considered equivalent to X. This we might call the price (for You) of X (we denote it by $P(X)$) in the sense that, on Your scale of preference, the random gain X is, or is not, preferred to a certain gain x according as x is less than or greater than $P(X)$."（"我们可能会要求你去确定赌局 X 的收益。我们把你确定的收益叫作 X 的价格（表示为 $P(X)$），因为在你的偏好尺度上，随机收益 X 控制或者差于某个确定收益 x，依据 x 小于或者大于 $P(X)$。"）

显然是 De Finetti 假设主体可以比较任意赌局（随机获得）X 和任意的常值赌局（确定获得）x。但是为什么随机获得和确定获得之间的偏好应该是完全的？De Finetti 继续道：[102]

"For every individual, in any given situation, the possibility of inserting the degree of preferability of a random gain into the scale of the certain gains is obviously a prerequisite condition of all decision-making criteria. Among the decisions which lead to different random gains, the choice must be the one that leads to the random gain with the highest price. Moreover, this is not a question of a condition but simply of a definition, since the price is defined only in terms of the very preference that it means to measure, and which must manifest itself in one way or another." （"对于任何人而言，在任意的情形中，可以在确定收益的尺度中插入一个随机收益显然是所有决策标准的先决条件。在导致了不同随机收益的决策中，必须选择具有最高价格的随机收益。这不是条件而是定义，因为只有依据偏好才能定义价格，所以偏好必须以这样或者那样的方式表明自己，这对于测量价格非常重要。"）

由此可以看出，De Finetti 强加了完全性或者可比较性条件。在实践中，主体可能在某个赌局 f 和某个常数之间没有偏好，更别说考虑它们相等了，但是 De Finetti 排除了这种可能性。很明显，要求人们必须具有这种偏好是错误的。可能 De Finetti 并不是指主体已经具有了这种偏好，仅仅指它应该具有这种偏好，因为决策需要完全的偏好，但是为了在给定情境中能做出决策，主体有时候不需要比较任意的决策和任意的确定获得，只有在测量价格 $P(f)$ 时才需要这种任意的比较。

Ramsey 的进路类似于 De Finetti，尽管 Ramsey 偏重于效用而不是概率。当设定了赌局的线性效用尺度之后，Ramsey 把主体对事件 A 的信念度定义为满足主体在赌局 A 和 α 之间没有差别——De Finetti 意义上的等价——的实数 α。这就隐含地假设了事件和常值赌局之间的完全偏好。那么，α 就是主体对赌局 A 的公平价格。[98] 这就排除了价值和信念中会导致犹豫不决的不明确。因为人们确实拥有不明确的信念，也确实存在任意选择，所以 Ramsey 的理论不充分。

事实上，Ramsey 确实认识到了概率中的两种非精确来源：

（1）相较于其他信念，某些信念不能被精确测量；

（2）信念的测量是一个模糊的过程，此过程因为依赖于实施测量的方法，所以产生可变的结果。

但是，Ramsey 认为概率同其他物理概念没有区别，所以他的理论就不允许非精确。

（三）行动间的偏好

Savage[91]4 从 De Finetti 的理论中得出了精确概率理论。在这个理论中，受争议的是公理 P4——它要求比较概率序是完全的。同样为了导出精确效用函数，Savage 需要一个更强的公理（即他的公理 P1）——要求行动间的偏好关系完全且传递。在这里行动是从可能空间 Ω 到结果空间的函数，它可以被解释为想象的行动结果。Savage 没有直接讨论公理 P4，但是讨论了更强的 P1。他认为 P1 充当了决策中规范的角色，就像逻辑中的一致性一样。P1 要求行动序的完全和传递。他给出了支持传递性的详细论证，但是没有给出支持完全性的论证，他的简短评论表明他没有把完全性看成是规范性的。

（四）比较概率

许多概率的形式理论都是建立在公理——存在命题或事件的比较概率——之上的，这些理论需要完全性公理以得到精确数值的概率，数值概率的序与比较概率序一致。

Jeffreys 的第一公理就是完全性公理：

> "Given p, q is either more, equally, or less probable than r, and no two of these alternatives can be true."

通过添加进一步的公理，如传递性公理，Jeffreys 给每个命题赋予一个实值概率。因为更大的数值被赋予更可能的命题，所以这些数值概率的序与比较序一致，但是 Jeffreys 仅仅把概率的赋值看成是约定，只有数值之间的序有意义。

Jeffreys 对他的完全性公理的唯一辩护是：概率是有序的，即使人们对"那一个选项更加可能"没有达成共识，但是他们也同意这种比较是有意义的[94,210]。

类似于 Jeffreys，Lindley 把概率的解释建立在比较概率判断上，尽管他采用私人解释而不是逻辑解释。Lindley 的基本假设是概率的确定依赖于事件之间的可比较性[93]，并且给出了三个论证来支持他的假设，但是他的论证是不充分的。

综合以上已经检查了贝叶斯主义者提出支持精确公理的不同论证，可以发现没有一个论证有说服力，因为这些公理都需要事件、赌局、行动的完全可比较。支持可比较的论证仅仅表明主体被迫做出了选择，并不是主体具有决定这些选择的信念、价值、偏好。所以它们都没有说服力，精确公理不能得到辩护。

二、决策中的犹豫不决

支持贝叶斯精确教条——概率模型应该总是精确的——的论证认为在决策中需要精确概率来确定最优行动。[102,137]考虑带有一个行动集的决策问题，当主体存在偏好的最佳行动时，主体在此问题中被定义为果断的。定义一个恰当的可能空间 Ω，且赋予概率和效用，如果主体的概率和效用精确，那么通过最大化期望效用就能确定最优行动。但是，如果概率或者效用非精确，主体的偏好可能就是不完全的，那么主体就可能是犹豫不决的。此时主体的分析不能确定最优行动。

（一）区分选择与偏好

区分选择和偏好很重要。[261]一个选择是如何具体行动的决策，它由具体情境的时间、地点、选项集构成，因此是具体的。一个偏好是决定选择的潜在倾向。一方面，选择可观察，偏好不可观察，因为偏好是一个理论概念，类似于信念和价值；另一方面，当选择不是由偏好、信念、价值决定时，主体可以在没有任何偏好时选择，这时选择就是任意的。

（二）决策与概率的精确无关

概率的精确既不是确定最优行动的充分条件，也不是必要条件，甚至效用的精确也是如此。

不充分是因为即使假设概率精确，也可能不存在唯一的最大化期望效用行动。假设主体必须确定两个状态 ω_1、ω_2 哪一个是真状态，如果它正确地确定了真状态则得到一个单位的效用，反之为 0。如果不存在关于状态的信息，贝叶斯主义者将采用均匀分布 $P(\{\omega_1\}) = P(\{\omega_2\}) = 1/2$ 进行分析，那么这两个行动就具有同样的期望效用，此时主体就犹豫不决了。

更重要的是，在具体决策问题中，精确概率对果断行动不是必要的，在上例中，评估 $\underline{P}(\{\omega_1\}) = 0.6$，$\overline{P}(\{\omega_1\}) = 1$ 就是高度不精确的，但是此时主体是果断的，因为此评估导致偏向于 ω_1 的行动。在这里，我们很难去评估 ω_1 的精确概率，也不必要这么做。在许多决策问题中，相较于评估精确的概率，评估非精确的概率和效用更易确定最优行动。

（三）贝叶斯主义的缺陷

为了理解贝叶斯主义者如何得到唯一的决策，我们需要区分几种贝叶斯理论。最基本的区分是概率的逻辑解释和私人解释。

Carnap 和 Jeffreys 的逻辑贝叶斯主义认为存在恰当表达可用证据的唯一概率测度，因为这些概率被假设为精确的，它们就能唯一地决定理性决策。但同时也存在三种反对意见：

（1）虽然它假设了效用是精确的，但是在效用的选择上又存在任意性，那么决策中也存在任意性。

（2）逻辑概率测度只给出了在简单证据情形下的概率定义。

（3）即使给出了在简单证据情形下的定义，这些定义也是不充分的，因为在"完全不了解"的情况下，没有精确测度是充分的。

所以在 Keynes[50]、Kyburg[125]、Levi[128] 所给出的概率的三种逻辑解释中，假设非精确的概率模型是有益的，此时这些理论就承认犹豫不决和任意选择。

私人主义包括两种观点：

（1）当出现任何决策问题时，主体在心里都具有能够辩护唯一决策的信念、价值、偏好，所需要的是发现它们的详细方法，也就是说只需要主体去发现它的真正偏好。但是人们通常没有完全偏好，相反还需要通过分析证据来构造信念、价值、偏好。

（2）通过做出概率和效用的精确私人评估，主体应该选择一个最优行动，此行动是融贯的且期望效用最大。但是，这就会把决策中的任意性从行动的选择转换为概率和效用的选择。

为了消除任意性，私人主义者需要表明可用证据以某种方式决定概率，但如果这样做的话，就不再是私人主义了。

私人主义的第二种观点类似于本研究的进路，因为都承认选择中的任意性。如果分析的唯一目标是选择一个行动，那么私人主义的方法是合理的。但即使选择一个行动是主体的首要目的，它可能也会对不同来源的信息如何影响概率和偏好感兴趣，或者对"什么地方需要进一步的证据来消除选择中的任意性"感兴趣。这只有通过非精确概率准确地刻画了任意性才能做到，因为此时非精确概率表达了证据的限制，当分析的目的是推理而不是决策时，这一点尤为重要。此外，当只有少量信息时，贝叶斯推理的精确度是成问题的。

提倡贝叶斯敏感度分析的贝叶斯主义者隐含地承认主体不总是果断的。如果主体得出了一系列的精确概率，那么不同的概率支持不同的决策，所以主体的分析不能唯一决定最优的行动。某些贝叶斯主义者可能通过缩小概率的范围以得到唯一的行动，但这就需要引入任意性，这恰恰是敏感度分析所要避免的。所以，敏感度分析主义者必须像研究者一样接受不完全偏好和犹豫不决[62,238,262–263]。

三、支持精确性的实践理由是不充分的

下面将检查对精确概率的实践论证。通常贝叶斯主义者承认在得到精确概率时存在困难，但是他们认为精确概率是追求的理想。其他论证也认为非精确概率难以评估或者使用太复杂[123]248。

（一）同其他科学概念相类比

因为存在测量精度的实际限制，欧几里得几何学[86,234]或者牛顿力学[98,233,264]是物理实在的理想化。同样的，贝叶斯主义者认为精确概率是信念测量的理想化，因为存在测量信念的限制。但是，这个类比不成立，因为概率中的非精确更多地来自于信念中的不明确，而不是来自于测量精度的限制。

如果把贝叶斯理论中的概率概念同物理中的"时空间隔"概念相比较，狭义相对论认为时空间隔具有相对性，相对于不同的参照系有不同的值，没有牛顿所想象的那种"绝对性"。同样的，概率精确的贝叶斯理论也不是信念的准确描述，因为信念通常不明确。概率和时间间隔之间的一个重要差别是：可忽略一般事件的时间间隔的不明确。因为这里的相对效应可忽略，然而当概率是基于少量信息时，概率中的非精确不可忽略。在这些情形中，精确化是一种误导。虽然有些事件是即时完成的，可以被定位在某个时间点上，但是有的事件需要持续很长一段时间，这种事件不能被理想化为一个点，类似地需要区间而不是点来表达概率。

作为规范的精确公理也是不恰当的。欧几里得几何学和牛顿力学都描述了真实现象，类比得到概率的贝叶斯理论描述了人类行为。为了使这种

类比更加恰当，必须要求在实践中可忽略信念的不明确，但是这明显不可能。的确，大部分贝叶斯主义者都把精确看成是一种规范而不是一种理想，认为主体应该服从精确公理，这就类似于要求现象应该服从欧几里得的公理或者牛顿定律，这是荒谬的。[263]

在欧几里得几何学或者牛顿力学的运用中，通常会使用误差理论或者敏感度分析来评估非精确对结论的影响[86,211]，物理量的标准测量程序含有评估测量误差边界的方法。这就表明了在何种程度上，精确测量的理想化是合理的。但是对于概率而言，不存在这样一种评估测量误差或者非精确度的标准方法，即不存在一种评估上界概率和下界概率的标准方法，所以在具体应用中很难判断精确的理想化是否合理。

测量误差不是概率的非精确的唯一来源，甚至不是主要来源。几乎不了解模型的高度非精确是因为缺乏信息，而不是因为测量误差。这就如同需要相对论告诉人们何时相对效应显著、何时牛顿理论是不恰当的理想化一样，也需要非精确概率理论告诉人们何时精确不恰当的理想化。

（二）非精确概率需要两个而不是一个精确数值

对上界概率和下界概率的一个常见反驳是：它们确定需要两个精确值 $\overline{P}(A)$、$\underline{P}(A)$，但是贝叶斯主义只需要一个值 $P(A)$[59]。相较于贝叶斯理论，非精确概率理论似乎要求更加精确，似乎需要更大的评估代价。但这种反对意见是一种误导，如果主体的行为倾向是不明确的，且要求上界概率 $\underline{P}(A)$ 和下界概率 $\underline{P}(A)$ 穷尽地刻画此行为倾向，那么构造出 $\overline{P}(A)$、$\underline{P}(A)$ 如同贝叶斯主义者构造出精确概率 $P(A)$ 一样难。所以"IP 需要两个数值"这种观点反对穷尽解释，但并不反对研究者的解释，因为研究者只要求评估穷尽模型的 $\underline{P}(A)$、$\overline{P}(A)$ 的上界和下界。假设主体关于 A 的信念是不明确的，那么在某种程度上，评估精确的 $P(A)$ 比评估穷尽模型的 $\underline{P}(A)$、$\overline{P}(A)$ 更容易，但是精确概率不是信念的正确表达，例如，比较下面三个判断。

（1）精确判断：夏朝初年是公元前 2112 年。

（2）非精确的穷尽判断：夏朝初年是在公元前 2039 年到公元前 2213 年之间。

（3）非精确的非穷尽判断：夏朝初年是在公元前 2000 年到公元前 2200 年之间。

很明显，相较于第二个判断，很容易给出第一个和第三个判断，然而第一个判断是错的，第三个判断是对的但比第二个缺少信息。几乎不可能给出像第二个判断那样的精确边界，只能给出像第三个判断那样的上界和下界。

（1）定义在 Ω 上的融贯下界预期类确实比线性预期类大，因为线性预期类只是融贯下界预期类的子类。假设 Ω 的基数是 $n \in \mathbb{N}$，那么一个线性预期完全被 Ω 的 $n-1$ 个元素决定，所以线性预期类的维数是，融贯下界概率模型类的维数是 $2^n - 2$，因为融贯性要求 $\underline{P}(\Omega) = 1, \underline{P}(\varnothing) = 0$。融贯下界预期类的维数更大，因为下界概率不能唯一决定下界预期。实际上，当 $n \geqslant 3$ 时融贯下界预期类是无穷维的，因为 Ω 上赌局的个数是无穷的。

（2）$\overline{P}(A)$、$\underline{P}(A)$、$P(A)$ 不仅仅是数值，也是主体的赔率和行为倾向。当 $\underline{P}(A) < P(A) < \overline{P}(A)$ 时，贝叶斯模型断定了主体具有一个双边赔率 $P(A)$，相较于非精确概率模型，它做出了更强的行为断定，因为与其评估可取的双边赔率 $P(A)$，主体更易于评估可取的上界赔率 $\overline{P}(A)$ 和下界赔率 $\underline{P}(A)$。

（3）在一般的 IP 推理中，主体做出的任何判断都将产生上界概率和下界概率，但是很难得到精确概率。只有在特殊的情形中，构造的模型才是精确的，而且需要大量的努力才能达到这种精确度。当主体试图去评估精确概率 $P(A)$ 时，相较于得出 $0.6 \leqslant P(A) \leqslant 0.9$，更难得出 $P(A) = 0.725548$，这就类似于很难精确评估某个物体的长度为 0.725548，但是较容易评估出此物体的长度边界为 0.6 到 0.9。非精确测量涉及两个数值，但是相较评估一个精确数值，它确实容易很多。

（三）非精确概率复杂且难处理

在实际问题中，大部分非精确概率模型就像贝叶斯模型一样难以处理，但还是可以发展易处理的模型。发展简单、易处理的非精确模型还需要很多努力，然而非精确模型所带来的益处足以辩护这种努力。

在数学上，线性预期和可加概率比本理论简单，因为线性比超线性简单。但是研究者认为非精确概率在概念上更加简单。上界概率和下界概率很容易就被理解为赌局的卖出价格和买进价格，因而很自然假设它们不相等。相较于精确概率，通过分类判断或者比较概率，更易于得出上界概率和下界概率。在任何情形中，大部分上界和下界预期理论都能用敏感度分析来解释，承认非精确而引入的数学复杂性并不比贝叶斯敏感度分析高多少。通过澄清敏感度分析的行为意义和提供一种备选的数学演算，上界和下界预期可以简化敏感度分析。

（四）贝叶斯理论有效

支持贝叶斯进路的最后论据是它有效，即在实际问题中它能得出合理的结论。如果真的是这样，就没有必要发展非精确概率了。研究者的观点是当然存在很多贝叶斯理论无能为力的问题，因为不能辩护精确概率。此外，结论并不是简单地由贝叶斯理论决定的，先验概率不同，结论将不同，如果先验评估是任意的，就像主观贝叶斯主义者那样，结论也将是任意的。因此只有当贝叶斯进路能包括"判定先验概率是否合理的方法"，它才是有效的，但贝叶斯进路似乎找不到这种方法，至少在只有少量先验信息的情况下找不到。

第四节　IP 克服了精确概率所遇的困难

为方便论述，我们首先建立融贯下界预期和线性预期集之间的关系，因为融贯下界预期不是很直观，使用起来也没有线性预期集方便。

定义 22　假设 $L(X)$ 上的所有线性预期构成集合 $\mathbf{P}$，对于任意的下界预期 $\underline{P}$，它对应一个占优 $\underline{P}$ 的线性预期集，即从下界预期集到线性预期集的幂集的对偶映射：

$$\mathrm{lins}(\underline{P}) := \{Q \in \mathbf{P} : (\forall f \in \mathrm{dom}\underline{P})(Q(f) \geqslant \underline{P}(f))\}$$

上式被叫作 $\underline{P}$ 的对偶模型。同理也可以定义 $\overline{P}$ 的对偶模型：

$$\mathrm{lins}(\overline{P}) := \{Q \in \mathbf{P} : (\forall f \in \mathrm{dom}\underline{P})(Q(f) \leqslant \overline{P}(f))\}$$

如果我们知道了事件的下界预期，就能得到 $\mathrm{lins}(\underline{P})$ 和 $\mathrm{lins}(\overline{P})$，进而得到上界概率和下界概率。

相反地，对于 $L(X)$ 上的任意线性预期子集 $M \subseteq P$，它都对应了一个 $L(X)$ 上的下界预期 $\mathrm{lpr}(M)$：对于 $\forall f \in L(X)$，

$$\mathrm{lpr}(M)(f) := \inf\{Q(f) : Q \in M\}$$

上式被叫作 M 的对偶模型，同理也可以定义 M 的另一种对偶模型：

$$\mathrm{upr}(M)(f) := \sup\{Q(f) : Q \in M\}$$

如果我们知道了事件的上界概率和下界概率，就能得到 M，进而就能得到下界预期 $\mathrm{lpr}(M)$ 和上界预期 $\mathrm{upr}(M)$。

一、表达证据的不同特征

在本书导论中，笔者提到精确概率不能表达许多证据的特征，其中包括证据的权重、区分证据的权重和证据的对称、延缓判断。下面逐一讨论使用 IP 如何表达这些特征。

假设事件 B 表示"一枚硬币下一次抛掷正面朝上"，而前文已提到精确概率不能表达证据的权重，那么该如何使用 IP 去反映证据权重的变化呢？本书第二章第一节已经讨论了把 $\overline{P}(H) - \underline{P}(H)$ 看成是对 H 的证据权重的测量。[265] 首先关注极端情形——主体几乎不了解关于这枚硬币的任何经验证据。如果此硬币是公平的，那么依据无差别原则得出下一次抛掷正面朝上的概率是 1/2。如果此硬币不是公平的，那么下一次抛掷正面朝上的概率是 0 或者 1，所以在此情形下，$P(B)$ 有可能取任何概率值，即 $P(B) = [0,1]$，此时主体的上界概率和下界概率之差为 1，这是最大的非精确度，反映了主体完全缺乏相关证据，也反映了主体在下注时的谨慎。如果主体已经观察到了这枚硬币的多次抛掷证据，随着此硬币"正面朝上"的证据的积累，研究者希望它的上界概率和下界概率将趋近于收敛。一开始时，关于这枚硬币主体没有任何经验证据，它对事件 B 的初始下界概率和上界概率分别是 0 和 1，假设主体观察到 n 次抛掷中 20% 的结果是正面朝上：

（1）当 $n = 5$ 时，B 的后验概率的范围是 $[0.14, 0.43]$，上界概率与下界概率之差为 0.29；

（2）当 $n = 25$ 时，B 的后验概率的范围是 $[0.185, 0.259]$，上界概率与下界概率之差为 0.074；

（3）当 $n = 100$ 时，B 的后验概率的范围是 $[0.196, 0.216]$，上界概率与下界概率之差为 0.02；

（4）当 $n = 1000$ 时，B 的后验概率的范围是 $[0.1996, 0.2016]$，上界概率与下界概率之差为 0.002。

在第四种情形中，上界概率与下界概率之差几乎可以忽略，它表达了另一种极端情形——充足证据，此时概率具有最大的精确度。所以当 n 很小时，结论的概率的精确度很小，但是当 n 足够大时，精确度很大，这样结论的概率精确度的差异就表达了证据权重的差异。

应用上述思想可以解决本书导论中提到的另一种困难——精确概率不能区分证据的权重和证据的对称。首先考虑两种情形：

（1）抛掷一枚公平的硬币，A 发现抛掷硬币 600 次大概有 300 次为正面，那么下一次抛掷得到正面的概率应该为 1/2。

（2）抛掷一枚未知偏好的硬币，而且 A 在此之前没有看到任何抛掷实例，在缺乏相关信息作参考的情况下，硬币的对称性原则暗示下一次抛掷得到正面的概率为 1/2。

第二种情形不同于第一种情形，因为 A 没有看到任何抛掷的实例，也就是说不存在任何证据，但是出于证据的对称，正面和反面应该具有同样的概率。那么，在公平硬币和未知偏好硬币这两种情形中下一次抛掷得到正面都被指派相同的概率，在公平硬币的情形中，这种赋值来源于大量的证据，在未知偏好的情形中，A 以一种不同的方法——对称性——得到了同样的概率值[266]。精确概率不能区分出这两者的差异，但是 IP 理论能够表达这两者之间的区别：第一种情形被表达为 $P(H) = \{1/2\}$，而第二种情形被表达为 $P(H) = [0,1]$。它们分别是 IP 表达证据权重的两种极端情形，第一种是具有充足证据的情形，第二种是几乎不了解任何证据的情形。

IP 刻画证据的权重的另一个应用就是表达延缓判断[123][239]。前文提到了随着相关证据的积累，结论的概率的精确度随之增加，除了具有充分的相关证据之外，其他任何情形的结论的概率都不是完全精确的，如果还可以收集到更多的证据，延缓判断就是理性的选择，因为这可以增加结论的精确性。虽然在具体的实践中存在增加精度的客观限制，但在理论上总是可能的。所以，非精确性也就表达了延缓判断。在 Chandler 提供的论证[267]中，使用 IP 会怎么样呢？第一，如果 A 延缓了关于 f 的判断，那么 $P(f) = [a,b] \subseteq [0,1], a \neq b$；第二，如果 h 像 f 一样描述了同样的对象，那么关于 f 的延缓判断应该蕴含关于 h 的延缓判断。通过第一个要求得到 $P(f) = [a,b]$，如果 $h = 1/f$，即对 f 的所有取值施加倒数就得到 h 的取值，那么 $P(h) = P(1/f) = [a,b]$，即对 f 的延缓判断蕴涵了对 h 的延缓判断，所以 IP 能够表达延缓判断。

上面分析了概率判断中的延缓判断，在决策中也需要延缓判断。首先假设效用值是精确的，只有行动结果的出现概率是非精确的，那么每个行动的期望效用才是非精确的，这时就需要延缓判断，以寻找更多的证据使得结果的概率值更加精确。此外，如果效用值也是非精确的，那么每个行动的期望效用将更加不精确，这时更需要延缓判断。但是在实际中，即使延缓判断后也不一定总能找到充足的证据以得到精确的概率和效用，而且总是存在各种各样的客观限制，那么搁置判断就变得合理了，所以 IP 确实描述了一种客观现实。

二、处理事件之间的模糊关系

通常事件之间的关系是确定事件概率的手段，精确概率理论适用于关系相当明确的情况，即关系是全序的时候，然而当关系不是很明确时，IP理论具有更大的优势。

在很多情形中不知道两个事件之间的关系，该如何确定复杂事件的概率范围呢？令 Ω 表示可能世界集，X 和 Y 分别是任意子集，如果分别确定了 X 和 Y 的精确概率，那么就能够确定 $P(X \cap Y)$ 和 $P(X \cup Y)$ 的范围，甚至可以不知道 X 和 Y 如何关联，这些范围给出了复合事件的概率区间。论证如下：如果确定了 $p(X)$、$p(Y)$，可以确定 $P(X \cap Y) \leqslant \min\{p(X),$ $p(Y)\}$，如果 $p(X) > 0.5$ 且 $p(Y) > 0.5$，那么 X 和 Y 必须重叠，通过 $p(X) + p(Y) - 1$ 就可以确定 $P(X \cap Y)$ 的一个下界，但是 0 也是 $P(X \cap Y)$ 的一个下界，则 $\max\{0, p(X) + p(Y) - 1\} \leqslant P(X \cap Y)$，最后得到 $\max\{0, p(X) + p(Y) - 1\} \leqslant P(X \cap Y) \leqslant \min\{p(X), p(Y)\}$。同样也能确定 $P(X \cup Y)$ 的范围，$P(X \cup Y)$ 不能比 X 和 Y 不相交时更大，所以它的一个上界是 $p(X) + p(Y)$，同时 1 也是一个上界，得到 $P(X \cup Y) \leqslant \min\{P(X) + P(Y), 1\}$，此外，$P(X \cup Y)$ 大于 $P(X)$ 和 $P(Y)$ 中的任何一个，即 $\max\{p(X), p(Y)\} \leqslant P(X \cup Y)$，最后得到 $\max\{p(X), p(Y)\} \leqslant P(X \cup Y) \leqslant \min\{p(X) + p(Y), 1\}$。所以，如果不清楚 X 和 Y 如何关联，只能把这些复合事件的概率确定为一个区间，选择任何精确概率函数都不符合事件之间的关系，这个时候非精确概率理论就比精确概率理论更加恰当。

精确概率要求任意事件之间的关系是全序，难以表达非全序关系——主要是不可比较关系和无差别关系——的事件，那么 IP 该如何表达呢？首先我们把所有事件都转换为赌局，因为本理论建立在赌局之上。对于任意两个赌局 f 和 g，如果 A 愿意用 g 去交换 f，那么赌局 f 就是非严格偏好于 g——记为 $f \rhd g$。假设一个赌局是可取的当且仅当它非严格偏好于现状——零赌局，那么"非严格偏好"关系就同"可取"概念联系起来了。形式化地来讲，"定义在 $L(X) \times L(X)$ 上的非严格偏好关系 $\rhd$"和"一个可取赌局集 $D \subset L(X)$"之间的关系就是：

$$f \rhd g \Leftrightarrow f - g \rhd 0 \Leftrightarrow f - g \in D$$

如果可取赌局集是融贯的，则对应的非严格偏好关系 $\rhd$ 也是融贯的，这能够运用下述理性公理来刻画：假设 K 是一个包含常值赌局的线性空间，$\rhd$ 是 $K \times K$ 上的非严格偏好关系，那么 $\rhd$ 是 $K \times K$ 上融贯的关系当且仅当它满足下述公理：[195]

A1. 自返性：$f \rhd f$

A2. 传递性：$g \rhd h \wedge f \rhd g \Rightarrow f \rhd h$

A3. 混合独立：$0 < \mu \leqslant 1 \Rightarrow (f \rhd g \Leftrightarrow \mu f + (1-\mu)h \rhd \mu g + (1-\mu)h)$

A4. 单调性：$f \rhd g \Rightarrow f \rhd g \wedge g \ntriangleright f$

在这里，f、g、h 是 X 上的任意赌局。

使用非严格的偏好序可以表达精确概率不能表达的两个对称关系：

（1）无差别（indifference）：在两个赌局 f 和 g 之间，如果 A 相对于 g 非严格地偏好于 f 且相对于 f 非严格地偏好于 g，那么对它而言这两个赌局就是无差别的：

$$f \equiv g \Leftrightarrow f \rhd g \wedge g \rhd f$$

可以看出它是一种等价关系。

（2）不可比较（incomparability）：对于任意两个赌局 f 和 g，如果 A 非严格地不偏好于任何一个，那么对它而言赌局 f 和 g 就是不可比较的：

$$f \bowtie g \Leftrightarrow f \ntriangleright g \wedge g \ntriangleright f$$

注意不可比较不是等价关系，因为它不是自返的，也就是说，由于 $f \rhd f$ 就不能得到 $f \ntriangleright f \wedge f \ntriangleright f$，因此就不能推出 $f \bowtie f$。

图 3-1 说明了这两个概念的关系：假设一个零赌局和依据无差别关系得到的三个等价赌局类，依据所含元素的非严格偏好关系，它们被排列如下。尽管 K_1 中的赌局相对于 K_2 中的赌局是非严格偏好的，但是 K_1 和 K_2 里面的赌局相对于 K_3 中的赌局都是不可比较的，所以不可比较通常是非传递的。

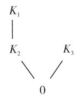

图 3-1 非严格偏好、无差别、不可比较①

---

① 该图形象化地展示了非严格偏好、无差别、不可比较之间的关系。

这样就表达出了事件之间的无差别关系和不可比较关系，接下来，我们可以使用下界预期计算这些事件的概率。假设 K 是一个包含常值赌局的线性空间，而且在下述两个模型之间存在一种对应关系：

（1）定义域为 K 的融贯下界预期 $\underline{P}$。

（2）定义在 $K \times K$ 上的融贯的非严格偏好序 $\trianglerighteq$。

那么 $\underline{P}(f) = \max\{\mu : f \trianglerighteq \mu\}$，这样就可以算出具有无差别关系或者不可比较关系的事件的概率了。所以，IP 就表达了关系不是全序的情形。

三、处理相互冲突的主体

一般情况下，个体的信念是多个的，而且可能相互冲突。通常情况下，群体也是由信念有差异的个体组成，所以个体和群体都可以被看成是由不同信念组成的主体。那么，IP 怎么表达这种主体呢？使用概率函数集 $P = \{p_0, p_1, p_2, \cdots\}$ 能够表达这种主体的信念，P 表达了所有与证据相匹配的先验概率，任意 p_i，$i \in \mathbb{N}$ 都是固执己见的詹姆斯唯意志论者，但是作为整体的 P 是一个客观主义者。注意集合 P 可能是主体信念的一个不完全描述。如果 P 的所有元素在性质上保持一致，P 就退化为一个精确概率函数，表达了一个没有冲突的主体；如果 P 的所有元素在性质上存在差异，它就表达了一个判断相冲突的主体。例如，某个群体评估事件 B——硬币下一次抛掷正面朝上，如果 $p_0(B) = p_1(B) = \cdots = p_i(B) = \cdots, i \in \mathbb{N}$，$P$ 就退化为一个精确概率函数，表明此群体的成员对于 B 具有一致的意见；如果 $\exists(i \neq j)(p_i(B) \neq p_j(B)), i, j \in \mathbb{N}$，则说明成员 i 和 j 对于 B 具有不同的意见。

当成员之间具有不同意见时，该如何聚合这些意见呢？或者说人们从不同的证据得到了不同的评估，该如何组合这些评估？那就是自然扩张。

回到本书第一章第六节的例子，假设只有两个成员的某个群体，任意成员都只看了这两个球队以往对战记录中的一场球赛，这两场足球赛的结果分部被表示为两个模型——逻辑独立可能空间 Ω_1、Ω_2，它们分别表达了两个成员的信念，那么该如何聚合它们的意见呢？首先，把这两个模型表达为乘积空间 $\Omega = \Omega_1 \times \Omega_2$，即 Ω_1、Ω_2 被聚合到了模型 Ω 中；然后，检查这两个模型——即赌局类 $E_1 \cup E_2$——是否避免确定损失；最后，如果避免确定损失，就可以得到 $E_1 \cup E_2$ 的自然扩张 E，它聚合了所有成员的信念，即群体的信念。所以，自然扩张又是一种组合证据的规则。

四、处理厄尔斯伯格决策

由于被试不知道盒子中黑球和黄球的具体数目，因此，被试不能确定取出黄球或者取出黑球的概率，进而不能确定每个行为选择的精确期望效用，最终不能确定这两组行为选择之间的偏好关系，即行为选择之间的偏好关系不满足经典期望效用理论的弱序公理。如果鲁莽地确定行为选择之间的偏好关系，就会产生悖论。

IP 理论认为当主体只有少量的信息时，用一个精确概率函数来表达它的信念度是不恰当的，而应改用一个概率函数集来表达信念度，从而刻画出信息的不足。那么 IP 该如何表达厄尔斯伯格决策呢？

由厄尔斯伯格决策的情境设置可以发现，G1、G2、G3、G4 都是指标赌局。此外，30 个小球中有 10 个是红色，剩下的小球以一种不确定的比例或者是黑色或者是黄色，用 IP 的术语改述为 P(取出红球) = 1/3, P(取出黑球) = P(取出黄球) = [0, 2/3]。由 P(取出红球) = 1/3 得到 $\underline{P}$(G1) = E_p(G1) = (1/3)·1 + 0·0 + 0·0 = 1/3；由 P(取出黑球) 的取值和 $\underline{P}$ 的性质得到 $\underline{P}$(G2) = 0·0 + 0·1 + 0·0 = 0，最后得到 $\underline{P}$(G2) < $\underline{P}$(G1)，即 G1 的最低期望效用大于 G2 的最低期望效用，所以被试在 G1 和 G2 之间选择 G1。从 P(取出黑球) = [0, 2/3] 得到 P(取出非黑球) = [0, 1/3]，同理得到 $\underline{P}$(G3) = 0；从 P(取出红球) = 1/3 得到 P(取出非红球) = 2/3，则 $\underline{P}$(G4) = 2/3，最后得到 $\underline{P}$(G3) < $\underline{P}$(G4)，所以被试在 G3 和 G4 之间选择了 G4，这与实验结果一致，就消解了厄尔斯伯格悖论。

五、非精确概率推理匹配有限理性

本书导论提到精确概率预设了逻辑全能和概率全能，这不符合人的有限理性，而 IP 放弃了这些预设。

首先，非精确概率推理没有要求可能空间 Ω 必须是穷尽的，只要求足以表达出主体的信念，这反映出了非逻辑全能。其次，由于初始的 Ω 可能不是穷尽的，因此随着时间的发展，可能需要改变 Ω——包括扩大 Ω、减小 Ω、精炼（refining）Ω、粗化（coarsening）Ω，这也反映了非逻辑全能。假设在当前阶段的推理中，主体的证据被表示为 D_0，它的自然扩张是 $\underline{P}_0$，在后续的推理中，可以通过扩大 Ω、减小 Ω、精炼 Ω、粗化 Ω 来修改这些模型以得到后续模型 $\underline{P}_1$：[123]177

（1）扩大 Ω。在推理过程中，主体发现需要承认一个新的可能状态集 Ψ，它是新的证据，以至于把 Ω_0 扩大到 $\Omega_1 = \Omega_0 \cup \Psi$。在本书第一章第六节的例子中，主体可能扩大 Ω_0 以包含新的可能性 A——比赛被意外取消了，那么 M_1 的五个极值点就是退化预期 $P(A) = 1$，外加 M_0 的四个极值点，得出 $\overline{P}(A)$ 只能取很小的值，这同常识相符合。

（2）减小 Ω。主体通过分析发现某些可能性同证据矛盾或者不大可能，那么就需要把 Ω_0 减小为它的某个真子集 Ω_1。在本书第一章第六节的例子中，主体了解到球赛是淘汰赛，因此结果要么输要么赢，就需要把 Ω_0 减小为 $\Omega_1 = \{W,L\}$，通过推理得到 M_1 的两个极值点 $(P(W),P(L)) = (0.5,0.5)$ 和 $(P(W),P(L)) = (5/7,2/7)$，所以 $P(W) \in [1/2,5/7]$。

（3）精炼 Ω。在推理过程中 Ω 是可以进化的，因为研究者不要求能够得出 Ω 的任意子集的精确概率，只要求 Ω 足以表达出主体想要做出的概率判断，所以在推理过程中，可能需要通过精炼某些可能状态以扩展 Ω，但精炼不能提供新的信息。从形式上来看，精炼 Ω_0 得到 Ω_1 可以看成是从 Ω_1 到 Ω_0 的"映上"，那么 Ω_0 对应于 Ω_1 的一个"划分"，即 $\forall \omega \in \Omega_0$ 对应于某个 $A(\omega) \subseteq \Omega_1$，通常 Ω_1 是 Ω_0 和另一个可能空间 Ψ 的乘积空间——$A(\omega) = \{\omega\} \times \Psi$。在本书第一章第六节的例子中，$\Omega_0 = \{W,D,L\}$ 可以被精炼为 $\Omega_1 = \{W,S,G,L\}$，其中 S 表示"非 0 比 0 的平局"，G 表示"0 比 0 的平局"，那么 $A(W) = \{W\},A(D) = \{S,G\},A(L) = \{L\}$，通过把第一章第六节表格中的 $P_{j \in \{1,2,3,4\}}(D)$ 的概率赋给 S 和 G，就可以得到 Ω_1 的八个极值点，最后得出 $\underline{P}_1$ P_1。

（4）粗化 Ω。精炼的反面就是粗化，它是从 Ω_0 到 Ω_1 的映上 A（因为 $\forall v \in \Omega_1$ 都对应于 $A^{-1}(v) \subseteq \Omega_0$），粗化得到的 Ω_1 就是 Ω_0 的一个划分。在本书第一章第六节的例子中，可能主体只关心比赛是否是平局，那么把 Ω_0 粗化为 $\Omega_1 = \{D,R\}$，R 表示 $\{W,L\}$，可得 $\underline{P}_1(R) = \underline{P}_0(W + L) = 0.6$，$\overline{P}_1(R) = 0.75$。

精确概率预设了概率全能，因为它要求主体总是能得出一个精确概率，而 IP 是非概率全能的，主要表现为使用概率区间来表达模糊的概率，在几乎不了解任何证据的情况下，它允许最大的非精确。随着相关证据的逐渐积累，概率越来越精确，即概率区间越来越小，当具有充足的证据时，就得到了精确概率。所以，IP 是非逻辑全能的。

六、克服贝叶斯进路的不足

要想克服贝叶斯进路的不足，就必须克服它的两个缺点。

这里先交代一些术语。假设 X 是抽样空间，即实验或者观察的可能结果集，Θ 是参数空间，它表示关于此实验的一族假设，即一族抽样模型 $\underline{P}(\cdot\,|\,\Theta)$，后验预期 $\underline{P}(\cdot\,|\,X)$ 描述了主体观察到实验结果 x 之后对参数值 $\theta\in\Theta$ 的信念。

首先，贝叶斯进路依据很少的信息就猜测出了关于统计参数 Θ 的精确概率 p，这是不合理的，因为猜测得出的东西必然是不精确的，此外，不同的主体完全可以猜测出不同的精确概率 p，所以很自然地用多个精确概率 p 代替单个精确概率 p 才能表达出"猜测"的这一过程。通过定义 22 对偶映射就可以得出 $\underline{P}$，即多个精确概率 p 中的最小值。

其次，贝叶斯进路认为抽样模型 $p(\cdot\,|\,\theta),\theta\in\Theta$ 是精确的，这也是不合理的。如令 θ 表示"抽样模型是 $u=0$，$\sigma=1$ 的正态分布"的假设，但是满足 $u=0$，$\sigma=1$ 的正态分布的个数很多，并不能精确地确定 $p(\cdot\,|\,\theta)$，所以很自然地用多个抽样模型 $p(\cdot\,|\,\theta)$ 来代替单个抽样模型更加合理，最后再通过对偶映射得到了 $p(\cdot\,|\,\theta),\theta\in\Theta$。

有了 $\underline{P}$ 和 $\underline{P}(\cdot\,|\,\Theta)$，我们就可以使用自然扩张得到 $\underline{E}(\cdot\,|\,X)=\underline{P}(\cdot\,|\,X)$，这就克服了贝叶斯进路的不足。假设抛掷一枚硬币：抽样空间 $X=\{x,y\}$ 表示硬币着地的两种可能结果，x 表示正面朝上，y 表示反面朝上。参数空间 $\Theta=\{\psi,\theta\}$，ψ 表示"每种结果的概率都是 1/2"的假设，即硬币是公平的，θ 表示"每种结果的概率近似 1/2"的假设，即 $\underline{P}(x\,|\,\theta)=0.4$，$\overline{P}(x\,|\,\theta)=0.6$。主体不能确定 θ 的概率，如果先验信念是 $\underline{P}(\theta)=0.4$，$\overline{P}(\theta)=0.5$，通过自然扩张就能得到 θ 的后验概率 $\underline{E}(\theta\,|\,x)\approx0.35$，$\overline{E}(\theta\,|\,x)\approx0.55$。可以发现，$\underline{P}(\cdot\,|\,\theta)$ 使得主体对 θ 的先验概率变得更加不精确了。

第五节　小　　结

本章集中讨论了非精确概率的研究对象，即它所刻画的原型。

首先，主体能确定的事实如此之少，以至于它对很多事实都是不确定的，例如，定义在可能空间 Ω 上的赌局 f 就表达了一种对 Ω 中的事态的不确定。但是，对"不确定"本身还能作进一步区分，即明确的不确定和不明确的不确定，假设定义在可能空间 Ω 上的两个赌局 f_1、f_2，如果主体清楚地认为 f_1 好于 f_2 或者 f_2 好于 f_1，那么主体对由 f_1 和 f_2 所表达的不确定之间的好坏相当明确；反之，就是不明确的。

其次，导致不明确的来源很多，主要有相互冲突的证据、相互冲突的信念、有限的相关证据、物理不明确等，这些都是客观的原因，但是还有主观的原因，主要难处理的模型、实践的限制、缺乏反省、推理情境的影响、计算能力的限制、缺乏推理策略、前提中的模糊性、自然扩张等都会带来不精确。所以，不确定和不明确是不同的两种概念，需要区别处理，精确概率刻画不确定，非精确概率刻画不明确。因此，研究者反对"精确教条"，具体而言，精确教条的四种理论表现形态都是错误的，用决策来辩护精确概率也是错误的，以及辩护此教条的实践理由也是不充分的。

最后，回到本书导论中精确概率所面临的困境，用 IP 来解决这些困难：因为 IP 能够表达出证据的数量，所以它就能区分开证据的权重和证据的对称，也能表达延缓判断；IP 通过使用概率的范围来表达出事件之间的模糊关系；IP 使用多个概率函数来表达相互冲突的主体；IP 使用概率区间能够表达厄尔斯伯格决策；IP 使用模糊概率来匹配有限理性；IP 通过精确度的差异表达出贝叶斯进路中先验概率的不明确和证据的数量。

非精确概率的研究对象对风险是有重要影响的，它让风险变成"黑天鹅"事件，这就使得本风险理论有别于传统的风险理论。

第四章　非精确概率归纳风险理论

　　"风险"——一个人人谈虎色变的话题，但同时也是无论如何都绕不开的麻烦。从个人的层面来看，涉及个体的决策风险，升学、就业等各种决定都面临风险；从政府等企事业单位来看，不仅有组织面临的决策风险，还涉及一些关乎国计民生的重大风险，如金融风险、社会动荡的风险等。

　　如何度量金融风险一直是投资者和金融监管者关心的话题，特别是对于金融监管而言，管控金融风险是其主要的任务，甚至防范化解重大金融风险曾经还是政府的三大攻坚战之一，所以发展度量风险的新方法，对于预警乃至化解金融危机具有重要的研究意义。金融风险是风险研究的传统领域，要超越此范围，就必须把视野放大到"系统"风险上，一方面重大风险涉及的层面远远超出了金融领域，需要一种能够跨越具体对象，适用各种情形的"形式"理论；另一方面，能够拓展传统风险理论，使理论更具解释力。

　　本章的目标是：把非精确概率归纳理论引入风险测量中，与传统风险度量方法统一起来，建立非精确概率风险度量模型，包括非条件 IP 风险理论[①]，同时在金融和系统科学两个领域来展示这种运用。

第一节　传统风险研究

　　风险是一个古老的话题，当前已有很多经典的研究成果，主要集中在银行、金融、企业经营等领域，回顾这些成果是研究的起点。在以往的风险研究中，风险的含义是指"波动"。这种波动可以用精确概率条件下的概率分布曲线来刻画，很难出现所谓的"黑天鹅"事件，因为一切风险都

---

　　①　在没有歧义的上下文中，非条件 IP 风险理论简称为 IP 风险理论。

对应在认知的掌控之中。

最常见方法是 $VaR^{[173]}$。假设 f 是一个金融赌局，P 是它的概率分布，如果实数 q 满足 $P(f < q) \leq \alpha \leq P(f \leq q)$，那么 q 就是 f 的 α - 分位数，令 $q_\alpha^+ = inf\{x : P(f \leq x) > \alpha\}$，则 $VaR_\alpha(f) = -q_\alpha^+(f)$。这是一种基于分位的风险度量，分位不同，得出的风险值也不同，改变分位数就得到了同一赌局的非精确风险值。但是 VaR 给出的前提不尽如人意，因为它具有三个缺点：

（1）几乎不能表达小于 q_α^+ 的取值信息，如果这些值中包含了赌局的最大损失，那么度量值将低于实际值；

（2）它不一定是次可加的，但是次可加性是金融风险的重要特点，因为投资的多样性导致和的风险小于等于风险的和；

（3）Pelessoni 证明了它在一般情况下不满足避免确定损失[178]。作为初始风险值，这是一个致命的缺陷。

为了克服 VaR 的不足，Artzner 等人引入了 $ADEH$ - 融贯风险度量[172-173,268]。假设 L 是包含实数的金融赌局的线性空间，一个从 L 到 $\mathbb{R}$ 的映射 ρ 是 $ADEH$ - 融贯风险度量当且仅当它满足四个公理：

（1）平移不变（T）：$(\forall f \in L)(\forall \alpha \in \mathbb{R})(\rho(f + \alpha) = \rho(f) - \alpha)$

（2）正齐性（PH）：$(\forall f \in L)(\forall \lambda \geq 0)(\rho(\lambda f) = \lambda \rho(f))$

（3）单调性（M）：$(\forall f, g \in L)((f \leq g) \rightarrow (\rho(f) \geq \rho(g)))$

（4）次可加性（S）：$(\forall f, g \in L)((\rho(f + g) \leq \rho(f) + \rho(g)))$

Pelessoni 证明了它满足避免确定损失[178]，但是正齐性不令人满意，因为当持有的资产数量成倍增加时，风险增加得更快。此外，当主体希望快速出售大量金融资产时，它只能提供折扣，所以 $(\forall \lambda > 1)\rho(\lambda f) > \lambda \rho(f)$ 更加合理。

Föllmer 用凸公理（C）$(\forall f, g \in L)(\forall \lambda \in [0, 1])((\rho(\lambda f + (1 - \lambda)g) \leq \lambda \rho(f) + (1 - \lambda)\rho(g)))$ 代替次可加性和正齐性，克服了 $ADEH$ - 融贯风险度量的缺陷，得到了 FS - 凸风险度量[182]。假设 L 是包含实数的金融赌局的线性空间，一个从 L 到 $\mathbb{R}$ 的映射 ρ 是 FS - 凸风险度量当且仅当它满足平移不变、单调性和凸公理。事实上，可以推广 FS - 凸风险度量以得到凸风险度量[177]，假设 ρ 是一个从 K 到 $\mathbb{R}$ 的映射，对于任意非 0 自然数 n，K 中的任意赌局 $f_0, f_1, \cdots, f_n$，任意满足 $\sum\limits_{i=1}^{n} s_i = 1$ 的非负实数 $s_1, s_2, \cdots, s_n$，定义 $\overline{G} := \sum\limits_{i=1}^{n} s_i(f_i + \rho(f_i)) - (f_0 + \rho(f_0))$，如果 $sup\overline{G} \geq 0$，那么 ρ 就是凸风险度量。此外，如果 ρ 是凸的且 $\rho(0) = 0$，那么它就是中心凸风险度量。

显然，FS-凸风险度量是凸风险度量的特例，所以它是否满足避免确定损失同凸风险度量相同。Pelessoni 发现，凸风险度量 ρ 在 K 上避免确定损失当且仅当 $\rho(0) \geqslant 0^{[177]}$，这说明在一般情况下凸风险度量不满足避免确定损失，所以 FS-凸风险度量也是不满足避免确定损失。中心凸风险度量是凸风险度量的增强，增强的条件是 $\rho(0) = 0$。假设 ρ 是中心凸风险度量，则得出它也是凸风险度量，且 $\rho(0) \geqslant 0$，那么凸风险度量 ρ 避免确定损失，所以中心凸风险度量满足避免确定损失。

当预留的风险资金 $\rho(f)$ 小于 $\inf(f)$ 时，可能不足以面对 f 带来的风险，如果 $\rho(f) = 5, f(\omega) = -10$，就存在一个绝对值为 5 的剩余损失，这就是剩余风险。显然，剩余风险也是一个赌局——$(-\rho(f) - f)_+ = \max(-\rho(f) - f, 0)$，那么如何度量它的风险呢？最自然的评估是预期不足 $ES(f) = P[(-\rho(f) - f)_+]$。但是，当 $\rho(f)$ 足够大以至于没有任何剩余风险时，$ES(f)$ 总是为 0，所以考虑 $-\rho(f) - f > 0$ 才是有意义的，这就得到了另一种风险度量——条件预期不足 $CES(f) = P(-\rho(f) - f | -\rho(f) - f > 0)$。不幸的是，Vicig 发现这两种风险度量都是不满足避免确定损失$^{[180]}$的，但是可以利用它们得出另一种风险度量。

假设 f 是任意金融赌局，考虑一种风险度量

$$\rho_c(f) := \rho(f) + \phi(\rho, f), \phi(\rho, f) \geqslant 0$$

不难看出，当 ρ 满足避免确定损失时，ρ_c 也就满足避免确定损失，即使当 $\phi(\rho, f)$ 不满足避免确定损失时，如 $\phi(\rho, f)$ 等于 $ES(f)$ 或者 $CES(f)$，ρ_c 也满足避免确定损失。推而广之，就得到了一种构造风险度量的一般方法：往某个避免确定损失的风险度量 ρ 中添加某些东西，如令 $\rho(f) = P(-f), \phi(\rho, f) = c \cdot [(P_1(f) - f)_+], c \in [0, 1]$，那么就得到了

$$\rho_c(f) = P(-f) + c \cdot [(P_1(f) - f)_+]$$

这就是荷兰风险度量，它把 $(P(f) - f)_+ = (-P(-f) - f)_+$ 的预期 P_1 添加到 $P(-f)$ 中，其中 P_1 度量的是 $P(-f)$ 应付风险的不充分程度。很明显，荷兰风险度量避免确定损失。

到目前为止，本书已经讨论了七种确定初始风险值的方法：VaR、$ADEH$-融贯风险度量、FS-凸风险度量、凸风险度量、中心凸风险度量、剩余风险度量、荷兰风险度量，其中满足避免确定损失的只有 $ADEH$-融贯风险度量、中心凸风险度量、荷兰风险度量，由它们得出的初始风险值才能用于自然扩张。此外，上述几种风险度量都不是在主观主义的意义上而言的，由它们给出初始风险值可以避免非精确概率模型的主观主义问题。

第二节　非精确概率风险理论

IP 归纳推理属于一般性的理论，要使它适用于风险推理，就必须对它进行特殊解释。

一、运用的可行依据

在金融风险度量中，存在多种金融产品，如股票、保险、房产、投资组合等，它们都可以被看成是赌局。它们的定义域是由时刻组成的时间，值域是不确定的收益。当然，金融产品的风险也是一种赌局，定义域也是时间，值域是不确定的风险值，所以它可以被看成是一种特殊的赌局——金融赌局。这样非精确概率中的基础概念"赌局 f"就可以被运用到金融风险度量中了，赌局被解释为任意金融产品。

金融风险度量最核心的问题是衡量金融赌局到底有多大的风险，目前存在多种衡量方法，其中最常用的是风险度量 ρ。对于任意金融赌局 f，$\rho(f)$ 是一个实数，它总结了 f 的风险。当 $\rho(f)$ 为正时，$\rho(f)$ 表示 f 的持有者为了应付赌局潜在的损失，而预备的最少风险资金；当 $\rho(f)$ 为负时，表示在保持 f 可接受的条件下，可以从中减去的最大金额；当 $\rho(f)$ 为 0 时，表示 f 的风险刚好位于临界点。更进一步地，假设 K 为任意金融赌局集，可以考虑定义其上的风险度量 $\rho: K \to \mathbb{R}$。

$\rho(f)$ 与 $\overline{P}(f)$ 有什么关系？当得出了 $\rho(f)$ 的值时，它等同于主体为了承担 f 的风险所准备的下确界金额，通常 f 越危险，$\rho(f)$ 就越大。由于接受 f 所准备的金额等于卖出 $-f$ 所准备的金额，因此 $\rho(f)$ 又被看成是 $-f$ 的下确界出售价格，很明显，这个解释等同于 $\overline{P}(-f)$ 的行为解释，所以 $\rho(f) = \overline{P}(-f)$，又由于上界预期和下界预期的共轭关系，可得到

$$\rho(f) = \overline{P}(-f) = -\underline{P}(f) \tag{1}$$

这样金融风险度量就与非精确预期联系起来了，上述模型就可以被用于风险度量了。

二、初始风险值与风险推理

为了在金融风险度量中运用上述模型，首先需要确定主体的初始信

念，即定义在前提 K 上的 ρ，具体而言，就是确定某些金融赌局的风险值。目前存在多种方法可以完成这一步，包括 VaR、$ADEH$ - 融贯风险度量、FS - 凸风险度量、凸风险度量、中心凸风险度量、剩余风险度量、荷兰风险度量。当然，这些前提并不都满足避免确定损失。对于任何前提 ρ，如果存在一个避免确定损失的上界预期 $\overline{P}$ 满足 $\rho(f) = \overline{P}(-f)$，或者存在一个避免确定损失的下界预期 $\underline{P}$ 满足 $\rho(f) = -\underline{P}(f)$，那么 ρ 避免确定损失，即它是一个合理的初始风险值。

假设存在一个金融赌局集 L，对于它的任意子集 K，已经由避免确定损失的金融风险度量手段得出了 K 中赌局的风险值，该如何推出 $L \setminus K$ 中赌局的风险值？这是金融风险推导要处理的核心问题。

由上述可知这一步是由自然扩张完成的。由于 $\rho(f) = \overline{P}(-f)$，使用上界预期来进行推理将更方便。对于任意避免确定损失的风险度量 $\rho: K \to \mathbb{R}$，自然扩张的计算公式如下：

$$\overline{E}_\rho(f) = inf\left\{\alpha \in \mathbb{R} : \alpha - f \geq \sum_{k=1}^{n} \lambda_k[\rho(f_k) + f_k], n \in \mathbb{N}, f_k \in dom\rho, \lambda_k \in \mathbb{R}_{\geq 0}\right\}$$

可以得出 L 中任意金融赌局的风险值，也就推出了 $L \setminus K$ 中赌局的风险值，完成了金融风险的推导。

自然扩张的计算公式相当复杂，计算量太大，需要简化。当前提 ρ 定义在线性空间上且融贯时，$\overline{E}_\rho(f) = inf\{\alpha + \rho(g), g \in dom\rho$ 且 $\alpha - g \geq f\}$ 的计算将变得简单一些，幸运的是，$ADEH$ - 融贯风险度量刚好满足这个条件；此外，如果 $dom\rho$ 包含了所有实数，那么 $\overline{E}_\rho(f) = inf\{\rho(g), g \in dom\rho$ 且 $-g \geq f\}$，通过它能够进一步简化计算。

三、优缺点分析

非精确概率模型在金融风险上的运用具有以下优缺点，有的是理论本身带来的，有的是在运用过程中产生的。

（一）优点

从理论本身来看，首先，非精确概率模型是一种统计推理，传统的统计推理包含三类：估计、假说检验和贝叶斯推理。非精确概率属于贝叶斯推理，且是一种非严格的贝叶斯推理，所以它具有其他两种统计推理不具有的优势，既不用以概率的频率解释为基础，又能够充分利用样本之外的其他数据。其次，非精确概率模型具有传统贝叶斯推理不具有的优势，表现为不以概率分布为起点，而是以预期为基础概念，就能用于不可积或者难以计算积分的地方，所以适用面更大。最后，非精确概率模型最大的优点是非精确性，既囊括了精确概率理论，又克服了它的缺陷。

从运用上来看，非精确概率模型提供了一种进行风险推导的方法，VaR、$ADEH$–融贯风险度量、FS–凸风险度量、凸风险度量、中心凸风险度量、剩余风险度量、荷兰风险度量等风险度量仅仅是定量地描述风险数值，但非精确概率模型在此基础之上，可以进一步推出其他金融赌局的风险值。

（二）缺点

非精确概率模型在金融风险上的运用存在两个方面的缺点：①推导复杂；②自然扩张的问题，其中每个方面又都包含两个层次。

首先，关注第一个缺点——推导复杂。复杂的第一个层次体现在判定初始风险值是否避免确定损失上。从非精确概率模型的公式可以看出，当前提中赌局的个数为 n 时，要判断此公式 $2^n - 1$ 次是否成立，只要一次不成立就不满足避免确定损失，计算量相当大。复杂的第二个层次体现在自然扩张上，回顾非精确概率模型的原始计算公式，很明显它的计算量是人力难以胜任的，特别是当前提 K 的基数增大时，$\sum_{k=1}^{n} \lambda_k \left[\overline{P}(f_k) - f_k \right]$ 的组合数呈现指数式的增长，即使前提的基数很小，人力也是不堪重负的，这可以从上述推理实例中清楚地看到。此外，在前提具有某些特殊性质的情况下，自然扩张的计算虽然可以简化，但是那些前提难以满足，且计算量依然很大。

因此，庞大的计算负荷是非精确概率模型的一个缺点，在运用的过程中非常繁琐，至少在日常金融工作中不够简便，这时只能求助于计算机，所以非精确概率模型的主要使用领域将是人工智能，当人工智能发展出了非精确概率模型的专家系统之后，它的使用才能被广泛运用。

其次，关注第二个缺点——自然扩张的问题。该缺点也包含两个层次：第一个层次是推出的风险值不够谨慎。对于满足避免确定损失的初始风险值，可以运用自然扩张进行推理，得出任意超集中金融赌局的风险。但是，这种运用要受到某些限制，如果前提 $\rho(f), f \in K$ 避免确定损失，那么 K 中的任何赌局 f 都满足 $\overline{E}_\rho(f) \leqslant \rho(f)$，这就意味着自然扩张给出的风险值比 ρ 给出的风险值更加缺乏谨慎，$\overline{E}_\rho$ 比 ρ 给出了更少的风险资金来应对危险，所以某些金融管控当局会质疑自然扩张，需要对结果进行一定的修正，但是当前提 $\rho(f)$ 满足融贯性时，K 中的任何赌局 f 都满足 $\overline{E}_\rho(f) =$

$\rho(f)$，这时自然扩张不存在上述问题，因为融贯性比避免确定损失更强。因此，为了在金融风险度量中更好地运用非精确概率模型，我们需要对它的前提进行一些调整，在其他情形中，只需要前提满足避免确定损失就够了，但是在金融风险度量中，需要前提满足融贯性，这就对计算能力提出了更高的要求。

第二个层次是无法处理不满足避免确定损失的前提。在使用自然扩张进行推理时，需要前提满足避免确定损失，如果 $\rho(f)$ 不满足这个条件，那么 L 中的任意赌局 f 满足 $\overline{E}_\rho(f) = -\infty$，推出的风险值就是无穷的，显然这是不能接受的结论。但是，很多风险度量给出的初始风险值都是不满足避免确定损失的，如 VaR、FS - 凸风险度量、凸风险度量、剩余风险度量等，当它们给出初始风险值时就不能使用自然扩张。这时，我们需要对避免确定损失和推理过程进行扩张，其中一种方法是用避免无界确定损失代替避免确定损失；用凸自然扩张代替自然扩张[176]，避免无界确定损失作为一个理性标准，不尽如人意，但它比避免确定损失弱，适用面就更大，凸自然扩张类似于自然扩张，即自然扩张刻画了融贯性，凸自然扩张刻画了凸性[269]。

第三节 在金融风险中的运用

上一节给出了 IP 归纳风险理论，它是一种逻辑学的形式理论。

下面给出一个金融风险推导的具体实例。假设 $\Omega = \{2016$ 年，2017 年，2018 年，$\cdots\}$，在其上定义了 n 支股票 $f_1,f_2,\cdots,f_n$，即 $L = \{f_1,f_2,\cdots,f_n\}$，它们的收益见表 4 - 1。

表 4 - 1 2016—2018 年收益统计

年份 赌局	2016 年	2017 年	2018 年	...
f_1	10 元	5 元	0 元	...
f_2	0 元	5 元	9 元	...
f_3	2 元	3 元	4 元	...
...	...	...	...	...

续表 4 - 1

年份 赌局	2016 年	2017 年	2018 年	...
f_n	6 元	2 元	3 元	...

股票 f_1 在 2016 年的收益是 10 元，在 2017 年的收益是 5 元，在 2018 年的收益是 0 元，其他类似。现在主体打算挑选一些优良的股票，事先需要对它们的风险做一番评估。假设通过前述的某种度量方法得出了 $K = \{f_1, f_2\}$ 中股票的风险值 ρ，具体而言，$\rho(f_1) = -5$，$\rho(f_2) = -4$，如何推出 f_3 的风险值呢？

从前提 ρ 出发，首先验证它是否满足避免确定损失，由 $\rho(f_1) = -5$ 得出 $\underline{P}(f_1) = 5$，同理 $\underline{P}(f_2) = 4$，表示主体最多愿意支付 5 元购买股票 f_1，最多愿意支付 4 元购买股票 f_2，总共花费了 ¥5 + ¥4 = ¥9，这等价于购买了复合赌局 $f_1 + f_2$：在 2016 年的收益是 10 元；在 2017 年的收益是 10 元；在 2018 年的收益是 9 元，因为 $10 = sup(f_1 + f_2) \geqslant \underline{P}(f_1) + \underline{P}(f_2) = 9$；$sup f_1 \geqslant \underline{P}(f_1)$，$sup f_2 \geqslant \underline{P}(f_2)$，所以 ρ 满足避免确定损失。

然后通过自然扩张进行推理，首先对 $\underline{E}_P(f)$ 进行一些变形，可得出

$$\underline{E}_P(f) = sup_{g_i \in K, \lambda_i \geqslant 0, i=1,2,\cdots,n, n \in \mathbb{N}} \inf_{x \in \Omega} \left[f(x) - \sum_{i=1}^n \lambda_i [g_i(x) - \underline{P}(g_i)] \right],$$

那么 $\underline{E}_P(f_3) = sup_{\lambda_1, \lambda_2 \geqslant 0} \min\{2 - 5\lambda_1 + 4\lambda_2, 3 - \lambda_2, 4 + 5\lambda_1 - 5\lambda_2\}$，当 $\lambda_1 = 0$、$\lambda_2 = 1/5$ 时取得上确界，即 $\underline{E}_P(f_3) = 14/5$，最后得出 $\rho(f_3) = -\underline{E}_P(f_3) = -2.8$，即 f_3 的风险值是 -2.8，从赌局 f_3 中最多减去 2.8 元后它还是可接受的，与直观相符。

第四节　在一般系统中的运用

在系统科学基础理论研究中，衡量系统的风险一直是一个重要的研究问题。同时，如何度量系统风险也一直是管理者关心的话题。特别是对于政府而言，防范化解重大风险已经成为政府的三大攻坚战之一，所以发展度量系统风险的新方法，具有重要的研究意义。

以往对系统风险的研究分散在各个领域，它们分别从国际金融[270]、银行业[271-274]、企业经营[275-276]、政府机构[277-278]、工程[279]等角度进行

了研究。无论是哪个领域的研究，最根本的仍然是系统风险的度量方法，这方面的研究乏善可陈，其中缪因知讨论了系统风险在证券诉讼中的计算，认为这种风险的评估是不精确的[280]，但是他并没有提出一种处理这种"不精确"的风险度量方法，所以相关的研究几乎没有。此外，这些风险的研究分布在各个领域，并没有提出对系统风险评估的统一理论。幸运的是，非精确概率归纳理论提出了一种新的方法。

一、原理

在系统风险度量中，存在多种系统，如政府组织、企业单位、工程系统等，它们都可以被看成是赌局，这时定义域是由系统的元素构成的，值域是系统不确定的收益。例如一栋房子，它是一个系统，定义域是构成房子的砖头、钢筋等建筑材料，系统的值域是取值为实数的收益，材料不一样或者结构不一样都会造成系统收益不一样。注意，定义域总是可以足够大，以至于包括需要考虑的所有对象。这样非精确概率中的基础概念"赌局"就可以被运用到系统风险度量中了，赌局被解释为任意系统。

系统风险度量的核心问题是衡量系统到底有多大的风险，目前存在多种衡量方法，但最常用的是风险度量 ρ。对于任意系统 f，$\rho(f)$ 是一个实数，它总结了系统的风险。当 $\rho(f)$ 为正时，表示系统的持有者为了应付系统潜在的损失，而预备的最少风险资金；当 $\rho(f)$ 为负时，表示在保持系统可接受的条件下，可以从中减去的最大金额；当 $\rho(f)$ 为 0 时，表示系统的风险刚好位于临界点。更进一步地，假设 K 为任意系统集，可以考虑定义其上的风险度量 $\rho : K \to R$。

$\rho(f)$ 与 $\overline{P}(f)$ 有什么关系？当得出了 $\rho(f)$ 的值时，它等同于决策者为了承担 f 的风险所准备的下确界金额，通常 f 越危险，$\rho(f)$ 就越大。由于接受 f 所准备的金额等于卖出 $-f$ 所准备的金额，因此 $\rho(f)$ 又被看成是 $-f$ 的下确界出售价格，很明显，这个解释等同于 $\overline{P}(-f)$ 的行为解释，所以 $\rho(f) = \overline{P}(-f)$，又由于非精确预期的共轭关系，得到 $\rho(f) = \overline{P}(-f) = -\underline{P}(f)$，这样系统风险度量就与非精确预期联系起来，上述模型就可以被用于系统风险度量。

为了在系统风险度量中运用上述模型，需要首先确定决策者的初始信念，即定义在前提 K 上的 ρ。目前存在多种方法可以完成这一步，包括 VaR、ADEH - 融贯风险度量、FS - 凸风险度量、凸风险度量、中心凸风险度量、剩余风险度量、荷兰风险度量。当然，这些度量方式主要被运用到金融上，在这里通过非精确概率，它们被创造性地移植到度量系统风险上。此外，这些前提并不都满足一致性，对于任何前提 ρ，如果存在某个一致的上界预期 $\overline{P}$ 满足 $\rho(f) = \overline{P}(-f)$，那么它是一致的。

到目前为止，本书已经讨论了七种确定初始风险值的方法：VaR、$ADEH$ – 融贯风险度量、FS – 凸风险度量、凸风险度量、中心凸风险度量、剩余风险度量、荷兰风险度量，其中满足一致性的只有 $ADEH$ – 融贯风险度量、中心凸风险度量、荷兰风险度量，由它们得出的初始系统风险值才能用于自然扩张。

二、系统风险推导实例

假设存在一个系统集 L，对于它的任意子集 K，已经由一致的系统风险度量手段得出 K 中系统的风险值，那么该如何推出 $L \setminus K$ 中系统的风险值？这是系统风险推导要处理的核心问题。由非精确概率可知，这一步是由自然扩张完成的。对于任意一致的风险度量 ρ，自然扩张 $\overline{E}_\rho(f)$ 可以得出 L 中任意系统的风险值，也就推出了 $L \setminus K$ 中系统的风险值，完成了系统风险的推导。

对本章前面的例子进行一些改造。假设 $\Omega = \{$砖头、钢筋、木材、$\cdots\}$，某个地产商用它们建造了三栋房子 f_1、f_2、f_3，即 $L = \{f_1, f_2, f_3\}$，也就是存在三个系统，每个系统在 Ω 的不同元素上都有一个取值，被解释为此元素对本系统风险的贡献见表 4 – 5。

表 4 –5　建立在 Ω 上的三个系统

元素＼赌局	砖头	钢筋	木材	…
f_1	10 元	5 元	0 元	…
f_2	0 元	5 元	9 元	…
f_3	2 元	3 元	4 元	…

已经建成的房子是 $K = \{f_1, f_2\}$，现在决策者打算购买期房 f_3，事先需要对它的风险做一番评估。假设通过前述的某种风险度量方法得出 $K = \{f_1, f_2\}$ 中房子的风险值 ρ，为了便于计算，假设它们的取值如下：$\rho(f_1) = -5, \rho(f_2) = -4$。该如何推出系统 f_3 的风险值呢？

从前提 ρ 出发，首先验证它是否满足一致性，由 $\rho(f_1) = -5$ 得出

$\underline{P}(f_1) = -5$，同理 $\underline{P}(f_2) = 4$，表示决策者最多愿意支付 5 元购买房产 f_1，最多愿意支付 4 元购买房产 f_2，总共花费了 $5+4=9$ 元，这等价于购买了两套房产 $f_1 + f_2$：砖头对它们的贡献是 10 元；钢筋对它们的贡献也是 10 元；木材的贡献是 9 元，因为 $sup(f_1+f_2) \geqslant \underline{P}(f_1) + \underline{P}(f_2)$；$sup(f_1) \geqslant \underline{P}(f_1)$，$sup(f_2) \geqslant \underline{P}(f_2)$，所以 ρ 满足一致性。然后通过自然扩张进行推理，最后得出 $\rho(f_3) = -2.8$，即 f_3 的风险值是 -2.8，从赌局 f_3 中最多减去 2.8 元后，它还是可接受的，与直观相符。

第五节　风险评估的整体论思想

在当今逻辑学的研究思想中，还原论一直占据主流位置，甚至在其他科学研究中也是如此。这集中体现在所有的逻辑命题被还原为原子命题和推理规则，其他性质都能从它们延伸出来，并且不会出现新的性质。然而在本研究中情况相反，呈现一种整体论的思想。

一、基本概念中的整体论

在本理论的基本概念中，无不蕴含着一种整体论的思想，这些概念包括赌局、预期、概率。

（1）赌局。细心的读者已经发现，赌局（gamble）这个概念类似于博弈（game），但它们之间是有区别的，这个区别就彰显了整体论。在博弈中，存在两个博弈参与者，一般情况下他们是两个人，如经典的囚徒困境。在赌局中，也存在两个参与者，其中之一是某个主体，然而另一方却极其泛化，通常不被理解为单个人，它可能是群体、组织、世界、老天、潮流、趋势等。一言以蔽之，另一个参与者是由某些东西构成的"整体"。主体是在与这个整体就某些性质打赌，性质是整体的性质，至于它是不是整体中的某些部分的性质，对于本理论而言无足轻重。如果要用还原论的思路，对整体进行分析，以确定另一个参与者的具体身份，乃至于具体的行为，这就是博弈论了。实际上，要做出从世界到其结构的一个准确、完备的还原论分析是做不到，从整体到结构的功能解剖存在一个巨大的沟壑，这一方面是由目前认知的有限造成的，另一方面是客观上存在无法规约的性质。

（2）预期。在预期的解释上，研究者使用了行为解释，把下界预期 $\underline{P}(f)$ 解释为主体买进 f 所接受的最大价格，把上界预期 $\overline{P}(f)$ 解释为主体出售 f 愿意接受的最低价格。这里整体论体现在"价格"上，把它当作一个"黑箱"，不再去分析到底什么因素影响了价格以及如何影响。事实上，价格的影响因素中就包含了上述"世界"，用还原论的思路没办法进行准确的分析，或者说价格这个性质难以准确地还原为某些个体的性质加总。

（3）概率。在本理论中，概率被看成是一种特殊的预期，既然预期是一个整体，那么概率也是一个整体。这个思路在 Levi 那里也有体现[281]，他把主观概率看成是一个"黑箱"，没有办法准确地知道其中的结构，确定哪些因素影响了信念。从非精确概率的解释能够清楚地看到，研究者的进路也属于主观概率，因此预期也是一个"黑箱"。虽然从贝叶斯敏感度分析的角度来看，预期是一族期望，每个期望都能还原为信念和价值观的积分。然而，这是预设了精确教条之后才能得出的结论，如果不接受贝叶斯精确教条，那么预期只能被看成是一个"黑箱"，事实上，前文也论证了这个教条是站不住脚的。

二、下界预期及风险理论中的整体论

线性代数与本研究密切相关，它的突出性质就是线性：
$$f(\alpha + \beta) = f(\alpha) + f(\beta)$$
$$f(k\alpha) = kf(\alpha)$$
线性是还原论的一种表达，$\alpha + \beta$ 的和的性质等于 α 和 β 各个性质的和；k 个 α 的性质等于 α 的 k 个性质之和，一言以蔽之，研究者把这类对对象性质的研究还原为研究单个对象的性质，然后通过简单的加法就能得出整体的性质，并且不会遗漏整体的性质。

建立在线性代数之上的精确概率也具有线性，即可加性或者可列可加性：
$$p\left(\sum_{i=1}^{n} A_i \right) = \sum_{i=1}^{n} p(A_i)$$
$$p\left(\sum_{i=1}^{\infty} A_i \right) = \sum_{i=1}^{\infty} p(A_i)$$
复合事件的概率等于原子事件的概率之和。

然而非精确概率不具有线性，虽然精确概率是它的一种特例。现在来看融贯预期的部分公理[123]52：
$$\underline{P}(\lambda f) = \lambda \underline{P}(f)$$

$$\underline{P}(f + g) \geqslant \underline{P}(f) + \underline{P}(g)$$

这两条公理非常类似于上面的线性表达式，唯一的区别是"＝"变成了"≥"。就是这一点差异让 IP 具有了整体论的思想，但同时又保留了还原论的想法。当 $\underline{P}(f + g) = \underline{P}(f) + \underline{P}(g)$ 时，它体现了一种还原论的思路；但是当 $\underline{P}(f + g) > \underline{P}(f) + \underline{P}(g)$ 时，这就是整体论的思想，即复合赌局的预期大于原子赌局的预期之和，增加了一部分，这一部分不是来自原子赌局，而是来自于整体。因此，从精确概率到非精确概率，存在一种"飞跃"。这种飞跃是由不能"还原"的那些性质——即整体的性质——带来的。

上述思路和中医的思想一致，在传统中医中存在一种"经脉"的说法，"气"在经脉中运行，通过针灸推拿让"气"在经脉中顺利运行，就能治疗某些疾病。事实上，通过医学的双盲实验发现针灸的疗效是显著的。然而，通过生理解剖，我们无法在躯体中找到经脉存在的器官、组织。因此，经脉、气不能还原为某些器官的功能之和，它是一种整体诞生的性质，中医也就是一种基于整体论的医学。

通过公式 $\rho(f) = \overline{P}(-f) = -\underline{P}(f)$，上述融贯预期公理转化为融贯风险公理：

$$\rho(\lambda f) = \lambda \rho(f)$$
$$\rho(f + g) \leqslant \rho(f) + \rho(g)$$

这里更能体现出一种整体论的思想。$\rho(f + g) \leqslant \rho(f) + \rho(g)$ 说明整体的风险小于等于部分的风险之和。这在周围世界中存在很多例证：企业多样化的经营能够降低市场风险，期货能够缓冲价格的波动，物种多样化的原始森林比物种单一的农田更加抗病虫害。可见，线性与非线性共存于这个世界之中，还原论与整体论的思想不是逻辑矛盾，而是辩证矛盾，它们可以共存，这也体现在融贯预期公理的"≤"中。

进一步地，用整体论的思想来看：

$$\rho(\lambda f) = \lambda \rho(f)$$

你会发现它是有问题的。冯梦龙《三言两拍》中懒龙的故事给出了一句很有名的俗语——"常在河边走，哪能不湿鞋"，它的意思是经常做有风险的事，不好的结果就变得更可能发生，那么用本研究的术语来表达就是：

$$\rho(\lambda f) \geqslant \lambda \rho(f)$$

λ 次重复的风险变大了，大于单个风险的 λ 倍，它完美地形式化了懒龙的故事。同时，它也是墨菲定律的含义——如果事情有变坏的可能，不管这种可能性有多小，它总会发生，总会发生就是因为整体增加的属性带来的额外效应。

第六节　小　　结

度量金融风险不仅是投资者关心的话题，还是金融监督者的主要工作任务，因此发展新的风险度量方法具有重要的研究意义。在 IP 归纳逻辑的影响下，可以优化传统 VaR 等度量方法，即把金融产品解释为赌局；同时使用 VaR、$ADEH$ – 融贯风险度量、FS – 凸风险度量、凸风险度量、中心凸风险度量、剩余风险度量、荷兰风险度量给出赌局的初始风险值，然后利用自然扩张计算其他金融产品的风险值，进而得出基于 IP 归纳推理的金融风险度量方法。

（1）IP 归纳逻辑可以被用于度量金融风险，由避免确定损失的风险度量给出初始风险值，就可以使用自然扩张推出其他金融产品的风险值，因此判定前提是否避免确定损失和使用自然扩张是应用的核心所在。

（2）IP 归纳逻辑能够把 VaR 等风险度量统一成一个理论，它综合了主观主义概率和客观主义概率的优势，在度量金融风险上具有自己的特点。

（3）在金融风险的评估上，IP 归纳逻辑具有两点美中不足之处：判定前提是否避免确定损失及自然扩张都要求巨大的计算量；此外，自然扩张不能在招致确定损失的初始风险值上进行计算，且得出的风险值也缺乏谨慎。

这种方法为财务风险预警提供了新的思路，相关研究结论对于监管机构、金融机构和市场投资者具有一定的借鉴意义，即在评估金融产品的风险时，只要主体评估了初始风险值，就能计算出它接受的其他产品的风险值，从而做出判断，有利于进行风险预警与防范。

第五章　风险决策

在决策科学中，行动的收益和风险是两个关键因素。决策主体通常会优先考虑行动的潜在收益，只有当收益足够吸引人时，行动才会被实施。然而，每一项行动都存在失败的可能性，一旦失败，不仅无法实现预定目标，还可能带来恐慌和损失，这就是行动的风险。因此，决策主体通常会倾向于选择风险较低的行动。

在处理公共安全事件，如"黑天鹅"事件时，决策主体的关注点主要在于风险。这类事件一旦发生，就只会带来损失。因此，准确评估各种措施和行动的风险显得尤为重要，这时风险度量就成为一个有用的工具。

如何优化对此类"黑天鹅"事件的应对能力呢？这里面需要解决的核心问题是如何在模糊的情形下进行正确决策。对于决策主体而言，只要遇到这类事件，必然存在认识的模糊性，因为这是一种从未遇到过的事物，没有准确知识积累可以依靠，只能参考一些过去类似的模糊经验，这是客观条件带来的模糊。相对的，决策主体本身也具有模糊性，因为其是一个有限的主体，具有有限的认知能力，不能对所有信息进行合理的处理，很多时候依赖于直觉、经验的指导，很难做出准确的判断，所以在模糊的情形下进行模糊的决策是不可避免的。

在公共卫生事件中，决策者主要考虑的是消除那些不好的影响，即最大程度地降低风险，而不是考虑能获得多少正面的收益。因此，应对"黑天鹅"事件的核心问题就变成了如何在模糊情形下降低公共卫生事件的风险。幸运的是，非精确概率归纳逻辑可以提供帮助，因为非精确概率的研究对象是模糊性，归纳逻辑的一个研究领域是决策，非精确概率归纳逻辑可以优化对公共卫生事件的应对决策。

本章首先做一些预备性的铺垫，对风险决策中的术语进行界定——IP归纳理论中概念的重新解释；简要回顾第四章的风险测度理论；然后进入正题，讨论在风险决策中的首要问题——不选择严格有害的措施，其次是选择较优的措施；最后给出例子以及反思。

第一节　风险决策语境中的术语解释

非精确概率归纳逻辑理论众多，其中最具一般性的是非精确预期理论，它包括下界预期和上界预期，基石是"赌局"概念。假设存在一个可能事件集合，在其上定义一个到实数的映射 a，这就是赌局。它表达的是一个不确定的奖励，用一个数值来定量地表达奖励的大小，数值为正，表示赌局有正的收益；数值为负，表示带来一定的损失；数值为 0，即保持现状。很明显，措施、行动（action）①、决策等都是赌局，它们的结果是不确定的奖励。当然，在公共事件决策中主要聚焦于"行动、措施"这类特殊的赌局，注意这里需要在一种宽泛的意义上来理解"行动"，它不仅包括"有为而治"意义上的行动，而且包括"无为而治"意义上的行动——保持现状。

假设可能事件集合上的所有措施构成集合 L，对于主体而言，某些措施总是可以接受的，如奖励恒为正的措施；同时，接受某些措施则意味着接受其他措施，如主体接受措施 a，那么它也就接受了奖励大于等于 a 的任意措施。但是在很多情况下，措施的奖励可能是正的也可能是负的，主体很难决定是否应该采纳，这时需要对措施的效果做出一个预期，而且这个预期一定是模糊的。那么该如何来表达这种模糊的预期呢？

对于措施集 K 上的任意措施 a，首先，主体确定它的下界预期，用 $\underline{P}(a)$ 来表示，它是措施集到实数的映射。Walley 给出了一种行为解释表示主体对措施的上确界可接受购买价格，在公共事件决策中，这个解释可以被具体化为 $\underline{P}(a)$ 是满足下述条件的最高成本：对于小于最高成本的任意成本 t，在措施的结果出现之前，主体接受支付成本 t 落实该措施。然后，主体确定措施的上界预期，用 $\overline{P}(a)$ 来表示，它也是措施集到实数的映射，表示主体对措施的下确界可接受出售价格，即满足下述条件的最低价格：对于大于最低价格的任意价格 t，在措施的结果出现之前，主体接受以价格 t 卖出该措施。这时主体用两个数值来表示它对措施效果边界的估计，即措施的预期效果位于区间 $[\underline{P}(a), \overline{P}(a)]$，最好的效果是上界预期，最差的效果是下界预期，但是主体不能精确地确定措施的效果到底是

―――――――――

①　在后文中行动、行为、措施将在同一意义上使用。

多少，这就体现决策中的模糊性。

同时，我们也可以从另一个角度来理解预期区间。不同的决策主体对同一措施的预期可能不同，所以预期区间可以被看成是所有决策主体对同一措施效果的估计。例如，对于某个措施 a，主体 1 给出的预期被表示为 P_1，主体 n 给出的预期被表示为 P_n，那么这 n 个预期从小到大排列就等同于区间 $[\underline{P}(a), \overline{P}(a)]$。所以在实际决策中，由多个专家给出多个预期，取其中的最小值就是下界预期，最大值就是上界预期[269]。

例子 17 假设用 1 元赌一个六面骰子得 3 分或更低。可能的行动是 {赌，不赌}；可能空间包含骰子上的点数为 $X = \{1,2,3,4,5,6\}$。有三种可能的奖励：失去 1 元、得到 1 元、没有得到任何东西，所以奖励可以包括否定的结果和现状。

首先用赌局来表达这个问题。假设主体可以在可能行动集 D 中进行选择，对于特定行为 $d \in D$，如果 $x \in X$ 是真实的自然状态，那么主体将获得奖励 $R(d,x)$，奖励可以是任何东西。然而，根据前面的章节，假设它是一个实数——对应于主体的效用 $U(d,x)$[①]。因此，每一次行动都是一场赌局。事实上，对于特定行为 d，如果真正的自然状态是 x，那么主体收到效用 $U(d,x)$。所以选择 d 对应接受赌局 $f_d(x) = U(d,x)$。例如，前面描述的骰子游戏，下注行为对应于赌局

$$f_{\text{bet}}(x) = \begin{cases} +1, x \in \{1,2,3\} \\ -1, x \in \{4,5,6\} \end{cases}$$

显然，主体应该考虑其对真实自然状态的信念。如果他/她可以通过概率测度，或者等价地通过线性预测 P 来表达他/她的信念，那么对他/她来说，一个常见的解决方案是选择使他/她的期望效用 $P(f_d)$ 最大化的行为 d。更普遍地说，如前面章节所述，当信息很少时，主体通过更一般的不确定模型表达他的信念可能更合理。

通常决策主体为了实现自己的目标，会有多种行动方案，每种方案又是由多个行动、措施组成的，所以主体选择的是一个最优行动方案，而不是单个的行动。上述用预期区间表达了决策时的模糊性，那么该如何使用它来选择合理的行动方案呢？合理的第一层含义是不选择有害的方案，第二层含义是选择最优的方案。

---

① 注意，决策理论文献通常用损失 $L(d,x)$ 而不是效用 $U(d,x)$ 来表示奖励，但它们是等价的，因为 $L(d,x) = -U(d,x)$。为了与前面的章节保持一致，研究者使用术语"效用"。

第二节　评估措施的风险

风险评估的核心问题是衡量措施的危险程度，目前存在多种衡量方法，最常用的是风险评估 ρ。对于任意措施 a，$\rho(a)$ 是一个实数，它用具体数值总结了措施的风险，当它取值为正时，表示决策者为了应付措施可能带来的损失，需要预备的最少风险资金；当它取值为负时，表示在保持措施可接受的条件下，可以从中减去的最大金额；当它取值为 0 时，表示措施的风险刚好位于临界点。在公共事件的应对中，风险评估值一般为正数，因为这类事件一旦处理不当，就需要花费很大的代价去弥补损失，通常为经济损失。更进一步地，假设 K 为任意措施集，可以考虑以它为定义域的风险评估 ρ。

风险评估与预期区间有什么关系？当得出了措施的风险值，维奇格 (P. Vicig) 认为这个值就等于主体为了承担行动的风险所准备的下确界金额，通常行动越危险，风险值就越大。由于接受 a 所准备的金额等于卖出 $-a$ 所准备的金额，因此风险评估值又被看成是 $-a$ 的下确界出售价格，很明显，这个解释等同于 $\overline{P}(-a)$ 的行为解释，所以 $\rho(a) = \overline{P}(-a)$ [180]，又由于上界预期和下界预期的共轭关系，可得到 $\rho(a) = \overline{P}(-a) = -\underline{P}(a)$，这样风险评估就与非精确预期联系起来了，非精确概率归纳逻辑就可以被运用于行动的风险评估了。

为了使用非精确概率归纳逻辑的推理方法，首先需要寻找一个避免确定损失的前提，然后使用自然扩张推出结论。这个前提通常表现为专家提出的某个行动方案，它由一系列的原子行动、措施构成，如在病毒感染的防治中，专家提出控制传染病的行动方案，包括管理传染源、切断传播途径、保护易感人群，进一步地，这个方案又可以细分为很多具体的原子行动、措施，如管理传染源就包括隔离治疗患者、医学观察接触者等；切断传播途径包括封城、禁止聚会等；保护易感人群包括研发药物、疫苗等。当然，还可以细化为更加具体的行动。

通常专家给出了方案，也会对方案中的行动给出一个风险判断，这就是定义在方案上的风险评估，在上述例子中就是防疫失败将会造成的损失。例如依据病毒感染防治方案的结果，专家对风险给出了一个模糊的估计，他们认为有三种可能结果：

（1）最好的结果是 2～4 周内所有病人治疗结束，2～3 个月内全国疫情得到控制；

（2）最差的结果是控制失败，病毒席卷全球；

（3）胶着的结果是病例数在可控范围内增长，抗疫过程会十分长，可能长达半年至一年之久。

那么为了弥补这些潜在的损失，需要多少代价呢？依据疫情对 GDP（国内生产总值）的影响可以给出大致的估计：最好的结果是损失了一个月的 GDP；胶着的结果是损失了一年的 GDP；最差的结果当然损失更多。由于风险值等于主体为了承担行动的风险所准备的最低资金，因此病毒感染防治方案的风险值就是一个月的 GDP。

第三节　不选择有害的措施

在一般决策中，首先考虑的实现效用最大化，其次风险。然而在风险决策中，特别是在重大风险决策中，规避风险才是首要的，获取正的效益反而是次要的。那么在 IP 风险理论中，该如何表达这个思想呢？

一、避免确定损失初筛行动

在公共事件中更关心规避风险、消除恐慌，这时必须使用理性原则——避免确定损失——来进行判定，剔除有害的措施。避免确定损失的标准定义是：令 $\overline{P}$ 是定义在措施集 K 上的上界预期，对于任意自然数 n，$\overline{P}$ 定义域中的任意措施 $a_1, a_2, \cdots, a_n$，如果 $\sum_{i=1}^{n} \overline{P}(a_i) \geq sup\left(\sum_{i=1}^{n} a_i\right)$，则 $\overline{P}$ 避免确定损失，否则就招致确定损失。当然，这个定义也能改写成等价的下界预期的形式。

如何直观地理解它呢？假设存在三个措施 a_1、a_2、a_3，在 a_1 和 a_2 之间决策主体认为 a_1 更好，在 a_2 和 a_3 之间认为 a_2 更好，在 a_3 和 a_1 之间认为 a_3 更好，这就意味着：决策主体为了得到 a_1，就必须放弃 a_2 外加一些其他损失；为了得到 a_2，就必须放弃 a_3 外加一些其他损失；为了得到 a_3 必须放弃 a_1 外加一些其他损失。现在决策主体手头有措施 a_1，它用 a_1 外加一些损失换来了 a_3，又用 a_3 外加一些损失换来了 a_2，再用 a_2 外加一些损失换来了 a_1，最终的结果是决策主体手头还是 a_1，但是在这个过程中其承受了很多的损失，处境比开始的时候更糟，所以选择这三个措施就是不理性的，它们招致了确定的损失，相反的就是避免确定损失。简单地说，决策主体不能接受下述行动方案：方案中的每个措施都是可接受的，但是这些措施组合起来却会带来损失。

所以在进行决策时，首先要做的是使用避免确定损失来判定行动方案，虽然满足此标准的行动方案不一定是最优的，但至少是无害的，这也体现了在公共事件决策中"防范化解重大危机"的思想。如果决策主体已经选择了避免确定损失的某个行动方案，这又意味着什么呢？事实上，避免确定损失原则在非精确概率归纳逻辑中的作用类似于一致性在经典逻辑中的作用[282]，在经典逻辑推理中，从一个一致的前提总能推出一些结论，在这里也是同样的，从一个避免确定损失的行动方案出发，能够推出它对其他措施的影响，即推出主体对其他措施的预期范围。

在经典逻辑中，通过不断使用肯定前件式来完成推理，在非精确概率归纳逻辑中，担任这一角色的是自然扩张。假设存在一个措施集 K，$\overline{P}$ 是对应的上界预期，如果它避免确定损失，那么主体通过自然扩张的计算公式就能得出其他措施的预期范围[197]。这一过程的直观含义是什么呢？专家团队在开始时选择了一个行动方案——措施集 K，同时认为这些措施的效果位于预期区间之内，那么自然扩张从这个措施方案就能推出专家对其他措施的效果预期。因为专家不能随意预测其他措施的效果，更不能随意划定其他措施的效果范围，不然所有的措施放在一起就会招致确定损失，所以避免确定损失原则和自然扩张确定了其他措施的效果区间，最终使上界预期变得融贯。

在经典逻辑推理中，当前提不具有一致性时，可以推出任何结论，致使推理丧失价值。在这里，当前提不满足避免确定损失时，自然扩张推出其他措施的上界预期值为负无穷，也使得决策毫无价值。因为不管措施结果如何，如果主体的行动方案总是带来损失，那么在某些条件下此行动方案有可能使得主体的损失变得无穷大，所以决策的第一步总是判定前提是否避免确定损失，其次才推导它在其他措施上的结果[269]。

二、非序贯风险决策

一方面，避免确定损失是一个最低的限制——排除了一些行动，很多行动集都满足这个条件。下面进一步考虑：决策主体必须从一系列可能的行动中选择一个，不考虑前面的选择对当前选择的影响，也不考虑当前选择对后续选择的影响，即非序贯。而每一个行动都会带来不确定的风险，风险取决于行为和真实的自然状态。决策主体如何利用其对自然状态的信念以及其对风险的相对偏好来选择对应的措施？另一方面，避免确定损失演绎蕴含了对其他行动的限制，即自然扩张的结果——融贯性。在后续的章节中，将考虑在融贯下界预期所建模的信念上进行讨论。

在理想情况下，给定一组行为，每个行为对应一个赌局，人们希望利用自己的知识选择一个最优选项（或至少一组等价的最优选项），如最大化期望效用。在某些情况——如投骰子时——下，这可能是合理的。然而，正如前面所论证的，在某些情况下，研究者的信息不能通过线性预期来表示，而是通过一个更一般的不确定模型，如融贯下界预期来表示。在这种情况下，是否有可能在任何情况下都能确定最佳行为？

例子 18　假设一个人必须在两场措施 f 和 g 中做出选择，其中

$$\underline{P}(f) = 0, \overline{P}(f) = 4, \rho(f) = 0$$
$$\underline{P}(g) = 1, \overline{P}(g) = 3, \rho(g) = -1$$

有什么好方法可以决定应该选择哪一个吗？一方面，赌局 g 的风险更大一些；另一方面，那些更愿意通过占优线性预期 $M(P)$ 来解释下界预期的人可能会这样看待此问题：对于某个 $P \in M$，f 最大化期望效用，但对于不同的 $Q \in M$，g 最大化期望效用。能说这个赌局（行为）比另一个更好吗？选择入局合理吗？

⊣

处理这种情况需要一种语言来讨论偏好，这种语言要比措施之间的弱序[1]更为普遍。为此，研究者使用概念"选择函数（choice function）"。尽管可能无法从一个特定的集合中识别出人们偏好的措施，但至少能够剔除人们不想要的措施。对于某个措施集来说，这可能没有，但对于其他措施集来说，这可能是剔除了某个措施之外的所有措施，以此类推。最优措施集是剔除不可接受的所有措施之后所剩下的措施。这个集合的解释是：人们没有更多的方法来剔除更多的措施，只能从剩下的措施中选择一个。

定义 23　选择函数 C 是一个函数，将措施集映射到此集合的某个非空子集：对于任何非空措施集 K，

$$\varnothing \neq C(K) \subseteq K$$

弱序也是选择函数的一个特殊情况，即映射到一个单一的行动，所以采用的这种解释不会丧失一般性。

---

[1]　这里弱序指全前序（total preorder）。

本书第一章第四节介绍了以事件 A 为条件的上下界预期。对于选择函数也可以这样做：$C(K \mid A)$ 可以像上面一样定义，并给出相同的解释。本章第四节给出融贯下界预期 $\underline{P}$ 的无条件选择函数的定义。相应的条件选择函数将简单地使用 $\underline{P}(\cdot \mid A)$ 而不是 $\underline{P}(\cdot)$。

注意，选择函数只在行为 – 状态相互独立时才有效。如果真实的自然状态取决于行为，那么对于每个行为，人们都有一个不同的融贯下界预期，这样就不可能使用选择函数来比较它们之间的优劣，这种情况被称为行为 – 状态依赖，会给决策带来极大困难。然而在现实的风险决策中，自然状态肯定是依赖于行动的，常言道"越努力越幸运"，就是因为人们发现自己的行为能够让自然状态发生改变，如果不能改变什么，努力就失去了意义。那么该怎么克服选择函数的这个缺陷呢？通常可以扩展可能空间 X，将问题转换为行为 – 状态独立的情形，但这样的转换可能会使 X 变得极其庞大、复杂，也可以说不直观①。

三、风险的选择函数

选择函数提供了一种分析简单风险决策问题的方法，而不需要措施之间的弱序，这在融贯下界预期的设定下特别有用，因为建模犹豫不决是使用它们的主要动机。这一小节将研究匹配融贯下界预期的选择函数，并讨论它们的优点、缺点和关系。

首先铺垫一些术语，$\underline{P}$ 是一个融贯下界预期，M 是其对应的信度集，ρ 是对应的风险。以某一事件 A 为条件，人们必须从措施集 K 中进行选择。简单起见，假设 $A = X$，但一般情况下 A 是其他特殊条件。

尽管研究者认为选择函数通常具有比弱序更小的确定性，但仍然有一些与弱序相对应的选择函数非常流行。一方面，因为这些函数易于计算，弱序是最容易计算的；另一方面，因为使用这些函数能够得出确定的结果，一个能够告诉人们在任意情况下应该做什么的决策理论是最受欢迎的。

第一个非常受欢迎的选择函数是 Γ 极大极小（Γ-maximin），它最大化了赌局的下界预期。这是一个保守的、规避风险的选择，因为选择了下界预期，即期望收益最低、最悲观、保守的估计，决策者一定是风险保守者，坚持不冒险。这也可以从信度集解释中看出来：无论人们选择哪个赌局 f，都假设真实的 $P \in M$ 是最差的，也就是使 $P(f)$ 期望效用最小的那个

P。在这个假设下，人们选择最小值最大的赌局，即使用 Γ 极大极小。

对应于最大化下界预期的选择函数称为 Γ 极大极小，即 $\underline{C}_P(K) :=$ $\{f \in K : (\forall g \in K)(\underline{P}(f) \geq \underline{P}(g))\}$，[195]190-207 那么就能给出对应于最小化风险的选择函数 Γ 极大极小。无论选择哪个行动 f，都假设真实的风险是最低的，然后人们选择风险值最小的行动，是最保守的选择。

定义 24　最小化风险的选择函数 Γ 极大极小，它被定义为：
$$C_\rho(K) := \{f \in K : (\forall g \in K)(\rho(f) \leq \rho(g))\}$$

Γ 极大极小起源于稳健贝叶斯统计，Berger 对此进行了讨论[116]。Γ 极大极小一直被批评为过于保守，有针对性意味的另一个选择函数——Γ 极大极大（Γ-maximax）——被提出来，它类似于 Γ 极大极小，但将上界预期最大化。当然，Γ 极大极大可能会被批评过于大胆，而保守有时被认为比大胆更有吸引力，这类似于经典的极大极小准则和极大极大准则的讨论。

对应于最大化上界预期的选择函数称为 Γ 极大极大——$\overline{C}_P(K) :=$ $\{f \in K : (\forall g \in K)(\overline{P}(f) \geq \overline{P}(g))\}$，[195]190-207 就能得到对应于最大化风险的选择函数。无论选择哪个行动 f，都假设真实的风险是最高的，然后选择风险值最大的行动，当然是最大胆、最激进的。

定义 25　对应于最大化风险的选择函数，被定义为：
$$C^\rho(K) := \{f \in K : (\forall g \in K)(\rho(f) \geq \rho(g))\}$$

在完全不了解的情况下，一个通常被称为维茨（Hurwicz）准则的选择函数涉及最大化组合最佳结果和最差结果[283]，类似的方法也可以采用融贯下界预期，创建一个选择函数，通常也被称为维茨[284]。对应于最大化组合上界预期和下界预期的选择函数称为维茨，定义为：对于某个 $\beta \in [0,1]$，$C_\beta(K) := \{f \in K : (\forall g \in K)(\beta\underline{P}(f) + (1-\beta)\overline{P}(f) \geq \beta\underline{P}(g)(1-\beta)\overline{P}(g))\}$[195]190-207。然而在风险衡量中，最大的风险是 ρ，最小的风险当然是 $\kappa \in [0,\rho]$，那么对应的维茨准则如下。

定义 26　对应于最大化组合最大风险和最低风险的选择函数称为维茨，定义为：对于某个 $\beta \in [0,1]$，
$$C_\beta(K) := \{f \in K : (\forall g \in K)(\beta\rho(f) + (1-\beta)\kappa \geq \beta\rho(g)(1-\beta)\kappa)\}$$

这三种选择函数并没有反映出非精确概率所表达的犹豫不决。考虑一个行动 f，人们评估了 $\underline{P}(f) = 0$ 和 $\overline{P}(f) = 1$，则 $\rho(f) = 0$。如果希望风险的选择函数表达出模糊性，则进而有助于理解重大风险，被选出的行动应该不是唯一的。例如，应该 $C(\{f-0.5,0\}) = \{f-0.5,0\}$，但是 $C_\rho(\{f-0.5,0\}) = \{0\}$ 和 $C^\rho(\{f-0.5,0\}) = \{f-0.5\}$。换句话说，这些选择函

数比最初的信念声明更具确定性。

这些标准在应用于序贯决策问题时应谨慎使用，特别是考虑到它们是已被充分证明的问题[116,285-286]时。然而，他们只给出唯一的行动选项在实践中很有用，而且正如人们将看到的，他们给出的答案通常是合理的选择。在任何情况下，都能找到一个表达了人们的非精确性的选择函数吗？这是一个返回到行动集的问题。显然，第一个尝试是区间占优（interval dominance），如 Satia[287]、Kyburg[288] 等提出的。假设 f 和 g 都在选项中，如果 f 的风险小于 g，那么人们不应该选择 g。

定义 27　令 $\sqsupset_\rho$ 是一个偏序，

$$f \sqsupset_\rho g \text{ 如果 } \rho(f) < \rho(g)$$

设 $C_{\sqsupset_\rho}$ 为该偏序所对应的选择函数，它被称为区间占优，被定义为

$$C_{\sqsupset_\rho}(K) := \{f \in K : (\forall g \in K) \neg (g \sqsupset_\rho f)\}$$

它等价于

$$C_{\sqsupset_\rho}(K) := \{f \in K : (\forall g \in K)(\rho(f) < \rho(g))\}$$

区间占优是一个好的起点，但通常会保留太多的行动。

例子 19　考虑 $K = \{f, f-\epsilon\}$，如果 ϵ 足够小且 $\overline{P}(f) \neq \underline{P}(f)$，那么 $C_{\sqsupset_\rho}(K) = K$。在能够实施 f 的情况下，考虑选择行动 $f-\epsilon$ 似乎非常不合理。

⊣

人们可以对区间占优进行改进，以消除任何逐点劣势的行动，如本例中的 $f-\epsilon$，这似乎是一种合理的改进，但并不能消除区间占优的根本问题。

例子 20　考虑 $K = \{f, g\}$，

$$\underline{P}(f-g) > 0$$

且

$$\overline{P}(g) \geqslant \underline{P}(f)$$

$\underline{P}(f-g) > 0$ 推出 $\overline{P}(f-g) > 0$，并推出 $\rho(f) < \rho(g)$，那么 $C_{\sqsupset_\rho}(K) = \{f, g\}$。假设某人选择了 g，然后以 $\underline{P}(f-g) - \epsilon$ 的代价实施了行动 $f-g$，结果就是 $g + f - g - \underline{P}(f-g) + \epsilon = f - \underline{P}(f-g) + \epsilon$。因为 $\underline{P}(f-g) > 0$，此人可以找到一个 ϵ 满足 $f - \underline{P}(f-g) + \epsilon < f$，即一开始选 f 会更好。因为在选择 g 之后，所采取的每一个行动都是最高代价的必然结果，所以不建议选择 g。

⊣

也就是说，如果 K 中有赌局 f 和 g，且 $\underline{P}(f-g) > 0$，那么选择 g 是不可取的。因此，人们应该用新的标准来加强区间占优，这个标准被称为极

大性（maximality）[123]161。即对于行动 g 来说，不存在 $f \in K$ 使得 $\rho(f - g) < 0$，那么 g 在区间占优下是最优的。

定义 28　令 $>_\rho$ 是一个偏序，即如果

$$\rho(f - g) < 0$$

或者

$$(\forall x \in X)(f(x) \geq g(x)) \wedge (f \neq g)$$

则 $f >_\rho g$。

令 $C_{>_\rho}$ 为该偏序所对应的选择函数，被称为极大性，即

$$C_{>_\rho}(K) := \{f \in K : (\forall g \in K)(g \not>_\rho f)\}$$

虽然极大性能够推导出区间占优，但还需要引入区间占优。区间占优是一个很显然的起点，在存在很多措施的情况下，区间占优可能是有用的。由于使用自然扩展进行风险的推导在计算上可能很麻烦，因此这种差异可能很重要。特别是，可以先应用区间占优，然后再应用极大性。

极大性有直观的信度集解释。考虑 $f \in K$，如果对于每个行动 g，都存在一个 $\rho^* > \rho$ 满足 $\rho^*(f) \leq \rho^*(g)$，那么 f 是极大的。换句话说，f 是极大的如果在整个行动集中没有优于 f 的 $g \in K$。这一解释也提出了对极大性的改进：考虑行动 f 是最优的，如果存在一个 $\rho^* > \rho$ 满足对于每个赌局 g，$\rho^*(f) \leq \rho^*(g)$。换句话说，至少在占优 ρ 的某个风险函数上，f 风险更小。这比极大性更强，这个更强的标准被称为 E – 容许性（E-admissibility），是 Levi[289]179,195 提出的。

定义 29　令 C_M 为选择函数，被称为 E – 容许性，即

$$C_M(K) := \{f \in K : (\exists \rho^* > \rho)(\forall g \in K)(\rho^*(f) \leq \rho^*(g))\}$$

E – 容许性的下界预期解释要复杂得多，需要"随机行动"（randomized acts）的概念。如果 f 和 g 是两个可能的行动选择，人们可以考虑抛一枚硬币来决定选择哪一个，这是随机行动的一个例子。更一般地说，对于任何措施 f_1、f_2，随机行动是用概率 p_1 选择行动 f_1，用概率 p_2 选择行动 f_2，以此类推。如果 K 包括所有可能的随机行动，则极大性和 E – 容许性相等[123]162。

定理 21　令 K 为行动集，H 是 K 的凸包，那么 $f \in C_M(K)$ 当且仅当 $f \in C_{>_\rho}(H) \cap K$，或者说

$$C_M(K) = C_{>_\rho}(H) \cap K$$

上述选择函数是相关的。例如，极大赌局也是一种区间占优赌局。

定理 22　令 K 为行动集，ρ 是其上的一个风险函数，则

（1）如果 ρ 是 Γ 极大极小的，则也满足极大性。

（2）如果 ρ 满足极大性，则也是区间占优的。

（3）如果 ρ 是 Γ 极大极大的，则也是 E – 容许的。

（4）如果 ρ 满足 E – 容许性，则也是区间占优的。

（5）如果 ρ 满足维茨原则，则也是区间占优的。①

本节主要讨论风险决策的一个最简单、基础的情形——在一次性的非序贯风险决策中如何不选择有害的行动。一方面，非序贯决策是"一锤子买卖"，足够简单，为后续的序贯风险决策提供基础；另一方面，在非精确的前提下，特别是风险决策中，不选择有害的行动是最基础的，而且是决策追求的首要目标。追求期望效用最大化往往可遇不可求，因为信息的模糊性，这也是风险决策与一般决策的最大区别，所以风险选择函数的中心思想是"剔除最差"，而不是"选择最好"。

第四节　选择最优的措施

虽然有时候决策主体选择了一个不那么差的行动方案，但是在构成这个方案的所有措施中，并不是所有的措施都是最优的，然而决策者总是想挑选出最好的措施。这时需要一对重要的过渡概念——"非严格优于"（almost-preferred）与"严格优于"（strict preference），它们被用于描述和比较不同措施之间的优劣。

这对概念是什么意思？假设存在一个措施集 K^+，任何时候决策者都愿意接受里面的措施，那么它就是（严格）可取措施集。相对的，假设 K 是另一个可取措施集，对于其中的任意措施 a 和奖励 δ，决策者倾向于接受措施 $a+\delta$，但不一定倾向于接受措施 a 本身，那么 K 就是非严格可取措施集。Wally 发现下界预期和非严格可取措施集可以相互转化；下界预期与严格可取措施集也能相互转化。[123] 比较下界预期和措施集，可以看出措施集提供了更多对决策有用的信息，因为可以区分严格措施集与包含它的非严格措施集，但是由它们转化出的下界预期却相等，所以在决策中它们是一对更加基础的概念。

有了可取措施集和非严格可取措施集就能得出优于的概念。措施 a_i 非严格优于 a_j 当且仅当 $a_i - a_j$ 属于非严格可取措施集 K，它的直观含义是

———————

① 研究者只是给出了定理21和定理22，还没有进行严格证明。

决策者不反对用 a_j 交换 a_i，$a_i - a_j$ 优于或者等同于现状，采取里面的措施所导致的结果不会比现状更差。但是在选择时，决策者需要知道严格优于而不是非严格优于，因为在措施 a_i 和措施 a_j 之间，a_i 严格优于 a_j，决策者一定会选择 a_i，但是措施 a_i 非严格优于措施 a_j，决策者可能会选择 a_j，导致决策失误。a_i 严格优于 a_j 当且仅当 $a_i - a_j$ 属于集合 K^+，它表示决策者渴望用 a_j 交换 a_i，采取里面的措施所导致的结果只会比现状更好[269]。

有了上述铺垫，就能讨论如何在模糊的情形下选择最优的措施。假设决策者关于措施的效果被表达为下界预期 $\underline{P}$，$\overline{P}$ 是其共轭上界预期，首先通过自然扩张使它们变得融贯，然后就可以得出对应措施之间的严格优于顺序，依据的原理就是 $\underline{P}(a_i - a_j) > 0$ 当且仅当 a_i 严格优于 a_j，即对于任意两个措施 a_i 和 a_j，如果它们差的下界预期值大于 0，那么 a_i 严格优于 a_j，a_i 的效果更好，可以考虑剔除措施 a_j，所以预期区间引出了措施之间的优于顺序，通过它就能进行决策。

然而，模糊性带来意料之外的东西。对于行动方案中的任意措施 a_i，如果存在奖励大于它的措施，那么措施 a_i 就是不可接受的，因为存在比它更好的措施。如果 a_i 是可接受的且对于行动方案中的任意行动 a_j 都有 $\overline{P}(a_i - a_j) \geq 0$，那么 a_i 在 K 中就是极大行动。依据上述决策过程，主体总是可以把行动方案缩小为可接受行动集的子集，即极大行动集。一般而言，在行动方案中存在多个极大行动，因为预期区间的模糊性使得不能确定极大行动之间的优于顺序，主体就不能确定"唯一"的最优措施，随意选择其中的一个都是可接受的，这反映了主体缺乏关于措施的精确信息，所以在某些情形下可能不存在"唯一"最优措施，这是模糊性带来的客观限制。

一、序贯风险决策

上面的讨论都是建立在非序贯的一次性决策这个前提下，然而现实的决策总是序贯的，即这些决策可能需要在不同的时间做出不止一个决定，即所谓的战略、计划、规划等。必须指出，这是一类非常广泛的问题，存在许多解决方法，而且最佳办法常常存在分歧。因此，只提供一些简单的概览，这些方法可以使用融贯下界预期。

例子 21　以 Raiffa 和 Schlaifer 的经典石油投资为例[290]197,199。一个石油开采商可以在一个特定地点钻探石油（行动 d_1），或者出售其权利（行动 d_2）。在做出决定之前，石油开采商可以选择花钱进行一个试验（行动 e_1），或者不做（行动 e_2），如果做该试验，可能得出的结果是 B_1、B_2、

B_3，每个结果都表明石油存在不同可能性。最后，要么存在很多石油 (A_1)，要么没有 (A_2)。这个问题显示在图 5-1 中的决策树上。来自正方形节点的分支代表行动，来自圆形节点的分支代表事件。在每条路径的末尾都有一个数字，代表特定行动和事件组合的效用奖励。

　　该如何解决这样的决策问题呢？首先看线性预期的解决方案是有指导意义的，因为这很容易理解。因此，假设每个事件弧（event arc）都被分配了一个（可能是条件）概率。分析这个问题的一种自然方法如下：在最终的决策节点（最右边的节点）上，每个行动都可以用赌局来表示。例如，在节点 N，对应的赌局为 $340I_{A_1} - 110I_{A_2}$。由此，可以计算出所有终端节点的（条件）期望效用，从而使终端决策节点的期望效用最大化。首先记录每个节点的行动所导致的期望效用，然后用最大期望效用替换决策节点。现在倒数第二层的决策节点已经变成了终端决策节点，可以采用同样的程序。最终，将到达根节点，在每个节点产生一个或多个最优行动，以及该行动相应的期望效用。

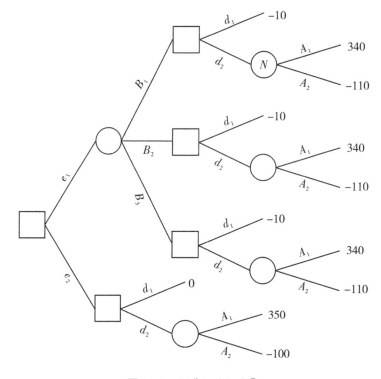

图 5-1　经典石油投资①

———————————

① 用横向树图展示经典的石油投资的例子。

还有一种更乏味但直观上更合理的方法：考虑在每个决策节点选择一个行动。这就为所有可能发生的情况制订了一个计划——它也是赌局。例如，首先计划选择 e_1，然后选择 d_2，除非观察到 B_3[①]，对应的赌局是 $(I_{B_1} + I_{B_2})(340I_{A_1} - 110I_{A_2}) - 10I_{B_3}$。人们可以为每个可能的计划重复这个过程，获得一个赌局集。最后选择期望效用最大化的赌局，并选择对应的计划。

当使用期望效用时，很容易证明这两种方法都产生了相同的结果。对于一般的选择函数这是不正确的。[286,291 - 293] 事实上，对于前面看到的更复杂的选择函数，第一种方法的扩展（通常称为扩展范式）并不普遍适用。当不存在期望效用时，又可以用什么来替换决策节点？第二种方法（通常称为标准范式）对于任何赌局的选择函数都是直接的，但通常是不切实际的，而且可能没有哲学动机。现在让我们更详细地考虑这两种方法。

二、标准范式解决方案

上述标准范式方法的解释相当自然：首先，明确说明在每个决策节点上将采取什么行动；然后，在人们到达此决策节点时按照计划行动。因此，这个问题可以被有效地简化为一个简单的静态问题：将初始决策树转换为根节点只有一个决策节点的新决策树，序贯决策问题还原为非序贯问题。

定义 30 计划（也称为策略、政策、措施）是一组行动，每个行动均对应于树中的某些相关决策节点[②]。等价地，它是原树的一个子树，在该子树中，除一条弧外，所有决策节点都被删除，所有不与根节点相连的节点都被删除。一个计划对应一个赌局，因为一旦选择了某个特定计划，风险与奖励就完全由自然状态决定。

例子 22 图 5 - 2 是一个用决策树格式表达的计划的例子。它是在石油投资的例子中，计划——选择 e_1，然后选择 d_2，除非观察到 B_3。

---

① 如果观察到 B_3 就选择 d_1。
② 若早期决策导致无法到达某些决策节点，就不需要为此节点指定行为。

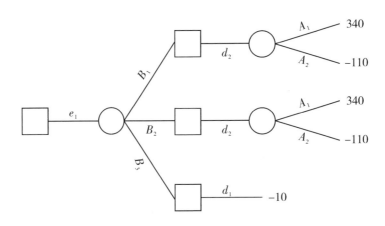

图5-2   用计划表达的经典的石油投资例子①

定义31   对于任意选择函数 C 和任意决策树，由 C 导出的标准范式解决方法为：首先，找到与决策树相关联的所有计划；然后，找出由这些计划导出的赌局集 K；最后，找出 $C(K)$。

标准范式解的解释很简单：如果一个人必须选择一个计划，那么他/她应该选择标准范式解中的计划。当然，定义最优计划集的方法有很多种，其中将选择函数应用于所有赌局只是其中一种（诚然，这是最流行的，也可能是最直观的）。对更一般类型的标准范式解的研究是相当有限的，但已经做了一些尝试，例如，使用逆向归纳来找到最优方案集[294-298]。这与本节介绍中讨论的更传统的动态逆向归纳形成了对比，现在我们将注意力转向该部分。

三、扩展范式解决方案

标准范式的解决方案可能是处理序贯问题的一种不自然的方法。它要求预先指定所有的行动，这其实就杜绝了非精确的存在。它假设决策主体是逻辑全能与认知全能的，这些都是不自然的地方。在实际问题中，直到实际到达特定决策节点之前，主体都不必选择做什么。因此，研究者希望考虑下述解决方案，即仅指定主体在每个决策节点上可以做什么，并将最

---

①   用术语"计划"重铸横向树图展示的经典石油投资的例子。

终的选择推迟到必须真正做出决定的时刻。称这种类型的解为扩展范式解[290,299]，"扩展"这个术语表达了随着事件的发展而自然展开，在展开之前，主体并不清楚实际会是什么样子的，更符合风险决策的真实情形。

定义32 一个决策树的扩展范式解决方案是对节点决策弧的非空子集的树中的每个决策节点的说明。这对应于原始树的一个子图，其中一些决策弧被移除了。

例子23 图5-3给出了扩展范式解决石油勘探问题的例子。在这种解决方案中，受试者最初肯定会选择 e_1，如果得到结果 B_1 或 B_2，决策主体会选择 d_2，但如果得到 B_3，决策主体可能选择 d_1 或 d_2。因为这是一个扩展范式解，决策主体不需要决定在 d_1 或 d_2 中选择哪一个，除非实际得到 B_3。

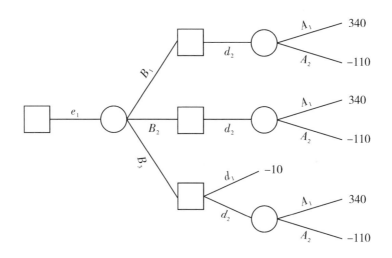

图5-3　石油投资的扩展范式解①

大多数文献在讨论扩展范式时，通常比任何其他范式都更具体：扩展范式有一个通过逆向归纳得到的特定形式。逆向归纳法的思想在使用概率和期望效用时很直观，但很难推广到其他选择函数。考虑一个具体的例子是很有用的，使用 Γ 极大极小对 Seidenfeld[286] 的决策树进行修改。这个例子还强调了序贯决策中的一些挑战。在这个例子之后，将把"逆向归纳

---

① 用横线树图展示经典的石油投资问题的扩展范式解。

法"和"扩展范式解"当成两个等价的术语，尽管这只是因为没有探索更一般的理论——在那里它们是不等价的。

例子 24 考虑两枚硬币。其中一枚已知是公平的，有 1/2 的概率正面着陆，1/2 的概率尾部着陆。人们对另一枚一无所知，它头着地的下界概率是 0，尾着地的下界概率也是 0。然而，这两枚硬币是认知独立的，观察到一枚硬币的结果，并不会改变关于另一枚硬币的赌局的风险。先掷公平硬币，然后是神秘硬币。考虑下面的赌局：

$$f = \begin{cases} 1, \text{两枚硬币的结果相同} \\ 0, \text{两枚硬币的结果不同} \end{cases}$$

也就是如果两枚硬币都是正面，实验者得 1 分，如果两枚硬币都是反面，也得 1 分，否则得 0 分。这对应于下述情况：受试者可以打赌神秘硬币头朝上，如果硬币确实这样就得到 1——即赌局 f_1：

$$f_1 = \begin{cases} 1, \text{神秘硬币头朝上} \\ 0, \text{神秘硬币尾朝上} \end{cases}$$

同样地，受试者可以打赌神秘硬币尾朝上，如果确实这样就得到 1——即 f_2：

$$f_2 = \begin{cases} 1, \text{神秘硬币尾朝上} \\ 0, \text{神秘硬币头朝上} \end{cases}$$

赌局 f 等价于受试者首先扔公平硬币，如果公平硬币正面朝上，就选择 f_1；如果反面朝上，就选择 f_2。这种随机化有助于消除 f 的非精确性。赌局 f_1 和 f_2 的下界预期是 0，上界预期是 1。为了从 f 中赢得 1，公平硬币的结果必须等同于神秘硬币的结果，这发生的概率是 1/2。[①] 因此，f 的期望值是 0.5，消除了非精确性。

现在假设决策主体遇到了图 5-4 中的序贯问题。决策主体首先在两种行为中选择：为随机的 f 支付 0.4，或为观察公平硬币支付 0.05。在观察均匀硬币后，决策主体必须再次决定是否用价格 0.4 购买 f。已经观察到了均匀硬币是 H 之后，f 等于 f_1，观察到 T 之后，f 等于 f_2。

---

① 如果这不是显而易见的，首先考虑抛掷神秘硬币，然后试图用它匹配公平硬币，它们结果相同的概率为 1/2，且抛掷的顺序应该是无关的。

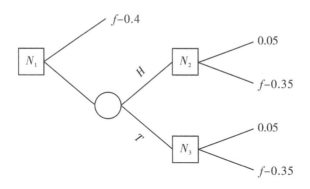

图 5-4　逆向归纳①

　　要用逆向归纳来解决这个问题，首先选择一个终端决策节点，如 N_2，在这个节点上有两个赌局——0.05 和 $f-0.35$。② 前者的下界预期是显然的。对于后者，研究者已经观察到 H，所以 f 现在就是 f_1，$\underline{P}(f\,|\,H) = \underline{P}(f_1) = 0$，所以 $\underline{P}(f-0.35\,|\,H) < 0.05$，根据 Γ 极大极小，拒绝 f 为最优。对于 N_3 也是如此。所以现在剔除那些被拒绝的弧，可得到图 5-5 中的决策树，其中先前的终端决策节点已被剔除。

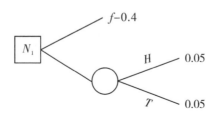

图 5-5　逆向归纳的第二步③

根节点现在已经成为最终决策节点，赌局为 $f-0.4$ 和 0.05。前者的下界预期是 $0.5-0.4 = 0.1$，因此扩展范式的解决方案是在开始时选择 f。

---

　　① 用横向的二叉树可视化了这个问题。
　　② 已经支付了 0.05，如果同意用价格 0.4 来购买 f，那么剩余还需要支付 0.35，得到赌局 $f-0.35$；如果不同意，则只付出了成本 0.05。
　　③ 进行了第一步逆向归纳之后的结果。

在这个例子中，有两点值得讨论。第一，逆向归纳法（扩展范式）得到的解与标准范式的解不匹配，似乎给出了一个不是特别好的解。受试者可以选择付费接收与 f 相关的信息，但他/她拒绝了，最终选择了 $f-0.4$，而使用标准范式的解，他/她将选择 $f-0.35$。这说明，在尝试使用 Γ 极大极小的扩展范式时，以及实际上使用与弱序对应的任何其他选择函数时，必须小心谨慎。第二，上述方法只有在每个决策节点上都可以找到唯一的最优赌局时才有效。假设使用 E – 容许性而不是 Γ 极大极小，那么就无法移除 N_2 和 N_3 处的任何弧，所以不能进行逆向归纳的第二步。由于使用融贯下界预期的主要动机之一是处理犹豫不决，人们需要一种更高级形式的逆向归纳法来处理不是弱序的选择函数。

遵循 Seidenfeld[300] 提出的方法，以图 5 – 6 为例。研究者知道在 N_2 和 N_3 的两个行动之间存在着犹豫不决。使用扩展范式的解释，决策者只需要在到达这些节点之一时才做出选择。当决策者在 N_1 点试图决定做什么时，他/她只知道如果他/她到达 N_2 或 N_3，他/她将在那里采取最佳行为之一，但不知道是哪一个。因此，将 N_2 和 N_3 建模为机会节点（chance node）是有意义的，在弧上的概率完全是空的。这就产生了图 16 中的决策树，其中 C_1 是事件"如果它到达 N_2，受试者选择 0.05"，以此类推。在 N_1 处的每个决策弧现在都对应于一个赌局，因此 E – 容许性可以应用于在根节点上寻找最优行动。结果表明，两种行为都是最优的。

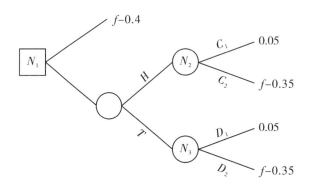

图 5 – 6   Seidenfeld 的逆向归纳

所以，一般的逆向归纳方法是这样的。在终端决策节点，应用选择函数消除所有非最优弧。将所有终端决策节点转换为机会节点，并在其弧线上放置空事件。这将创建一个新的决策树，其中先前倒数第二层的决策节点（在本例中为 N_1）现在已经成为最终的决策节点。重复这个过程，直到处理完所有决策节点。所有曾经是决策节点的机会节点都可以重新变回决策节点，就找到了一个扩展范式解。

注意，在这个例子中，对应于 $f-0.4$ 的弧被认为是可以被这种方法接受的，即使有对应于 $f-0.35$ 的可用计划（因此 $f-0.4$ 不会出现在标准范式的解中）。这是因为受试者不能保证他/她将实施 $f-0.35$ 的计划，因此不能说选择 $f-0.4$ 是一个坏主意。个体更喜欢扩展解还是标准解，很大程度上取决于受试者认为这个论证是否合理。

使用这种带有 E–容许性和极大性的方法总是会给出合理的答案。使用 Γ 极大极小和相关选择函数的方法是有风险的，应该小心行事，正如人们从第一个示例中看到的那样。区间占优不太明显，但应该不会太糟糕：解决方案将包括极大解中的所有内容，偶尔还会有一些额外的弧。

第五节 一个关于决策的例子

下面给出一个关于决策的实例。假设可能空间集由任意多个城市构成，现在为了达成某个目标，决策主体考虑在这些城市中采取措施 a_1，它的预期效果见表 5–1。

表 5–1 采取措施 a_1 的预期效果

城市 措施	城市 1	城市 2	城市 3	…
a_1	10 元①	5 元	0 元	…

措施 a_1 在城市 1 获得 10 个单位的奖励，其他类似。对于决策主体而言，这个措施是可取的，因为它没有损失，甚至在某些城市还会带来好处。但是任何措施都有成本，表示为 x，决策主体必须付出成本才能获得这个不确定的预期效果，那么剔除掉成本之后的结果就是 a_1-x：即在城市 1 采取措施，结果是 $10-x$；在城市 2 采取措施，结果是 $5-x$；在城市 3 采取措施，结果是 $-x$。由于决策主体倾向于支付的上确界成本 x 就是措

---

① 为了公式的计算简便，特意缩小了行动的收益值。

施 a_1 的下界预期 $\underline{P}(a_1)$，成本增大可能导致入不敷出，如果决策主体完全确定不在城市 3 实施措施，那么决策主体将倾向于支付的最大成本是 5，这时决策主体确定最后的结果不会变差；如果决策主体不确定城市 3 是否实施措施，决策主体将不愿意付出超过 5 的成本，因为在城市 3 中实施措施结果会变得更差，所以措施 a_1 的下界预期就是 5。

现在考虑另外一个措施 a_2，它的奖励见表 5-2。

表 5-2　采取措施 a₂ 的预期效果

城市 措施	城市 1	城市 2	城市 3	…
a_2	0 元	5 元	9 元	…

措施 a_1 和 a_2 能否能构成一个合理的行动方案 K 呢？将它们放在一起是否冲突？这时需要判定它们是否避免确定损失。如果决策主体决定以 6 个单位的成本落实措施 a_2，那么这两个措施的总成本是 11，总的奖励是 $a_1 + a_2$：在城市 1 和城市 2 都是 10；在城市 3 是 9，那么收益减去成本的结果显示至少要损失 1 个单位的奖励，因此包含这两个措施的行动方案招致确定损失，如果落实此方案结果一定适得其反。决策主体经过反思之后，决定保持 a_1 的成本不变，但是控制 a_2 的成本，最多以成本 4 落实 a_2，即 $\underline{P}(a_1) = 5$ 和 $\underline{P}(a_2) = 4$，这时行动方案就满足避免确定损失，可以放心地落实方案了。

现在专家向决策主体提供了另一个措施 a_3，并且给出了它在各个城市的预期效果见表 5-3。

表 5-3　采取措施 a₃ 的预期效果

城市 措施	城市 1	城市 2	城市 3	…
a_3	2 元	3 元	4 元	…

这时决策主体就会考虑 a_3 与前述行动方案 K 的关系，是否可以把它纳入行动方案中？即它的成本控制在何种程度才是可接受的。首先考虑 K 中措施的成本，$\underline{P}(a_1) = 5$ 和 $\underline{P}(a_2) = 4$，然后运用自然扩张的计算公式就能得出 $\underline{P}(a_3) = 2.8$，即只要措施 a_3 的成本控制在 2.8 以下，就可以把它纳入行动方案中，避免确定损失和自然扩张限制其他措施成本的可接受范

围，当然也限制了其他措施的效果范围。

在这个例子中，a_1、a_2、a_3 三个措施是在一般意义上而言的，为了计算的简便，对它们的收益也进行了简化。在病毒感染的防治中，这三个措施可以被明确为：a_1 代表管理传染源，a_2 代表切断传播途径，a_3 代表保护易感人群，当然它们的收益值也会大不一样，但是决策方法是一致的[269]。

第六节 融贯性在风险决策中的不足

决策是每个人随时都面临的问题，孔子说"君子不立于危墙之下"，可见正确决策的重要性。雅各布·伯努利（Jacob Bernoulli）首次对决策进行了研究，但直到弗兰克·拉姆塞（Frank Ramsey）、约翰·冯诺依曼（John Von Neumann）等才得到科学的理论——经典决策理论。

该理论如何进行决策呢？一个典型的决策情境如下：$\Omega = \{\omega_1, \omega_2, \cdots, \omega_n\}$ 表示决策者面对的世界状态集，$\mathbb{N} = \{1, 2, \cdots, n\}$ 表示决策者的可选行动集，$O = \{o_1, o_2, \cdots, o_m\}$ 表示每种行动在不同世界状态下的所有可能结果。首先，决策者根据自己的愿望（价值观）和信念进行决策，价值观表达的是不同结果对决策者的重要性，信念是指决策者对不同结果发生概率的主观判断。然后，经典决策理论给出了一个决策模型，它包含了三个公理和两个原则：弱序公理、独立性公理、阿基米德公理、信念度独立原则、效用独立原则，然后依据它们得出信念函数和效用函数，再通过期望效用最大化挑选出最好的行动，实现最优决策。[301]

但是，经典决策理论假设了决策者是逻辑全知和概率全知的，不能处理信息不充分条件的决策，丹尼尔·厄尔斯伯格（Daniel Ellsberg）以悖论的形式凸显了这种不足。他假设一个封闭罐子中有 300 个球，已知其中 100 个是红色的，其余的要么是黑色要么是黄色，现在随机取出一个球，设计出如表 9 所示赌局。

表 5-4　赌局统计

赌局＼结果	取出红球	取出黑球	取出黄球
G1	100 美元	0 美元	0 美元
G2	0 美元	100 美元	0 美元
G3	100 美元	0 美元	100 美元
G4	0 美元	100 美元	100 美元

　　其中 G1 表示决策者取出红球将得到 100 美元，取出其他球得到 0 美元；G2、G3、G4 类似。厄尔斯伯格通过实验发现大多数人在 G1 和 G2 之间选择了 G1，在 G3 和 G4 之间选择了 G4[142]，但是经典决策理论不能给出合理的解释，因为不能给出"取出黑球"和"取出黄球"的精确信念度，就得不出期望效用最大化，这就意味着该理论不适于描述信息不完备条件下的决策[13]。

　　如何克服该理论的缺陷？其中一条路径是放弃弱序公理，由于决策者不能确定黄球和黑球被取出的精确概率，就不能确定赌局之间的期望效用，当然也不能确定赌局之间的优先关系，那么可选行为不满足弱序公理。放弃弱序公理就要求放弃精确概率，由于单一函数相当于给出了黄球和黑球被取出的精确概率，因此不能用一个函数来表达决策者的信念，而应该用一簇函数，即用集合 $\{P_1, P_2, \cdots, P_i\}, i \in \mathbb{N}^+$ 表达决策者的信念，这就刻画出了决策者对概率的模糊，进而引出了非精确概率。

一、IP 决策中的融贯性

　　在非精确概率中最一般的理论是非精确预期，包括下界预期和上界预期，它的基础概念是预期（即期望）而不是概率，因为期望效用最大化本质上是比较积分的大小，但是存在不可积的情形，自然就不能比较期望效用的大小，所以使用期望作为基础概念可以使理论更加具有一般性。

　　在非精确预期理论中，如何表达行动？令 $\mathbb{N}$ 表示决策者的行动集，为了评估这些行动之间的优先顺序，引入一个世界的状态集 Ω，从 $\mathbb{N}$ 和 Ω 中各抽出一个元素构成有序对 $(\omega, i), \omega \in \Omega, i \in \mathbb{N}$，它表示行动 i 在 ω 下的结果。假设决策者把这些结果的效用值表示为一个有界线性效用函数 $U((\omega, i))$，因为可能结果的出现是不确定的，最后的效用值也是不确定的，所以 U 就是一个赌局。令 $f_i(\omega):=U((\omega,i))\in L(\Omega)$，所以 $f_i(\omega)$ 表示采取行动 i 的结果的赌局，如果两个行动 f_i 和 f_j 满足对于任意 $\omega\in\Omega$ 都有 $f_i(\omega)\geqslant f_j(\omega)$，那么它们被简写为 $f_i\geqslant f_j$；$f_i\leqslant f_j$ 和 $f_i=f_j$ 类似。

既然每一个行动都是一个定义在可能空间上的赌局，那么该如何决策呢？这个过程主要由融贯性来完成：首先，融贯性对行动集进行初选；其次，融贯性可以引出行动之间的序关系；最后，融贯性对行动选择的额外作用。

首先，对于任何决策者而言，当然希望自己的行动都能得到正的收益，即使不能，也不希望得到负的收益，这就要求行动集满足融贯性。令 K 表示决策者将采取的行动集，皮特证明了 K 是融贯的当且仅当 K 满足四个公理：避免部分损失、接受部分获得、组合性、标度不变性[197]。作为一个理性决策者，不应该采取只能带来损失的行动，这就是避免部分损失；相反，应该采取只会带来获利的行动，这就是接受部分获得；如果决策者同时接受两个行动 f_i 和 f_j，那么也应该接受组合行动 f_i+f_j，这就是组合性；如果决策者接受行动 f，那么也应该接受把行动结果放大或者缩小 $\lambda\geqslant0$ 倍的行动 λf，这就是标度不变性。只有满足了这四个条件的行动才具有选择的价值，所以利用融贯性可以进行决策初选。

在经典决策中，没有特别考虑行动成本，但是任何行动都是有成本的，最典型的例子就是买彩票，成本是彩票价格，结果是数额不定的金钱。如何来表达这种情形呢？这时不能笼统地考虑决策者，而需要把决策者划分为两类——主体和对手，在任何决策情境中，都存在正在行动的某个决策者——主体，但是主体的决策受到另一个因素的影响，如庄家、保险公司等，他们被统称为对手，主体和对手之间一般是竞争关系。对主体而言，首先，其付出成本 c 参与一个赌局 $f\in K$，即下注（bet），形式的表达就是 $f-c$；相应地，对手就是以价格 c 提供一个赌局 f，即 $c-f$。其次，主体在决策时，可能会采用多个行为（组合行动），进而形成策略，即 $\sum_{i=1}^{n}(f_i-c_i),i\in\mathbb{N}^+$；相应地，对手形成策略 $\sum_{i=1}^{n}(c_i-f_i)$。

考虑了成本之后，融贯性该如何表达呢？假定 $\underline{P}:K\to\mathbb{R}$，它是融贯下界预期当且仅当 $\forall n\in\mathbb{N}$，$\forall s_0,s_1,\cdots,s_n\geqslant0$，$\forall f_0,f_1,\cdots,f_n\in K$，下界收益 $\underline{G}:=\sum_{i=1}^{n}s_i(f_i-\underline{P}(f_i))-s_0(f_0-\underline{P}(f_0))$ 满足 $sup\underline{G}\geqslant0$。这里 $f_i-\underline{P}(f_i)$ 表示成本为 $\underline{P}(f_i)$ 的行动 i 的基本收益；$g_i:=s_i(f_i-\underline{P}(f_i))$ 表示重复 s_i 次行动的收益；$g_0:=s_0\underline{P}(f_0)-s_0f_0$ 表示主体 s_0 次以代价 $\underline{P}(f_0)$ 转让行动机会 f_0；$g_0,g_1,\cdots,g_n$ 组成总收益 $\underline{G}$。对应地，假设 $\overline{P}:K\to\mathbb{R}$，它是融贯上界预

期当且仅当 $\forall n \in \mathbb{N}$，$\forall s_0, s_1, \cdots, s_n \geq 0$，$\forall f_0, f_2, \cdots, f_n \in K$，上界收益 $\overline{G}: = \sum_{i=1}^{n} s_i(\overline{P}(f_i) - f_i) - s_0(\overline{P}(f_0) - f_0)$ 的上确界大于等于 0。它表达的是对手以代价 $\overline{P}(f)$ 给主体一个机会 f_i，此外它也必须以"等价于给主体的代价 $\overline{P}(f_0)$"给自己一个行动机会 f_0。如果 $\underline{P} = \overline{P}$，就还原为经典决策理论，即 $P: K \rightarrow \mathbb{R}$ 是德芬涅（De Finetti）融贯预期当且仅当 $\forall n \in \mathbb{N}^+$，$\forall s_1, s_2, \cdots, s_n \geq 0$，$\forall f_1, f_2, \cdots, f_n \in K$，收益 $G: = \sum_{i=1}^{n} s_i(f_i - \underline{P}(f_i))$ 的上确界大于等于 0，De Finetti 融贯是融贯的特例[190]。

其次，利用融贯性对行动进行了初选之后，应如何进一步挑选出最优行动呢？这时需要一对重要的过渡概念——"非严格优先"与"严格优先"，它们被用于描述和比较不同行动的优劣。

令 D 表示可取行动集，如果对于其中的任意行动 f 和正实数 δ，决策者倾向于接受行动 $f + \delta$，但不一定倾向于接受 f 本身，那么 D 就是非严格可取行动集。如果对于某个可取行动集 D^+，任何时候决策者都愿意接受里面的任何行动，那么它就是（严格）可取行动集。当然，可取行动集和非严格可取行动集都有融贯与非融贯之分，判断标准就是上述四个公理。这时皮特发现融贯下界预期和融贯非严格可取行动集可以相互转化：$\underline{P}(f) = \max\{\mu : f - \mu \in D\}$，$D = \{f \in K : \underline{P}(f) \geq 0\}$；融贯严格可取行动集与融贯下界预期之间也能相互转化：$\underline{P}(f) = \sup\{\mu : f - \mu \in D\}$，$D^+ = \{f \in K : \underline{P}(f) > 0\}$。比较下界预期和行动集可以看出，行动集提供了更多有用的信息，因为可以区分严格行动集 D^+ 与包含它的非严格行动集 D，但是由它们转化出的 $\underline{P}$ 却相等，因此这是一对更加基础的概念[123]。

有了可取的概念就能得出优先的概念。行动 f_i 非严格优先于 f_j（记为 $f_i \geq f_j$）当且仅当 $f_i - f_j$ 属于非严格可取行动集 $D = \{f_i - f_j : f_i \geq f_j\}$，它的直观含义是决策者不反对用 f_j 交换 f_i，$f_i - f_j$ 优于或者等同于现状，采取里面的行动所导致的结果不会比现状更差。但是在选择时，决策者需要知道严格优先而不是非严格优先，因为在 f_i 和 f_j 之间，f_i 严格优先于 f_j，决策者一定会选择 f_i，但是 f_i 非严格优先于 f_j，决策者可能会选择 f_j，导致决策失误。f_i 严格优先于 f_j（记为 $f_i > f_j$）当且仅当 $f_i - f_j$ 属于集合 $D^+ = \{f_i - f_j : f_i > f_j\}$，它表示决策者渴望用 f_j 交换 f_i，采取里面的行动所导致的结果只会比现状更好。

假设决策者关于行动的信念被表达为下界预期 $\underline{P}$，$\overline{P}$ 是其共轭上界预期，如果它是融贯的，那么就可以得出对应的严格偏序 >，即 $\underline{P}(f_i - f_j) >$

0当且仅当$f_i > f_j$，如果$f_i > f_j$，那么可以考虑剔除行动f_j，严格来说，f_i更好，所以$\underline{P}$引出了行动集$\mathbb{N}$上的一个偏序，通过它就能进行决策。形式的表达就是：对于K中的任意行动f_i，当K中存在某个行动f_j满足$f_j \geq f_i$且$f_j \neq f_i$，那么行动f_i就是不可接受的，因为存在比它更好的行动；当f_i是可接受的且对于K中的任意行动f_j都有$\overline{P}(f_i - f_j) \geq 0$，那么$f_i$在$K$中就是极大的行动。$f_i$在$K$中不是极大的，要么它是不可接受的，要么$K$中存在满足$\underline{P}(f_j - f_i) > 0$的某个行动$f_j$。

依据上述决策过程，决策主体总是可以把行动集K缩小为可接受行动集的子集，即$\underline{P}$下的极大行动集。一般而言，$\underline{P}$是非精确的，严格优先序也不是K上的全序，那么在K中存在多个极大行动，因为$\underline{P}$不能确定极大行动之间的优先顺序，决策主体就不能通过$\underline{P}$来确定唯一的最优行动，这反映出了决策主体缺乏行动的信息，即优先序的不完全反映出了$\underline{P}$的非精确，所以可能在某些情形下不存在最优行动，没办法给出最佳行动方案，这是与经典决策的第一个不同之处。

最后，如果决策者想最大化收益，除了选择最优的行动，还可以使用融贯性的其他两个结论——超可加性和次可加性，这是与经典决策的第二个不同之处。

超可加性的形式表达是$\underline{P}(f+g) \geq \underline{P}(f) + \underline{P}(g)$，即对于主体而言，采取一个整体行动$f+g$得到的收益大于等于分别采取两个独立的行动$f$和$g$。例如：假设原子行动集$K = \{f_1, f_2, \cdots, f_n\}$，且这些行动已经考虑到了行动代价，所有的行动策略组合都位于幂集$A(K)$中，决策主体应该选择哪些呢？这些策略被划分为两类：K和$A(K) - K$，K中的策略都是单个行动，$A(K) - K$中的策略都是组合行动。如果决策主体用赌注s采取$A(K) - K$中的任意行动A，收益是$s\underline{P}(A)$；如果决策主体用同样的赌注采取A中的子行动f_i，总收益是$s\sum_{f_i \in A} \underline{P}(f_i)$。因为$s\sum_{f_i \in A} \underline{P}(f_i) \leq s\underline{P}(A)$，所以采取组合行动得到的收益更多。

次可加性的形式表达是$\overline{P}(f+g) \leq \overline{P}(f) + \overline{P}(g)$，即对于对手而言，提供一个行动$f+g$的收益小于分别提供两个独立行动$f$和$g$的收益和。假设一个博弈情境，对手向主体提供的原子行动集$K = \{f_1, f_2, \cdots, f_n\}$，可能的行动策略都位于幂集$A(K)$中，这些策略也分为两类：$K$和$A(K) - K$，对于$A(K) - K$中的任意策略$A$，对手不允许主体选择整体行动$A$，强迫主体选择$A$中的所有单个独立行动来代替它，例如$A$可以分解为两个行动$f$和$g$，对手让主体选择一次$f$和一次$g$，不允许选择整体$A$。如果$A(K)$中的所有行动都是同样的赌注 s，主体采取这些单个行动 f_i 的总代价是 $s\sum_{f_i\in K}$ $\overline{P}(f_i)$，它大于等于 $s\,\overline{P}(A)$，这就意味着主体付出了更大的代价，对手得到了更多的收益，这就说明了对手为了最大化收益，更愿意提供单个行动。

二、融贯性在决策中的不足

融贯性关注收益 $\underline{G}$ 或者 $\overline{G}$，即行动的不确定收益减去付出的成本，也可以把它理解为用一个代价去交换某个行动机会，即下注。单个行动相当于一次下注，通过改变注的数量和大小可以获得不同的收益，融贯性要求每个收益的上确界都是非负的。如果把注意力集中在上确界为 0 的收益上，即要么亏本（$\underline{G}$ 或者 $\overline{G}$ 小于 0）要么不赚不赔（$\underline{G}$ 或者 $\overline{G}$ 等于 0）的情形，就能充分凸显出融贯性在决策上的缺陷。

（一）收益的上确界为 0 的策略

首先，关注主体的策略选择。假设 P 是 K 上的德芬涅融贯预期，如果某个非零自然数 n，某些非负实数 $s_1,s_2,\cdots,s_n$，K 中某些行动 $f_1,f_2,\cdots,f_n$ 所组成的策略 G 的收益上确界是 0，即策略 G 的结果要么亏本，要么不赚不赔，这时谨慎的主体会如何抉择呢？可能会选择放弃行动，因为对于主体而言，风险太大了，最坏的结果是亏本，最好的结果是保本。但是通过自然扩张发现事件"G 小于等于任意负数"的概率是 0，即主体最终不赚也不赔；进一步地，如果行动 $f_1,f_2,\cdots,f_n$ 的结果的数量是有限的①，那么事件"G 小于等于任意负数"的概率也是 0。反过来，如果某个策略 G 的收益下确界是 0，主体以为结果一片大好，其实事件"G 大于等于任意正数"的概率也是 0。

把融贯性从精确预期推广到非精确预期，也存在相似的结论。假定 $\underline{P}$ 是 K 上融贯下界预期，如果某个自然数 n，某些非负实数 $s_0,s_1,\cdots,s_n$，某些 K 中的行动 $f_0,f_1,\cdots,f_n$ 组成策略 $\underline{G}$，且 $\underline{G}$ 的收益上确界是 0，那么通过自然扩张得出事件"$\underline{G}$ 小于等于任意负数"的下界概率是 0；进一步地，如果行动 $f_0,f_1,\cdots,f_n$ 的结果是有限的，那么事件"$\underline{G}$ 小于等于任意负数"的下界概率也是 0。也就是说，当某个下界收益的上确界是 0 时，那么此策略亏本的下界概率是 0。通过德芬涅融贯预期和融贯下界预期可以看出，

---

① 在现实决策中，行动的结果都是有限的。

满足条件$\sup\,\underline{G}=0$的行动策略并不理想，最后的结果总是不赚不赔。

其次，对于对手而言，它以某种代价给主体提供一个行动机会，这种代价不能被表达为德芬涅融贯预期，因为这种预期计算出的收益为0，即$P(G)=0$，然而对手的目标是正的收益，所以融贯上界预期才是恰当的模型。给定一个K上的融贯上界预期$\overline{P}$，如果某个自然数n，某些非负实数$s_0,s_1,\cdots,s_n$，某些K中的行动$f_0,f_1,\cdots,f_n$，满足上界收益$\overline{G}$的上确界为0，那么事件"$\overline{G}$小于等于任意负数"的上界概率是0；更进一步地，如果行动$f_0,f_1,\cdots,f_n$的结果是有限的，事件"$\overline{G}$小于等于任意负数"的上界概率也是0。这就表明当对手采取某个策略的上界收益的上确界是0时，此策略亏本的上界概率是0，所以对手也应该避免满足$\sup\overline{G}=0$的策略。

可以看出，如果上界预期是融贯的，那么满足$\sup\underline{G}=0$的策略是主体不宜采纳的；如果下界预期是融贯的，满足$\sup\overline{G}=0$的策略也是对手不宜采纳的。这是融贯性在实际决策中的第一个缺陷。

（二）策略$\underline{G}_0$和策略$\overline{G}^0$

$\sup\underline{G}=0$是极端情形，$\underline{G}$同时取正负才是一般状况，此时融贯性会带来哪些不足呢？

首先，对于主体而言。假设$\underline{P}$是K上的融贯下界预期，它表示主体对这些行动所能付出的最大成本，$\overline{P}$是它的共轭预期，从融贯性的定义得出主体有三类可选行动策略：$\underline{G}_{ASL}:=\sum_{i=1}^{n}s_i(f_i-\underline{P}(f_i))$、$\underline{G}_0:=-s_0(f_0-\underline{P}(f_0))$、复合策略$\underline{G}:=\underline{G}_{ASL}+\underline{G}_0$，它们的收益分别如何？保罗（Paolo·V）[170]通过自然扩张发现：$\underline{P}(\underline{G}_0)\leqslant0,\overline{P}(\underline{G}_0)=0;\underline{P}(\underline{G})\leqslant\underline{P}(\underline{G}_{ASL}),\overline{P}(\underline{G})\leqslant\overline{P}(\underline{G}_{ASL})$。也就是说，策略$\underline{G}_0$的最小收益小于等于零，最大收益等于0，主体不应该参加包括$\underline{G}_0$的任意策略。事实上，通过取消策略组合中的子策略$\underline{G}_0$而得到的$\underline{G}_{ASL}$的收益并不会小于$\underline{G}$的收益，$\underline{G}_0$起了负作用，当然更不应该单独采用$\underline{G}_0$本身。

其次，对于对手而言。假设$\overline{P}$是K上的融贯上界预期，$\underline{P}$是它的共轭预期，由融贯性的定义推出对手可以采取三类行动策略：$\overline{G}_{ASL}:=\sum_{i=1}^{n}s_i\cdot(\overline{P}(f_i)-f_i)$、$\overline{G}^0:=-s_0(\overline{P}(f_0)-f_0)$、复合策略$\overline{G}:=\overline{G}_{ASL}+\overline{G}_0$，它应该如何选择呢？通过自然扩张可以得到$\underline{P}(\overline{G}^0)\leqslant0,\overline{P}(\overline{G}^0)=0;\underline{P}(\overline{G})\leqslant\underline{P}(\overline{G}_{ASL}),\overline{P}(\overline{G})\leqslant\overline{P}(\overline{G}_{ASL})$。也就是说，策略$\overline{G}^0$的最小收益为负，最大收益等于0，它不应该接受策略$\overline{G}^0$，也不应该参加包括策略$\overline{G}^0$的任意行动。事实上，

通过取消行动中的策略 $\overline{G}^0$ 而得到的 $\overline{G}_{ASL}$ 的收益并不会小于 $\overline{G}$ 的收益，$\overline{G}^0$ 起了负作用，而且当 $\overline{G}^0$ 中的 $s_0 = 0$ 时，能够保证 $\overline{G}_{ASL}$ 的下界预期为正。

可以看出，如果下界预期是融贯的，那么策略 $\underline{G}_0$ 是主体不能采用的；如果上界预期是融贯的，那么策略 $\overline{G}^0$ 是对手不能采用的。这是融贯性的第二个缺陷。

（三）套利

对于主体而言，存在收益的下确界为负的策略，此时在对手看来，这些策略就是一个套利的机会，因为得到的收益可能是非负的，有时还可能是正的。因此，当 $\underline{P}$ 不融贯时，收益的上确界小于 0，那么收益的下确界一定小于 0，这时肯定存在套利。但是 $\underline{P}$ 从不融贯变得融贯时，也并不总是能够消除套利，例如，在融贯性的第一个缺陷中，收益的上确界是 0，下确界也可能为负，这时也有套利的存在。主体虽然害怕被套利，但是这种担心是有限的，在主体看来，"$\underline{G}$ 小于等于任意负数" 的下界概率是 0。这是融贯性在实际决策中的第三个缺陷。

三、改进

融贯性在决策实践中存在三点不足，它所蕴含的某些行动不一定是决策者愿意采纳的，即主体不愿意采用策略 $\underline{G}_0$ 和满足 $sup\underline{G} = 0$ 的行动，对手不愿意采用策略 $\overline{G}^0$ 和满足 $sup\overline{G} = 0$ 的行动，这就迫使决策者采取更合意的行动。下面将采取三步走的方法，一步一步克服上述三个缺陷。

针对第一个缺陷，只需要强化融贯性的定义即可。假定 $\underline{P}: K \to \mathbb{R}$，如果 $\forall n \in \mathbb{N}$，$\forall s_0, s_1, \cdots, s_n \geq 0$，$\forall f_0, f_1, \cdots, f_n \in K$，下界收益 $\underline{G} := \sum_{i=1}^{n} s_i (f_i - \underline{P}(f_i)) - s_0 (f_0 - \underline{P}(f_0))$ 满足 $sup\underline{G} > 0$，那么 $\underline{P}$ 就是强融贯下界预期。对应地，假设 $\overline{P}: K \to \mathbb{R}$，如果 $\forall n \in \mathbb{N}$，$\forall s_0, s_1, \cdots, s_n \geq 0$，$\forall f_0, f_1, \cdots, f_n \in K$，上界收益 $\overline{G} := \sum_{i=1}^{n} s_i (\overline{P}(f_i) - f_i) - s_0 (\overline{P}(f_0) - f_0)$ 的上确界大于 0，$\overline{P}$ 就是强融贯上界预期。这样就把 $sup\underline{G} = 0$ 的行动组合排除掉了。

针对第二个缺陷。对于主体而言，假设存在原子行动集 $K = \{f_1, f_2, \cdots, f_n\}$，融贯下界预期 $\underline{P}: K \to \mathbb{R}$，可以在 K 上构造出一个行动策略集 $H = \left\{ \underline{G}: \underline{G} = \sum_{i=1}^{n} s_i (f_i - \underline{P}(f_i)) - s_0 (f_0 - \underline{P}(f_0)), n \in \mathbb{N}, s_0, s_1, \cdots, s_n \in \mathbb{R}_{\geq 0} \right\}$，这时 H 中必然包含了第一个缺陷和第二个缺陷的行动，令这些行动分别构

成两个集合 $T_1 = \{\underline{G} : sup\underline{G} = 0\}$ 和 $T_2 = \{\underline{G} : \underline{G} = -s_0(f_0 - \underline{P}(f_0))\}$，那么 $H - T_1$ 就是主体的强融贯行动集，它等价于上述强融贯的定义；$H - (T_1 \cup T_2)$ 就是主体的超强融贯集，它克服了第一个缺陷和第二个缺陷。从对手的角度来看，假设存在原子行动集 $K = \{f_1, f_2, \cdots, f_n\}$，融贯上界预期 $\overline{P} : K \rightarrow \mathbb{R}$，对应的行动策略集 $H = \left\{ \overline{G} : \overline{G} = \sum_{i=1}^{n} s_i(\overline{P}(f_i) - f_i) - s_0(\overline{P}(f_0) - f_0), n \in \mathbb{N}, \right.$ $\left. s_0, s_1, \cdots, s_n \in \mathbb{R}_{\geq 0} \right\}$，$H$ 中也包含了两类有缺陷的行动，它们构成集合 $T_1 = \{\overline{G} : sup\overline{G} = 0\}$ 和 $T_2 = \{\overline{G} : \overline{G} = -s_0(\overline{P}(f_0) - f_0)\}$，那么 $H - T_1$ 就是对手的强融贯行动集，$H - (T_1 \cup T_2)$ 就是对手的超强融贯行动集。

　　这样就克服了融贯性的前两个缺陷，但是没有克服第三个缺陷。要解决这个问题，必须要求任意策略收益的下确界非负，那么对手就必然处于亏本的状态，对手将退出博弈，所以第三个缺陷在融贯性的框架内难以解决。

第七节　小　结

　　本章主要探讨了非精确概率在风险决策中的应用。首先对风险决策中的术语进行了界定，并对 IP 归纳理论中的概念进行了重新解释。回顾了第四章的风险测度理论，并讨论了风险决策中的首要问题——不选择严格有害的措施，其次是选择较优的措施。

　　本章通过实例展示了如何在模糊的情况下进行正确的决策。这些实例强调了在面临未知和模糊性时，如何利用非精确概率和归纳逻辑来优化决策。讨论了扩展范式解决方案，这种解决方案允许决策者在每个决策节点上指定可采取的行动，并将最终的选择推迟到必须真正做出决定的时刻。

　　本章还探讨了如何在面临多个可能的行动和不确定的结果时，如何使用非精确预期来进行决策。通过石油投资的例子，展示了如何在不确定的情况下，利用非精确预期来进行决策。

　　最后，本章反思了这些理论和方法在实际决策中的应用，特别是在公共卫生事件中的应用。强调了非精确概率和归纳逻辑在优化对公共卫生事件的应对决策中的重要性。

　　总的来说，本章强调了非精确概率和归纳逻辑在风险决策中的重要性，并通过实例展示了如何在面临模糊和不确定性时，利用这些工具进行有效的决策。

第六章　对经典逻辑的反馈

在这一章中，我们将回到对逻辑理论的探讨。通常将传统逻辑视为现代概率归纳逻辑的一种特例，即信念度只能取 0 或 1 的情况。然而，当将精确概率归纳逻辑扩展到非精确概率归纳逻辑时，需要重新审视它与经典逻辑的关系。这就是本章的主要任务。

首先讨论非精确概率归纳逻辑与命题逻辑的关系。研究发现，命题逻辑实际上等同于取值为 $\{0,1\}$ 的下界预期推理。

接下来，进一步探讨非精确概率归纳逻辑对传统逻辑一致性概念的发展。这时，我们将看到非精确概率归纳在风险中的运用扩展了人们对逻辑一致性的理解。

第一节　与经典命题逻辑的关系

首先从最简单的情形——与命题逻辑的关系——出发，讨论本书的概念如何同经典逻辑联系起来。

一、用滤来刻画命题逻辑

在讨论之前，我们预备一些术语。

假设 X 是一个可能空间，$P(X)$ 是 X 的幂集。某个 $F \subseteq P(X)$ 被叫作一个滤，如果

（1）F 是递增的：如果 $A \in F$，且 $A \subseteq B$，那么 $B \in F$。

（2）F 在有穷交下是封闭的：如果 $A \in F$，且 $B \in F$，那么 $A \cap B \in F$。当 $F \subset P(X)$ 时，F 被叫作真滤。所有的真滤构成集合 $\mathbf{F}$。如果某个真滤 U 不是任何其他真滤的子集，那么它就是超滤。所有的超滤构成集合 $\mathbf{U}$。

如果集合 A 的元素之间的二元关系 $\leqslant$ 满足：

（1） ≤是自返的：（∀α∈A）（α≤α）。

（2） ≤是传递的：（∀α∈A）（∀β∈A）（∀γ∈A）（α≤β∧β≤γ→α≤γ）。

（3） ≤满足组合性质：（∀α∈A）（∀β∈A）（∃γ∈A）（α≤γ∧β≤γ）。
A 就是一个有向集（directed set）。

有向集 A 到集合 Y 的一个映射 $f:A→Y$ 被叫作网（net），如果 $Y=\mathbb{R}$，
f 被叫作实网。假设 Y 带有一个拓扑空间 T，如果对于 y 的任意开集 O，总
是存在某个 $\alpha_0\in A$ 满足（∀α≥α_0）（f（α）∈O），那么网 f 收敛到 Y 中元素
y。为了方便叙述，研究者用 f_α 代替 $f(\alpha)$。例如，真滤 F 就是一个有向
集，进而在 F 上可以定义网。

运用滤和超滤概念可以把经典命题逻辑和 ｛0,1｝ -值下界概率联系
起来，即把命题逻辑嵌入融贯下界预期理论中。

对于任意命题逻辑系统，通过 Lindenbaum 代数上的 Stone 表示定理可
以完成这种嵌入工作[302]。在任意情形中，一个信念模型就是一个被主体
所接受的关于 f 的命题类，或者被主体认为是真的命题类，那么它就是 X
的子集类 C，也是 f 取值所属的子集类 C，也是主体认为将会发生的所有
事件。那么，这样一个事件类 C 与命题集有什么关系呢？

（1） 一个命题集是演绎封闭的，如果它在有穷合取和 MP 下是封闭
的，即对应的事件集 C 是滤（在有穷交和递增下封闭）。

（2） 给定一个命题集，它的演绎闭包是包含它的最小演绎闭集，如果
用事件集来表示的话，包含 C 的最小事件滤就是

$$\mathrm{Cl}_F(C)：=\cap\{F\in\mathbb{F}:C\subseteq F\}$$

（3） 一个命题集是一致的，如果它的演绎闭包是所有命题构成的集合
的严格子集，因为所有命题构成的集合表达了不一致性。等价地说，一个
事件集 C 是一致的当且仅当它的演绎闭包是真滤：$\mathrm{Cl}_F(C)\in\mathbb{F}$，即
$\mathrm{Cl}_F(C)\neq P$。因此，所有真滤构成的集合对应于所有演绎封闭且一致的事
件集所构成的集合。

（4） 一个命题集是演绎完全的，如果往此集合中再加入任何其他命题
就会导致不一致，这就意味着事件集是演绎封闭且完全的当且仅当它是
超滤。

所以，使用滤的理论可以表达命题逻辑。那么，滤的理论该如何同下
界预期联系起来呢？

二、下界预期表达真值运算

首先需要考虑的是下界预期是否能够表达命题逻辑的语言。

为了简便，大家把注意力集中在"取值属于 X 的变量 f 的命题"上，这样的命题与 X 的子集一一对应，一个关于变量 f 的命题就是下述形式的陈述：

对于 X 的某个子集 A 而言，"$f \in A$"

一个事件是 X 是子集，而且它的指标 I_A 是有界赌局。如果 p 是关于随机变量 f 的某个命题，那么 p 就对应了 X 的子集 A_p，这样就在命题和 X 的子集之间建立了一一对应的关系。如果主体接受命题 p，这就意味着它接受有界赌局 $I_{A_p} - 1 + \varepsilon, \varepsilon > 0$，

$$I_{A_p} - 1 + \varepsilon = \begin{cases} \varepsilon, & x \in A_p \\ \varepsilon - 1, & x \notin A_p \end{cases}$$

主体愿意接受以任意严格小于 1 的赔率在事件"A_p 即将发生"上下注，这就说明主体确定 A_p 即将发生，即确定 f 的取值属于 A_p。

这样，本理论就可以完全表达五种命题逻辑真值运算：

（1）如果主体接受命题 p，当且仅当它接受有界赌局 $I_{A_p} - 1 + \varepsilon, \varepsilon > 0$，那么它就不会接受有界赌局 $-I_{A_p} + 1 - \varepsilon, \varepsilon > 0$，即不会接受命题 $\neg p$。所以本理论能够表达逻辑否定。

（2）假设主体同时接受 p 和 q，即同时接受 $I_{A_p}(x) - 1 + \varepsilon, \varepsilon > 0$ 和 $I_{A_q}(x) - 1 + \varepsilon, \varepsilon > 0$，那么通过公理 A2 得到 $I_{A_p}(x) + I_{A_q}(x) - 2 + 2\varepsilon, \varepsilon > 0$，从合取 $p \wedge q$ 得出 $A_{p \wedge q} = A_p \cap A_q$，且 $I_{A_p}(x) + I_{A_q}(x) - 2 \leqslant I_{A_p}(x) + I_{A_q}(x) - 1 \leqslant I_{A_p \cap A_q}$。通过公理 A2，由主体接受 $I_{A_p}(x) + I_{A_q}(x) - 2$ 得出主体接受 $I_{A_p \cap A_q}$，即主体接受 $p \wedge q$，这就意味着融贯可取赌局集包含了经典命题逻辑的合取规则。

（3）现在假设主体接受 p 和 $p \to q$，$p \to q$ 对应 $A_p \subseteq A_q$，则 $I_{A_p}(x) - 1 + \varepsilon \leqslant I_{A_q}(x) - 1 + \varepsilon$，由命题 1 得到主体接受 $I_{A_q}(x) - 1 + \varepsilon, \varepsilon > 0$，即主体接受 q。因此，融贯可取赌局集包含了经典命题逻辑的 MP 规则。

（4）逻辑推理要避免矛盾，如果主体同时接受 $p, \neg p$，就意味着它将同时接受 $I_{A_p} - 1 + \varepsilon$ 和 $I_{A_{\neg p}} - 1 + \varepsilon$。通过公理 A2 得到 $I_{A_p} - 1 + \varepsilon + I_{A_{\neg p}} - 1 + \varepsilon = -1 + 2\varepsilon$，这就同避免确定损失原则矛盾，所以本理论能够表达逻辑矛盾，也可以看出经典逻辑的一致性对应于避免确定损失。

这样本理论就能表达命题逻辑的所有合式公式。

三、$\{0, 1\}$-值的下界概率等价于命题逻辑

考虑任意非空事件 $A \subseteq X$，假设主体只知道 A 一定会发生，即 $f \in A$。

这时该如何刻画主体的信念？因为主体确定 A 一定会发生，所以主体愿意以任何赔率对此事件的发生下注，即主体将接受有界赌局 $I_A - 1 + \varepsilon, \varepsilon > 0$。这将得到定义域为 $\{I_A\}$ 的下界概率 $\underline{Q}_A(I_A)$：

$$\underline{Q}_A(I_A) = 1$$

显然，此下界概率是融贯的，把它的自然扩张表示为 $\underline{P}_A$：对于 $\forall f \in L(X)$ 而言，

$$\underline{P}_A(f) = \inf_{x \in A} f(x)$$

这个融贯下界预期被叫作关于 A 的空下界预期。它是主体只知道"A 将会发生"的推理模型。

进一步推广上述思想。考虑事件集 $C \subseteq P(X)$，假设决策主体确定 C 中的任意事件都会发生——主体愿意以任意赔率对这些事件下注，但是对于其他事件，主体一无所知——主体只愿意以 0 赔率对这些事件下注。这就得到了定义在 $\{I_A : A \subseteq X\}$ 上的下界概率 $\underline{Q}_C$：

$$\underline{Q}_C(I_A) := \begin{cases} 1, & A \in C \\ 0, & A \notin C \end{cases}$$

同样地，当人们用 $C \subseteq P(X)$ 来定义概率而不是下界概率时，就得到一个自我共轭的评估，它允许人们在负不变的定义域 $C = \cup_{A \subseteq X} \{I_A, -I_A\}$ 上定义概率 Q_C：

$$Q_C(I_A) := \begin{cases} -Q_C(-I_A) := 1, & A \in C \\ Q_C(-I_A) := 0, & A \notin C \end{cases}$$

此时主体不仅愿意以任意赔率对 C 中的事件下注，而且愿意以任意赔率对 C 外的事件下注。

此时如果想要对应的（下界）概率满足避免确定损失和融贯性，那么 C 必须满足什么条件呢？

对于任意有界赌局 $f \in L$，考虑定义在 F 上的实网 $\underline{P}_A(f)$，这里 $\underline{P}_A$ 是关于 A 的空下界预期。因为 $\underline{P}_A(f)$ 有上界 $\sup f$，而且是非递降的——如果 $A \supseteq B$ 则 $\underline{P}_A(f) \leqslant \underline{P}_B(f)$，所以它收敛到某个实数：

$$\underline{P}_F(f) = \lim_{A \in F} \underline{P}_A(f) = \sup_{A \in F} \inf_{x \in A} f(x)$$

这就得到了 L 上的下界预期 $\underline{P}_F$ 的定义。因为它是融贯下界预期 $\underline{P}_A$ 的逐点极限，由定理 5 得出它是融贯的。

该如何解释融贯下界预期 $\underline{P}_F$？它又刻画了什么信念呢？对于 $\forall A \in F$，可以得到关于 A 的空下界预期 $\underline{P}_A$，它表示主体相信 $f \in A$。当 A 在有向集 F 中"变小"时，$\underline{P}_A$ 就变得更加精确；如果取极限就得到了融贯下界预期 $\underline{P}_F$，它表示对于 $\forall A \in F$ 而言，主体都相信 $f \in A$。

定理 23   令 F 是一个真滤，那么

（1）$\underline{P}_F$ 是 L 上的融贯下界预期。

（2）$\underline{P}_F$ 是线性预期当且仅当 F 是超滤。[197]

这命题把融贯性同滤联系起来了。

命题 21   令 F 是一个真滤，那么对于 X 上的任意赌局 f 而言，[197]

$$\underline{P}_F(f) = sup\{\alpha \in \mathbb{R} : \{f \geqslant \alpha\} \in F\} = inf\{\alpha \in \mathbb{R} : \{f \geqslant \alpha\} \notin F\}$$
$$= sup\{\alpha \in \mathbb{R} : \{f > \alpha\} \in F\} = inf\{\alpha \in \mathbb{R} : \{f > \alpha\} \notin F\}$$
$$\overline{P}_F(f) = inf\{\alpha \in \mathbb{R} : \{f \leqslant \alpha\} \in F\} = sup\{\alpha \in \mathbb{R} : \{f \leqslant \alpha\} \notin F\}$$
$$= inf\{\alpha \in \mathbb{R} : \{f < \alpha\} \in F\} = sup\{\alpha \in \mathbb{R} : \{f < \alpha\} \notin F\}$$

使用真滤，可以给出 $\underline{P}_F$ 的另一种计算方法。

定理 24   令 C 是 $P(X)$ 的非空子集，那么考虑下界概率 $\underline{Q}_C$ 和概率 $\overline{Q}_C$：

（1）$\underline{Q}_C$ 避免确定损失当且仅当 C 满足有穷交性——（ $\forall n \in \mathbb{N}$ ）$(A_1, A_2, \cdots, A_n \in C)(\cap_{k=1}^{n} A_k \neq \varnothing)$。

（2）$\underline{Q}_C$ 是融贯下界概率当且仅当 C 是真滤。

（3）$\underline{Q}_C$ 是融贯概率当且仅当 C 是超滤。[197]

此命题把避免确定损失同集合的有穷交性联系起来。

定理 25   如果 F 是 X 上的真滤，那么 $\underline{P}_F$ 是把融贯下界概率 $\underline{Q}_F$ 扩张到所有有界赌局上的唯一融贯下界预期，所以 $\underline{P}_F$ 就是 $\underline{Q}_F$ 的自然扩张。同样地，如果 U 是超滤，那么 P_U 是把融贯概率 Q_U 扩张到所有有界赌局上的唯一线性预期，所以 P_U 就是 Q_U 的自然扩张。[197]

定理 26   考虑在事件上取值为 0 和 1 的融贯下界预期 $\underline{P}$，令 $F = \{A \subseteq X : \underline{P}(A) = 1\}$，那么 F 就是一个真滤且 $\underline{P} = \underline{P}_F$。同样地，考虑事件的取值为 0 和 1 的线性预期 P，令 $U = \{A \subseteq X : \underline{P}(A) = 1\}$，那么 U 就是一个超滤且 $\underline{P} = \underline{P}_F$。[197]

这里给出了使用下界预期刻画滤的另一种方法。

定理 27   考虑 L 上的融贯下界预期 $\underline{P}$，那么存在一个真滤 F 满足 $\underline{P} = \underline{P}_F$ 当且仅当对于任意 $A_1, A_2 \in P(X)$ 而言，[197]

$$\underline{P}(A_1 \cap A_2) = \underline{P}(A_1)\,\underline{P}(A_2)$$

此命题可以说是上一个命题的逆。

定理 28   令 F 是一个真滤，那么[197]

$$M(\underline{P}_F) = \{P \in \mathbf{P} : (\forall A \in F)\,P(A) = 1\}$$
$$ext(M(\underline{P}_F)) = \{P_U : (U \in \mathbf{U}) \wedge (F \subseteq U)\}$$

所以每个真滤都被包含在某个超滤中，每个真滤都是包含它的超滤的交。

命题集（事件集）和下界预期之间具有什么样的形式联系呢？如果主体相信一个命题将是真的，即主体相信对应的事件 A 将会发生，那么它将愿意以任何赔率在此事件上下注，所以它对此事件的下界概率是 1。也就是说，在评估 C 中（主体认为 C 中的事件都会发生）和下界概率 Q_C 之间存在一一对应，见表 6-1。

表 6-1　对应关系

命题（事件）集	$\{0,1\}$-值下界概率
一致的	避免确定损失
演绎封闭且一致的	融贯性
演绎闭包	自然扩张
完全的	线性的

在这种特殊的意义上，经典命题逻辑的推理等同于使用 $\{0,1\}$-值下界概率的推理。因为后者是下界预期的一种特殊推理，所以经典命题逻辑可以被嵌入融贯下界预期理论中[303-304]，即融贯下界预期理论是经典命题逻辑的推广。在这种嵌入中，精确预期（概率）扮演了极大元的角色，因为它对应于命题的极大一致演绎闭集[305]。

为了能够处理信念，有的研究者认为经典逻辑的唯一合理扩张是概率测度[306-308]，依据上面的结论，笔者不认可这个论断。所以精确概率理论的力量不足以完成推广经典命题逻辑的任务，但是融贯下界预期理论可以。

第二节　IP 归纳风险理论对一致性概念的影响

一致性是逻辑学中最重要的概念，不论何种逻辑理论，只要不满足一致性，这种理论就一定不能用于推理。一致性也是推动逻辑学发展的驱动力，20 世纪出现的第三次数学危机就是因为集合论中出现了悖论，为了解决这个问题才诞生了 ZFC 等公理系统，使现代数理逻辑得到了巨大的发展。但是，这些系统对一致性的要求太高，又促使了限制矛盾的弗协调逻辑的出现。一致性的影响范围很大，甚至超出了逻辑学本身，扩展到了其他科学理论。对于任意科学理论而言，如果一致性出现了矛盾，那么此理论绝对是错误的，这是判定理论真伪的首要标准。甚至在人文领域，一致性也显得举足轻重，在文学创作中，情节的前后连贯是重要的评价指标。

对于一致性，传统观点认为它很重要，理论必须具有一致性，这是一个有或无的问题，也是一个离散的二元问题。但是，讨论此问题的反面将是有益的——是否存在一种"连续的"一致概念？

研究者的观点是，存在许多一致性的变体，但是它们之间的存在强度差异。De Finetti 首先引入了一个类似的概念，它被命名为融贯性，作为概率推论的标准。[309-310] Walley 在下界预期理论中发现了另一个概念——避免确定损失，[123]这是一个比融贯性更弱的概念，任何满足避免确定损失的下界预期都可以通过自然扩张[311]变得融贯。然而，尚不清楚演绎逻辑的一致性与这些概念之间的关系。事实上，古典命题逻辑和 [0，1] -值的下界预期之间存在非常密切的联系：使用滤和超滤的概念，命题逻辑可以嵌入融贯下界预期理论中[197]。这种关系可以提供一个新的起点，重新审视一致性，但不是一个宽泛的视角，研究者只能得出很少的结论。随着下界预期运用于金融风险，广阔的视野变得清晰，研究者得到许多一致性的变体，如凸性、中心凸性，避免无界确定损失，可以详细证明它们之间的关系。反之，传统的演绎逻辑一致性的观点，不宜认为只存在唯一的一致性，存在很多变体的一致性，只是强度不同，这些变体可以拓宽理性分析的工具。

一、避免确定损失和融贯性的扩展

上一节已经充分说明命题逻辑中的一致性对应于非精确概率归纳推理中避免确定损失，由于融贯性对应于命题逻辑中的演绎封闭且存在一致性，因此融贯性是一个比避免确定损失更强的一致性概念。

与避免确定损失、融贯性相比，是否存在强弱程度有差别的其他概念呢？答案是存在的！为了引出这些概念，聚焦于非精确概率归纳推理的一个特殊应用领域——金融风险测量——将是有益的。在这里，基础概念"赌局"专门指债券、股票、投资组合、保险等，它表示这些金融产品的持有者与上天或者命运的一场赌博，没有特定的对手。

金融风险测量的基本问题是表达赌局 f 到底有多危险。尽管有很多工具可以用来处理这个问题，但是出于简便，实践者还是趋向于风险测量 ρ。某个赌局 f 的风险测量 $\rho(f)$ 是一个总结了它的风险的实数，具有下述行为解释：当 $\rho(f)$ 为正时，表示 f 的持有者在面对 f 可能带来的损失时应该准备的风险资金；当 $\rho(f)$ 为负时，表示为了让 f 可取，应该从中减去的金额；当 $\rho(f)$ 等于 0 时，表示 f 是一个边际可取的风险①，通常 ρ 都是正数。更一般地，可以在任意赌局集 K 上定义[171,178]。

评估 $\rho(f)$ 大小等同于为了承担 f 的风险所要准备的最少资金金额，f 越危险，$\rho(f)$ 就越高。因为持有 f 所承受的风险等价于以同样的风险把 $-f$ 转移出去，即收到 f 所准备的金额等价于以同等金额把 $-f$ 卖出去，所以 $\rho(f)$ 等于 $-f$ 的下确界出售价格[180]。这就等同于采用了 $-f$ 的上界预期的行为解释，或者利用共轭关系 $\overline{P}(-f) = -\underline{P}(f)$，也等同于采用了 f 的下界预期的行为解释，因此就得到了 $\rho(f) = \overline{P}(-f) = -\underline{P}(f)$。这就把风险测量和非精确概率归纳推理联系起来了，使得非精确概率归纳推理的结论都可以运用到风险测量上。对于任意赌局集 K，映射 $\rho: K \to \mathbb{R}$ 是一个融贯风险测量当且仅当存在一个定义在 $K^* = \{-f : f \in K\}$ 上的融贯上界预期 $\overline{P}$ 满足 $\rho(f) = \overline{P}(-f)$。类似地，$\rho$ 在 K 上避免确定损失当且仅当在 K^* 上存在一个避免确定损失的上界预期 $\overline{P}$ 满足 $\rho(f) = \overline{P}(-f)$[178]。

确定了风险测量和非精确概率归纳推理之间的关系后，就可以在非精确概率归纳推理的框架中来解释已有的风险测量了，即把非精确概率归纳推理中的一致性概念运用到这些测量上去，讨论它们是否满足融贯性，或者至少满足避免确定损失，如果不满足又会引出哪些概念。

（一）　凸和中心凸

VaR 是最常见的风险测量。令 f 是一个赌局，它的概率分布是 p，如果 $p(f < q) \leq \alpha \leq p(f \leq q)$，则 α 被叫作 f 的 α-分位数；令 $q_\alpha^+(f) = inf(x : p(f \leq x) > \alpha)$，则 $VaR_\alpha(f) = -q_\alpha^+(f)$。显然，$VaR_\alpha$ 是一个基于分位数的风险测量，所以它依赖于事先得到充分可靠的概率分布，通常这是很困难的。VaR 的一致性如何呢？

VaR_α 不一定满足避免确定损失。[178] 令 $K = \{f_i\}_{i \in I}$ 是一个赌局集，Ω 是一个可能空间，其中的原子描述了 f_i（$i \in I$）的所有取值，令 p 是 Ω 上的一个概率分布，如果存在某个事件 $\omega \in \Omega$ 和某个 $\alpha \in (0,1)$ 满足 $0 < \alpha < inf_{i \in I} p(f_i \leq f_i(\omega))$，那么 VaR_α 在 K 上避免确定损失。此条件有一个重大

---

① 通常要在未来某个时刻 t_f 才能确定赌局 f 的结果，然而 $\rho(f)$ 表达的是当下预留的钱数，这就需要跨越时间间隔来比较 $\rho(f)$、f。例如，如果 t_f 表示明年年底，为了比较，必须确定在 t_f 时得到了 f 的价值在今天是多少，即 f 的贴现价值，这可以通过 f 乘以贴现因子 $r \leq 1$ 而得到。为了简便，假设 r 趋近于 1，即忽视现在和 t_f 之间的时间间隔。

的缺陷：当 α 充分小时，VaR 在实践中没有什么用，因为如果 α 变小，VaR_α 就变大；如果 α 接近于 0，VaR_α 就接近于 $-inf(f)$，但是作为一个风险资金 $-inf(f)$ 太大了，以至于包括了 f 带来的所有损失。此外，通常使用 VaR_α 需要事先确定好 α 的值，但这个值可能不满足上述前提条件，所以就不能判定 VaR_α 的一致性。

VaR 不一定是融贯的。令 K、Ω、p 如上所述，且 VaR_α 避免确定损失，给定某个 $\alpha \in (0,1)$，如果对于任意 $f_0 \in K$，都存在 $\omega \in \Omega$ 满足 $f_0(\omega) \leqslant -VaR_\alpha(f_0)$ 和 $\alpha < inf_{f \in K - \{f_0\}}p(f \leqslant f_i(\omega))$，那么 VaR_α 在 K 上是融贯的，这也是一个难以满足的苛刻条件。此外，由前面得知融贯性是一个比避免确定损失更强的标准，VaR 都不一定满足避免确定损失，那么它也就不一定是融贯的。

所以 VaR 不一定融贯，也不一定避免确定损失，它并不总是一种可靠的风险测量，在具体问题中应该重新检查它的一致性。为了克服 VaR 的不足，阿尔茨纳·菲利普（Artzner·Philippe）等引入了 $ADEH$ - 融贯风险测量[172 - 173,268]：令 K 是包含实数的赌局的线性空间，一个从 K 到 R 的映射 ρ 是 $ADEH$ - 融贯风险测量，如果它满足四个公理：

（1）转移不变（T）：$(\forall f \in L)(\forall \alpha \in \mathbb{R})\rho(f + \alpha) = \rho(f) - \alpha$

（2）正齐性（PH）：$(\forall f \in L)(\forall \lambda \geqslant 0)\rho(\lambda f) = \lambda\rho(f)$

（3）单调性（M）：$(\forall f, g \in L)(f \leqslant g \rightarrow \rho(f) \geqslant \rho(g))$

（4）次可加性（S）：$(\forall f, g \in L)(\rho(f + g) \leqslant \rho(f) + \rho(g))$

它的一致性怎么样呢？令 K 是一个包含实数的赌局的线性空间，一个从 K 到 $\mathbb{R}$ 的映射 ρ 是 $ADEH$ - 融贯风险测量当且仅当它是一个融贯风险测量。可以看出融贯风险测量比 $ADEH$ - 融贯风险测量更加一般，因为它定义在任意集合 K 上，$ADEH$ - 融贯风险测量在非线性空间上并不一定是融贯的。因此 $ADEH$ - 融贯风险测量是一类特殊的融贯非精确预期，$ADEH$ - 融贯性也就是融贯性的一种特殊情形。当然 $ADEH$ - 融贯风险测量肯定满足避免确定损失。

$ADEH$ - 融贯风险测量满足正齐性，然而它确实没有说服力，因为当 $\lambda > 1$ 时 $\rho(\lambda f) > \lambda\rho(f)$，它的直观含义是持有大量金融产品可能比持有数量有限的产品风险高得多，当你希望将这些金融产品快速出售时，可能会被迫向买方提供较大的折扣。基于这个原因，席德·亚历山大（Schied·A）推广了 $ADEH$ - 融贯风险测量[182,183]，它用凸公理代替次可加性和正齐性得到了 FS - 凸风险测量：令 K 是包含实数的赌局的线性空间，一个从 K 到 $\mathbb{R}$ 的映射 ρ 是 FS - 凸风险测量。如果满足单调性、转移不变和凸公理

（C）（$\forall f, g \in L$）（$\forall \lambda \in [0,1]$）（$\rho(\lambda f + (1 - \lambda)g) \leq \lambda \rho(f) + (1 - \lambda)\rho(g)$），$FS$-凸风险测量类似于 $ADEH$-融贯风险测量，那么能否在其中找到避免确定损失和融贯性的对应物呢？

假设 ρ 是 FS-凸风险测量，它满足单调性、转移不变和凸公理，通过 $\rho(f) = -\underline{P}(f)$ 得到用 $\underline{P}$ 表达的：

（1）单调性（T）：（$\forall f \in K$）（$\forall \alpha \in \mathbb{R}$）$\underline{P}(f + \alpha) = \underline{P}(f) + \alpha$

（2）转移不变（M）：（$\forall f, g \in K$）（$f \leq g \rightarrow \underline{P}(f) \leq \underline{P}(g)$）

（3）凸公理（C）：（$\forall f, g \in K$）（$\forall \lambda \in [0,1]$）$\underline{P}(\lambda f + (1 - \lambda)g) \geq \lambda \underline{P}(f) + (1 - \lambda)\underline{P}(g)$

那么，对于任意 $n \in \mathbb{N}^+$，任意 $f_0, f_1, \cdots, f_n \in K$，任意满足 $\sum_{i=1}^{n} s_i = 1$（凸条件）的非负实数 $s_1, s_2, \cdots, s_n$，满足 $\sum_{i=1}^{n} s_i(f_i - \underline{P}(f_i)) - (f_0 - \underline{P}(f_0)) \geq 0$ [180]，又通过 $\rho(f) = -\underline{P}(f)$ 就可得到凸风险测量的定义：令 K 是任意赌局集，一个从 K 到 $\mathbb{R}$ 的映射 ρ 是凸风险测量，如果对于任意 $n \in \mathbb{N}^+$，任意 $f_0, f_1, \cdots, f_n \in K$，任意满足 $\sum_{i=1}^{n} s_i = 1$（凸条件）的非负实数 $s_1, s_2, \cdots, s_n$，满足 $\sum_{i=1}^{n} s_i(f_i + \rho(f_i)) - (f_0 + \rho(f_0)) \geq 0$。显然，$FS$-凸风险测量是凸风险测量的特殊情形，当 K 满足 FS-凸风险测量的公理时，并不能保证它还能满足凸风险测量的定义，因此，FS-凸风险测量的一致性问题规约为凸风险测量的一致性问题。

凸风险测量的定义不同于融贯风险测量，因为附加了凸条件 $\sum_{i=1}^{n} s_i = 1$，所以每个融贯风险测量都是凸风险测量，凸性要弱于融贯性。它弱于避免确定损失吗？答案是肯定的。凸风险测量 ρ 在 K 上避免确定损失当且仅当 $\rho(0) \geq 0$，这就说明凸性比避免确定损失还弱。

有了凸风险测量，就可以轻易地引出中心凸风险测量，ρ 在 K 上是中心凸风险测量（简写为 C-凸风险测量）当且仅当它是凸的且 $\rho(0) = 0$。从它的定义就可以看出它比凸性更强，以至于满足避免确定损失，但不一定融贯，因为它不一定满足正齐性 [176-177]。

（二）避免无界确定损失

依据是否避免确定损失，可以把上述风险测量分为两类：第一类是满足避免确定损失的风险测量，包括 $ADEH$-融贯风险测量、C-凸风险测量，它们可以运用自然扩张来进行推理，得出任意超集中赌局的风险；第二类是不一定满足避免确定损失的风险测量，包括 VaR、凸风险测量、FS – 凸风险测量，这时自然扩张不能被用于推理，因为此时自然扩张的结果是无穷的，这时需要另辟蹊径。

风险测量 $\rho: K \to R$ 避免无界确定损失，如果实数 k 满足对于任意 $n \in \mathbb{N}^+$，任意 $f_1, f_2, \cdots, f_n \in K$，任意满足 $\sum_{i=1}^{n} s_i = 1$ 的非负实数 $s_1, s_2, \cdots, s_n$，都有 $sup \sum_{i=1}^{n} s_i (f_i + \rho(f_i)) \geq k$。作为一个刻画决策的理性标准，此条件不尽如人意，但是它比避免确定损失弱，因为当 K 的基数有穷时，它总是成立，避免确定损失却不一定，所以很多风险测度不满足避免确定损失，但是满足避免无界确定损失，上述第二类风险测量就属于这种情形。如果 ρ 满足避免无界确定损失，那么就可以使用凸自然扩张进行推理。[176]

避免无界确定损失与凸性孰强孰弱呢？答案是凸性更强。如果 ρ 是一个从 K 到 $\mathbb{R}$ 的凸风险测量，那么对于任意 $n \in \mathbb{N}^+$，任意 $f_0, f_1, \cdots, f_n \in K$，任意满足 $\sum_{i=1}^{n} s_i = 1$（凸条件）的非负实数 $s_1, s_2, \cdots, s_n$，满足 $\sum_{i=1}^{n} s_i (f_i + \rho(f_i)) - (f_0 + \rho(f_0)) \geq 0$，考虑 $f_0 = \rho(f_0) = 0$ 的特殊情形，那么 $\sum_{i=1}^{n} s_i (f_i + \rho(f_i)) \geq 0$，所以 ρ 避免无界确定损失，反之则不成立。

二、判定剩余风险测量和荷兰风险测量的广义一致性

迄今为止，我们已经得到了一组强度逐渐增强的广义一致性概念，它就像一把刻度尺，避免无界确定损失、凸性、避免确定损失（对应于传统的一致性）、中心凸性、融贯性就是其上的刻度，用它可以来准确衡量风险测量的广义一致性，下面将在剩余风险测量和荷兰风险测量中来运用这把尺子。

如果预留的资金 $\rho(f) \leq -inf(f)$，可能不足以应对 f 带来的损失，如 $\rho = 5$，$f(\omega) = -9$，就存在一个 ρ 没有覆盖到的绝对数量为 4 的剩余损失，这就是差额或者剩余风险。差额也是一个赌局 $(-\rho(f) - f)_+ = \max(-\rho(f) - f, 0)$，通常采用期望差额 ES 来评估它：$ES(f) = P[(-\rho(f) - f)_+]$。此外，条件期望差额 CES 是另一种测量：$CES(f) = P(-\rho(f) - f \mid -\rho(f) - f > 0)$，它表示如果赌局的结果将会变坏，那么一般而言能变得多坏。这两种测量的一致性如何呢？

ES 招致确定损失。令 $\rho(\cdot): K \to R$，研究发现，如果 $\rho(\cdot) \leqslant 0$，则 ES 避免确定损失[180]。但是这没有任何实质性的用处，因为 $\rho < 0$ 表示 K 中的赌局没有一点风险，那么就没有必要评估剩余风险了。在某个 f 满足 $\rho(f) > 0$ 的情形中，ES 可能招致确定损失。例如，令 $K = \{f\}$，$\rho(f) = -\inf(f)$，$(-\rho(f) - f)_+ = 0$，因此 $ES(f) = 0$，也就是说差额不存在，如果 $\sup(f) < 0$，那么 $\sup(f - ES(f)) < 0$，因此 $ES(f)$ 招致确定损失，当然也不满足更强的中心凸性、融贯性。

由于 ES 招致确定损失，因此就存在某个 $n \in \mathbb{N}^+$，某些 $f_0, f_1, \cdots, f_n \in K$，某些满足 $\sum_{i=1}^{n} s_i = 1$ 的非负实数 $s_1, s_2, \cdots, s_n$，满足 $\sum_{i=1}^{n} s_i(f_i + \rho(f_i)) \leqslant 0$，那么 $\sum_{i=1}^{n} s_i(f_i + \rho(f_i)) - (f_0 + \rho(f_0))$ 不一定大于 0，所以 ES 不满足凸性。但是满足避免无界确定损失，这是很显然的。

同理，CES 招致确定损失。令 $\rho(\cdot): K \to \mathbb{R}$，如果 $\rho(\cdot) \leqslant 0$，则 CES 避免确定损失，由 $(-\rho(f) - f \mid -\rho(f) - f > 0) \geqslant (-f \mid -\rho(f) - f > 0)$，得到 $CES(f) \geqslant P(-f)$，那么 $CES(f)$ 满足避免确定损失的刻画定理。对于满足 $\rho(f) > 0$ 的某个 f 而言，CES 可能招致确定损失。例如，令 $K = \{f\}$，如果 $\sup(f) < 0$，则 $\rho(f) := \inf(-f) > 0$，得到 $-\rho(f) - f > 0$，因此 $CES(f) > 0$，那么 $\sup(f - CES(f)) < 0$，因此 $CES(f)$ 招致确定损失，当然就不满足更强的中心凸性、融贯性。此外，CES 不满足凸性，但是满足避免无界确定损失。

虽然 ES、CES 的广义一致性较差，只满足避免无界确定损失，但是通过它们可以得到风险测量 $\rho_T(f) := \rho(f) + \varphi(\rho, f)$，$\varphi(\rho, f) \geqslant 0$，它的广义一致性如何呢？

如果 ρ 避免无界确定损失，且 $\varphi(\rho, f)$ 是有穷的，则 ρ_T 也避免无界确定损失。

如果 ρ 满足凸性，且 $\sum_{i=1}^{n} s_i(\varphi(\rho, f_i)) - \varphi(\rho, f_0) \geqslant 0$，则 ρ_T 满足凸性。如果 ρ 是凸风险测量，那么对于任意 $n \in \mathbb{N}^+$，任意 $f_0, f_1, \cdots, f_n \in K$，任意满足 $\sum_{i=1}^{n} s_i = 1$（凸条件）的非负实数 $s_1, s_2, \cdots, s_n$，满足 $\sum_{i=1}^{n} s_i(f_i + \rho(f_i)) - (f_0 + \rho(f_0)) \geqslant 0$，如果 $\sum_{i=1}^{n} s_i(\varphi(\rho, f_i)) - \varphi(\rho, f_0) \geqslant 0$，那么 $\sum_{i=1}^{n} s_i(f_i + \rho_T(f_i)) - (f_0 + \rho_T(f_0)) \geqslant 0$，即 ρ_T 满足凸性。

如果 ρ 避免确定损失时，则 ρ_T 避免确定损失。因为 ρ 避免确定损失，得到存在一个定义在 $K^* = \{-f : f \in K\}$ 上的避免确定损失的上界预期 $\overline{P}$ 满足 $\rho(f) = \overline{P}(-f)$，那么对于任意自然数 $n \geq 0$，K^* 中的任意赌局 $-f_1$，$-f_2, \cdots, -f_n$，满足 $sup_{\omega \in \Omega} \sum_{i=1}^{n} [\overline{P}(-f_i) + f_i(\omega)] \geq 0$，由 $\varphi(\rho, f) \geq 0$，则 $sup_{\omega \in \Omega} \sum_{i=1}^{n} [(\overline{P}(-f_i) + \varphi(\rho, f)) + f_i(\omega)] \geq 0$，即存在避免确定损失的 $\overline{P_1} := \overline{P}(-f_i) + \varphi(\rho, f)$ 满足 $\rho_T(f) = \overline{P_1}(-f)$，所以 ρ_T 避免确定损失。

当 ρ 中心凸时，如果 ρ_T 满足凸性且 $\varphi(\rho, f) = 0$，那么 ρ_T 满足中心凸。

当 ρ 融贯时，ρ_T 不一定融贯。如果 ρ 不融贯，那么对于任意 $n \in \mathbb{N}$，$f_j \in K, \lambda_j \geq 0, 0 \leq j \leq n$，都有 $sup\left[\sum_{j=1}^{n} \lambda_j(f_j + \overline{P}(-f_j)) - \lambda_0(f_0 + \overline{P}(-f_0))\right] \geq 0$，如果 $\rho_T(f) = \rho(f) + \varphi(\rho, f)$，那么 $sup\left[\sum_{j=1}^{n} \lambda_j(f_j + \overline{P}(-f_j) + \varphi(\rho, f)) - \lambda_0(f_0 + \overline{P}(-f_0) + \varphi(\rho, f))\right] = sup\left[\sum_{j=1}^{n} \lambda_j(f_j + \overline{P}(-f_j)) - \lambda_0(f_0 + \overline{P}(-f_0))\right]$ $+ \sum_{j=1}^{n} \lambda_j \varphi(\rho, f) - \lambda_0 \varphi(\rho, f)$，如果 $\sum_{j=1}^{n} \lambda_j \varphi(\rho, f) - \lambda_0 \varphi(\rho, f) < 0$，那么 ρ_T 就不一定融贯。

由于现在有了一连串的一致性刻度，故能得到一些额外的有趣结果。如果 ρ 满足融贯性，且 ρ_T 满足凸性，且 $\varphi(\rho, f) = 0$，那么 ρ_T 满足中心凸；如果 ρ 满足融贯性，则 ρ_T 避免确定损失；如果 ρ 满足融贯性，且 $\sum_{i=1}^{n} s_i(\varphi(\rho, f_i)) - \varphi(\rho, f_0) \geq 0$，则 ρ_T 满足凸性；如果 ρ 满足融贯性，且 $\varphi(\rho, f)$ 是有穷的，则 ρ_T 也避免无界确定损失，所以 ρ 的广义一致性对 ρ_T 的广义一致性具有很大的影响。

推广 ρ_T，可以认为构造上界预期 $\overline{P}$ 的一般方法是往融贯预期 P 中添加其他东西：$\overline{P}(f) = P(f) + \varphi(P(f), f), \varphi(P(f), f) \geq 0$，它表示你不会接受赌局的公平价格 $P(f)$，但是通过往公平价格中添加恰当的 φ，能够得到自己中意的价格 $\overline{P}(f)$。通过上述广义一致性的考察，可以发现此方法的一个优势是：在不能保证 $\overline{P}(f)$ 融贯的情况下能保证它避免确定损失，这样就能得到一族风险测量：$\rho_c(f) = P(-f) + c \cdot P'[(P(f) - f)_+], c \in [0, 1]$，这就是荷兰风险测量（dutch risk measures）[184]，它的广义一致性一目了然。

综上所述，一致性不是一个有或无的离散问题，而是一个程度上有强弱的连续性问题，那么就存在一种"广义上"的一致性概念，即一列逐渐增强的一致性概念：避免无界确定损失、凸性、避免确定损失、中心凸性、融贯性，其中避免确定损失等价于经典逻辑中的一致性，它们构成了衡量一致性程度的一把刻度尺，用它可以精确衡量出剩余风险测量和荷兰风险测量的广义一致性程度。

最后，广义一致性对于非精确概率归纳推理在风险测量的应用上将有重要作用，这将是后续的研究。

第三节　小　　结

本章深入探讨了非精确概率归纳推理与命题逻辑的关系，这是通过使用 IP 风险理论作为基础工具进行的。这种讨论并未涉及 IP 归纳与其他逻辑形式的关系，因为这需要其他理论工具，超出了风险理论的范围。

首先，研究者认识到非精确概率归纳推理实际上是经典逻辑的扩展。这是因为避免确定损失、自然扩张和融贯性都是从命题逻辑的基本性质中推广而来的。避免确定损失是一致性的推广，因此在进行推理之前，人们需要首先判断前提是否满足避免确定损失的条件。自然扩张是对命题逻辑的推理过程的推广，而融贯性则是对命题逻辑的演绎封闭性和一致性的推广。然而，非精确概率归纳推理不仅仅是命题逻辑的扩展，它实际上大大扩充了命题逻辑的范围。简单地说，经典概率理论扩充命题逻辑可以得到精确概率归纳推理，而非精确概率归纳推理则需要进一步扩充精确概率归纳推理。基于这种扩充，笔者得到了一致性的一个"连续"概念。

其次，IP 归纳逻辑与模态逻辑的关系自然而然地成为一个问题。从直观上来看，非精确概率逻辑可以被视为模态逻辑和概率的结合。从贝叶斯敏感度分析可以看出，非精确概率实际上是一族概率，其中每个概率都是可能的，这将是一个有价值的研究方向。

本章的讨论为人们提供了一个理论框架，以便更深入地理解非精确概率在风险中的应用，为未来的研究打开了新的可能性。

结　　语

回顾一下本书的主要内容。

在导论部分,笔者探讨了精确概率推理在处理"不可预测"时的变化,如病毒感染等重大风险时的局限性,强调了非精确概率推理在解决这些问题上的优势。

第一章将非精确概率与归纳逻辑相结合,形成了非精确概率归纳推理,包括可取赌局集和下界预期两种理论,并将可取赌局集扩展到条件可取赌局集。

在第二章,笔者提供了非精确概率的哲学解释,即下界预期的行为解释,这在后续的风险应用中起到了关键的过渡作用。

第三章详细讨论了精确概率推理难以解释的不可预测的变化,即非精确性的来源,这也是风险变成"黑天鹅"事件且难以预测的原因。

第四章介绍了风险的形式理论——IP 归纳风险理论,以及背后的整体论哲学思路。有了这个理论,人们就能评估风险,为第五章的风险决策打下基础。

在第五章,笔者将风险决策分为非序贯风险决策和序贯风险决策,并从这两个角度讨论风险决策的方法。

最后,第六章回归经典逻辑理论,讨论了 IP 归纳风险理论对传统逻辑理论一致性的突破。

综上所述,从精确概率归纳到非精确概率归纳的发展就是从经典逻辑到非经典逻辑的发展。非经典逻辑产生的内在动力是经典逻辑的形式系统与非形式原型之间出现了某种程度上的不恰当,具体表现就是经典逻辑形式化过程中出现了一些"反常""怪论"和"疑难"。

为了解释或消解这些疑难问题,需要运用种种不同的修改策略去"修正"原有的经典逻辑系统,从而产生新的逻辑系统,这些新系统要么是经典逻辑的扩充,要么是经典逻辑的变异,这是非经典逻辑产生和发展的奥秘[15]。

精确概率归纳推理的形式系统假定"概率必须是精确的",而当它刻画相互冲突的证据、相互冲突的信念、有限的证据、物理不明确、缺乏内省、计算能力的限制这些问题时，出现了很多疑难，具体表现为：不能表达许多证据特征、不能表达模糊关系、不能表达冲突主体、与有限理性不匹配、厄尔斯伯格悖论。同时，在风险的运用上，精确概率只能处理可预测的风险，不能处理不可预测的"黑天鹅"事件。为了消解这些疑难，只有修改原有的假定"概率是精确的"，进而得到了非精确概率归纳。

拉卡托斯在《科学研究纲领方法论》中提出了理论研究"保护带变形"的策略。当一个科学研究纲领受到反例威胁时，为了维护核心的理论定律（理论硬核），就必须对核心理论外围的辅助性假说（保护带）做出调整和变形，使反例得到合理的解释，以至于理论能够消化和吸收这些反例[312]。非精确概率归纳处理精确概率归纳推理所遇困难的方法，与拉卡托斯的保护带变形的策略极为相似。

非精确概率归纳的发展是对精确概率归纳的温和改良，它没有触动概率归纳的基本假定，保留了概率归纳的"基本内核——用概率来刻画归纳"。但是，为了应对已经出现的反常和疑难，对概率归纳推理实施了"保护带变形"，即对概率归纳推理的某些假设——概率是精确的——做出了调整，最后得到了非精确概率归纳推理。

总的来说，非精确概率归纳并不是对精确概率归纳的单纯否定，而是一种更加一般的理论。它与精确概率归纳的关系类似于相对论与牛顿力学的关系，牛顿力学只是相对论的特例，类似地，精确概率归纳也只是非精确概率归纳的特例。因此，非精确概率归纳具有更大的理论解释力。

参 考 文 献

[1]　BUCHAK L. Normative theories of rational choice: rivals to expected utility [M]. The Stanford Encyclopedia of Philosophy Edward N. Zaltac (ed) 2022.

[2]　WHITTLE P. Probability [J]. Library of university mathematics, penguin books, 1970, 58.

[3]　KUHN T S. The structure of scientific revolutions [M]. Chicago: University of Chicago Press, 1976: 36 − 57.

[4]　KUHN T S. The function of dogma in scientific research [M]. Scientific Change, 1963: 36 − 59.

[5]　FINE. Review of the emergence of probability [J]. Philos, 1978 (87): 116 − 123.

[6]　AL-KHAZALEH A M, ALKHAZALEH S. Neutrosophic conditional probabilities: theories and applications [J]. International journal of fuzzy logic and intelligent systems, 2022, 22 (1): 78 − 88.

[7]　SMARANDACHE F. Neutrosophic Statistics is an extension of interval statistics, while plithogenic statistics is the most general form of statistics (second version) [M]. Infinite Study, 2022.

[8]　LINDLEY D V. Understanding uncertainty [M]. John Wiley & Sons, 2013.

[9]　HOFFMAN F O, HAMMONDS J S. Propagation of uncertainty in risk assessments: the need to distinguish between uncertainty due to lack of knowledge and uncertainty due to variability [J]. Risk analysis, 1994, 14 (5): 707 − 712.

[10]　AGGARWAL D, MOHANTY P. Influence of imprecise information on risk and ambiguity preferences: experimental evidence [J]. Managerial and decision economics, 2022, 43 (4): 1025 − 1038.

[11]　FRÖHLICH C, WILLIAMSON R C. Risk measures and upper proba-

bilities: coherence and stratification [J]. arXiv preprint arXiv: 2206. 03183, 2022.

[12] KOLOMOGOROFF A. Grundbegriffe der wahrscheinlichkeitsrechnung [M]. Springer-Verlag, 2013.

[13] 潘文全. 精确概率理论的困境与出路 [J]. 自然辩证法通讯, 2018, 40 (3): 38 – 45.

[14] SHAFER G, VOVK V. Probability and finance: it's only a game! [M]. John Wiley & Sons, 2005.

[15] 任晓明, 桂起权. 逻辑系统发生学: 探索非经典逻辑产生奥秘的金钥匙 [J]. 科学技术哲学研究, 2012, 29 (1): 1 – 6.

[16] 任晓明, 李章吕. 贝叶斯决策理论的发展概况和研究动态 [J]. 科学技术哲学研究, 2013, 30 (2): 1 – 7.

[17] 任晓明. 逻辑学视野中的认知研究 [M]. 北京: 中国社会科学出版社, 2021.

[18] 李章吕, 潘易欣. 三门问题的概率动态认知逻辑分析 [J]. 逻辑学研究, 2021, 14 (5): 23 – 33.

[19] 李章吕, 詹莹. 彩票悖论与序言悖论的同构性与统一解 [J]. 重庆理工大学学报 (社会科学), 2021, 35 (4): 52 – 58.

[20] 李章吕. 萨维奇确定性原则的逻辑与认知分析 [J]. 自然辩证法研究, 2020, 36 (1): 30 – 36.

[21] 李章吕, 何向东. 贝叶斯推理的认知困境及其消解 [J]. 科学技术哲学研究, 2017, 34 (6): 13 – 18.

[22] 李章吕. 基于概率结构的纽康姆难题消解方案 [J]. 自然辩证法研究, 2017, 33 (9): 3 – 8.

[23] 李章吕. 论纽科姆难题的因果决策结构及其消解方案 [J]. 哲学分析, 2015, 6 (6): 95 – 104.

[24] 熊卫. 期望效用理论的两个悖论及其消解——兼谈决策论的发展 [J]. 现代哲学, 2013 (5): 82 – 86.

[25] LIU H, XIONG W. On the implications of integrating linear tracing procedure with imprecise probabilities [J]. International journal of approximate reasoning, 2016, 80: 123 – 136.

[26] LIU H, XIONG W. Dynamic consistency in incomplete information games under ambiguity [J]. International journal of approximate reasoning, 2016, 76: 63 – 79.

[27] XIONG W, LIU H. An axiomatic foundation for Yager's decision theory [J]. International journal of intelligent systems, 2014, 29 (4): 365 –387.

[28] LIU Z, LI Y, HUANG H. Imprecise reliability assessment for heavy numerical control machine tools against small sample size problem [J]. Journal of Shanghai jiaotong university (science), 2016, 21 (5): 605 –610.

[29] LIU Z, PAN Q, DEZERT J. A belief classification rule for imprecise data [J]. Applied intelligence, 2014, 40 (2): 214 –228.

[30] YUE A, LIU W, HUNTER A. Imprecise probabilistic query answering using measures of ignorance and degree of satisfaction [J]. Annals of mathematics and artificial intelligence, 2012, 64 (2/3): 145 –183.

[31] MA W, XIONG W, LUO X. A model for decision making with missing, imprecise, and uncertain evaluations of multiple criteria [J]. International journal of intelligent systems, 2013, 28 (2): 152 –184.

[32] XIONG W. Analyzing a paradox in dempster-shafer theory [C] // FSKD-08: Proceedings of the Fifth International Conference on Fuzzy Systems and Knowledge Discovery. Piscataway: IEEE, 2008.

[33] MA W, XIONG W, LUO X. A DS theory based AHP decision making approach with ambiguous evaluations of multiple criteria: Pacific Rim International Conference on Artificial Intelligence [C]: Springer, 2012.

[34] MA W, LUO X, XIONG W. A novel DS theory based AHP decision apparatus under subjective factor disturbances: Australasian Joint Conference on Artificial Intelligence [C]: Springer, 2012.

[35] XIONG W, LUO X, MA W, et al. Ambiguous games played by players with ambiguity aversion and minimax regret [J]. Knowledge-based systems, 2014, 70 (C): 167 –176.

[36] 宋光辉, 吴超, 吴栩. 互联网金融风险度量模型选择研究 [J]. 金融理论与实践, 2014 (12): 16 –19.

[37] 汪冬华, 黄康, 龚朴. 我国商业银行整体风险度量及其敏感性分析: 基于我国商业银行财务数据和金融市场公开数据 [J]. 系统工程理论与实践, 2013, 33 (2): 284 –295.

[38] 张颖, 张富祥. 分位数回归的金融风险度量理论及实证 [J]. 数

量经济技术经济研究, 2012, 29 (4): 95 - 109.

[39]   刘晓倩, 周勇. 金融风险管理中 ES 度量的非参数方法的比较及
        其应用 [J]. 系统工程理论与实践, 2011, 31 (4): 631 - 642.

[40]   吴礼斌, 刘和剑. 金融风险度量的 VaR 方法综述 [J]. 市场周刊
        (理论研究), 2009 (1): 100 - 102.

[41]   陈守东, 王妍. 我国金融机构的系统性金融风险评估: 基于极端分
        位数回归技术的风险度量 [J]. 中国管理科学, 2014, 22 (7):
        10 - 17.

[42]   耿志祥, 费为银. 金融资产风险度量及其在风险投资中的应用: 基
        于稳定分布的新视角 [J]. 管理科学学报, 2016, 19 (1):
        87 - 101.

[43]   陶玲, 朱迎. 系统性金融风险的监测和度量: 基于中国金融体系
        的研究 [J]. 金融研究, 2016 (6): 18 - 36.

[44]   杨贵军, 周亚梦, 孙玲莉. 基于 Benford-Logistic 模型的企业财务
        风险预警方法 [J]. 数量经济技术经济研究, 2019, 36 (10):
        149 - 165.

[45]   何旭彪. 金融风险综合评估方法最新研究进展 [J]. 国际金融研
        究, 2008 (6): 63 - 68.

[46]   王懿, 陈志平, 杨立. 金融市场风险度量方法的发展 [J]. 工程
        数学学报, 2012, 29 (1): 1 - 22.

[47]   杨丽娟, 侯宝鹰. 金融风险度量方法研究综述 [J]. 商场现代
        化, 2008 (14): 167 - 168.

[48]   WHEELER G. A gentle approach to imprecise probability [M] //
        AUGUSTIN T, COZMAN F G, WHEELER G. Reflections on the
        foundations of probability and statistics. Cham: Springer, 2022.

[49]   COZMAN F, DESTERCKE S, SEIDENFELD T. Imprecise Probabili-
        ty: Theories and Applications (ISIPTA'13) [C] //Proceedings of
        the 8th International Symposium on Theories and Application Imprecise
        Probabilit. Cham: Springer, 2013.

[50]   KEYNES J M. A treatise on probability [M]. Chicago: Courier Cor-
        poration, 2013: 78 - 89.

[51]   BRADY M E. Adam Smith and J M Keynes on Insurance: both give
        the same imprecise answer [J]. Journal of insurance and financial
        management, 2023, 7 (5).

[52]   BRADY M E. J M Keynes was never concerned About Ramsey's 'Critique' of his logical theory of probability because he realized that Ramsey had no idea about what his theory of imprecise probability entailed: Ramsey was an advocate of precise Probability [J]. Available at SSRN 3756573, 2020.

[53]   BRADY M E. Keynes spelt out exactly what' degree of rational belief' meant in his a treatise on probability (1921): correcting the severe Errors in Courgeau (2012) [EB/OL]. Available at SSRN 3633589, 2020.

[54]   LOPATATZIDIS S, DE BOCK J, DE COOMAN G, et al. Robust queueing theory: an initial study using imprecise probabilities [J]. Queueing systems, 2016, 82 (1/2): 75 – 101.

[55]   BOREL E. Probabilities and life [M]. Dover Publications, 1962.

[56]   SMITH C A B. Consistency in statistical inference and decision [J]. Statist: Series B, 1961, 23 (1): 1 – 25.

[57]   WILLIAMS P M. Indeterminate probabilities [M] //PRZEŁRZEeŁECKI M, SZANIAWSKI K, WÓJCICKI R, et al. Formal methods in the methodology of empirical sciences: proceedings of the conference for formal methods in the methodology of empirical sciences. Dordrecht: Springer Netherlands, 1976: 229 – 246.

[58]   DE FINETTI B, SAVAGE L J. Sul modo di scegliere le probabilità iniziali [J]. Biblioteca del Metron, 1962, Ser.C, Vol DK. I: 81 – 154.

[59]   GOOD. Subjective probability as the measure of a non-measurable set: Logic, Methodology and Philosophy of Science: Proceedings of the 1960 International Congress [C], 1962.

[60]   GOOD I J. How rational should a manager be? [J]. Management science, 1962, 8 (4): 383 – 393.

[61]   GOOD I J. The Bayesian influence, or how to sweep subjectivism under the carpet [M] //Foundations of probability theory, statistical inference, and statistical theories of science. Berlin: Springer, 1976: 125 – 174.

[62]   GOOD I J. Rational decisions [J]. Journal of the royal statistical society. series B (methodological), 1952: 107 – 114.

[63]   GOOD I J. Good thinking: the foundations of probability and its appli-

cations [M]. Minneapolis U of Minnesota Press, 1983: 34 – 117.

[64] GOOD I J. Probability and the weighing of evidence [M]. London: Charles Griffin, 1950: 170.

[65] FISHBURN P C. Decision and value theory [M]. New York: Wiley, 1964: 22 – 156.

[66] FELLNER W. Distortion of subjective probabilities as a reaction to uncertainty [J]. The quarterly journal of economics, 1961, 75 (4): 670 – 689.

[67] FELLNER W. Probability and profit [M]. Homewood, IL: Richard D, Irwin RD Irwin, 1965: 69 – 125.

[68] WALLEY P, FINE T L. Towards a frequentist theory of upper and lower probability [J]. The annals of statistics, 1982, 10 (3): 741 – 761.

[69] LEAMER E E. Bid-ask spreads for subjective probabilities [J]. Bayesian inference and decision techniques, 1986: 217 – 232.

[70] DEMPSTER A P. Upper and lower probabilities induced by a multivalued mapping [J]. The annals of mathematical statistics, 1967, 38 (2): 325 – 339.

[71] DEMPSTER A P. A generalization of Bayesian Inference [M]. Berlin: Springer, 1968: 73 – 104.

[72] DEMPSTER A P. New methods for reasoning towards posterior distributions based on sample data [M]. Berlin: Springer, 1966: 35 – 56.

[73] SHAFER G. A mathematical theory of evidence [M]. Princeton: Princeton university Press, 1976: 74 – 229.

[74] SHAFER G. Constructive probability [J]. Synthese, 1981, 48 (1): 1 – 60.

[75] SHAFER G. Two theories of probability: PSA: Proceedings of the Biennial Meeting of the Philosophy of Science Association [C]: Philosophy of Science Association, 1978.

[76] WILLIAMS P M, SHAFER G. On a new theory of epistemic probability [M]. JSTOR, 1978: 45 – 87.

[77] WALLEY P. Belief function representations of statistical evidence [J]. The annals of statistics, 1987, 15 (4): 1439 – 1465.

[78] CAMPAGNER A, CIUCCI D, DENCEUX T. Belief functions and rough

sets: survey and new insights [J]. International journal of approximate reasoning, 2022, 143: 192 –215.

[79] BERAN R J. A note on distribution-free statistical inference with upper and lower probabilities [J]. The annals of mathematical statistics, 1971, 42 (6): 1943 –1948.

[80] SUPPES P, ZANOTTI M. On using random relations to generate upper and lower probabilities [J]. Synthese (Dordrecht), 1977, 36 (4): 427 –440.

[81] KOOPMAN B O. The bases of probability [J]. Bulletin of the American mathematical society, 1940, 46 (10): 763 –774.

[82] KOOPMAN B O. The axioms and algebra of intuitive probability [J]. Annals of mathematics, 1940: 269 –292.

[83] KOOPMAN B O. Intuitive probabilities and sequences [J]. Annals of mathematics, 1941: 169 –187.

[84] FINE T L. Theories of probability: an examination of foundations [M]. New York: Academic Press, 1973: 68 –98.

[85] FINE T L. An argument for comparative probability: Basic Problems in Methodology and Linguistics [C], Springer, 1977.

[86] SUPPES, PATRICK. The measurement of belief [J]. Journal of the royal statistical society B, 1974 (36): 160 –191.

[87] SUPPES P. Approximate probability and expectation of gambles [J]. Erkenntnis, 1975, 9 (2): 153 –161.

[88] WALLEY P, FINE T L. Varieties of modal (classificatory) and comparative probability [J]. Synthese, 1979, 41 (3): 321 –374.

[89] DE FINETTI B. Probabilismo. Saggio critico sulla teoria delle probabilità esul valore della scienza [J]. Biblioteca di filosofia, Napoli Napoli/Città di Castello, 1931: 1 –57.

[90] FISHBURN P C. The axioms of subjective probability [J]. Statistical xcience, 1986, 1 (3): 335 –345.

[91] SAVAGE L J. The foundations of statistics [M]. New York: Wiley, 1954: 294.

[92] DEGROOT M. Optimal statistical decisions [M]. New York: McGraw-Hill, 1970.

[93] LINDLEY D V. Making decisions [J]. New York: Willey, 1985.

[94] JEFFREYS H. Scientific inference [M]. Cambridge: The University Press, 1931: 1, 247.

[95] JEFFREYS H. The theory of probability [M]. Oxford: OUP Oxford, 1998: 12 – 99.

[96] AUGUSTIN T. Statistics with imprecise probabilities—a short survey [J]. Uncertainty in engineering introduction to methods and applications, 2022: 67.

[97] DE MORGAN A. Formal logic [M]. Open Court Company, 1926: 211 – 226.

[98] RAMSEY F P. Truth and probability [J]. The foundations of mathematics and other logical essays, 1926: 156 – 198.

[99] BOREL É. A propos d'un traité de probabilités [J]. Revue philosophique de la France et de l'étranger, 1924, 98: 321 – 336.

[100] DE FINETTI B. La prévision: ses lois logiques, ses sources subjectives [J]. Annales de l'institut Henri Poincaré, 1937, 7 (1): 1 – 68.

[101] DE FINETTI B. Probability, induction, and statistics [M]. New York: Science Press, 1972: 198.

[102] DE FINETTI B, MACHI A, SMITH A. Theory of probability [M]. New York: Wiley, 1974: 56 – 112.

[103] FISHER R A. Statistical methods and scientific inference [J]. Mathematical Gazette, 1956, 58 (406): 297.

[104] KYBURG H E. Studies in subjective probability [M]. Krieger, 1980: 36 – 145.

[105] LAD F. Operational subjective statistical methods: a mathematical, philosophical, and historical introduction [J]. Wiley Series in Probability and Statistics. New York; Chichester and Toronto: Wiley-Interscience, 1996: xix, 484.

[106] CARNAP R. The continuum of inductive methods [J]. Journal of philosophy, 1952, 50 (24): 232.

[107] CARNAP R. Logical foundations of probability [M]. Chicago: University of Chicago Press, 1962.

[108] CARNAP R. Inductive logic and rational decisions [M]. Los Angeles: University of California Press, 1971: 33 – 77.

[109] JEFFREY R C. The logic of decision theory [J]. Actes Du Collo-

que International Intitulé Roma Illustrata Images Et Représentations De La Ville Organisé Par Le Cerlam À Luniversité De Caen, 1983: 12 – 36.

[110] JAYNES E T. Prior probabilities [J]. IEEE Transactions on systems science and cybernetics, 1968, 4 (3): 227 – 241.

[111] LARGEAULT J, JAYNES E T, ROSENKRANTZ R D. Papers on probability, statistics, and statistical physics [J]. Acta applicandae mathematica, 1986, 20 (1/2): 189 – 191.

[112] BOX G E P, TIAO G C. Bayesian inference in statistical analysis [M]. Wiley-Interscience, 2011: 1 – 76.

[113] ROSENKRANTZ R D. Inference, method and decision: towards a Bayesian philosophy of science [M]. Springer Science & Business Media, 2012: 177 – 185.

[114] EDWARDS W, VON WINTERFELDT D. Decision analysis and behavioral research [J]. Journal of the mount sinai hospital New York, 1986, 18 (1): 4 – 14.

[115] LINDLEY D V. Making decisions [M]. New York: John Wiley, 1991: 15 – 98.

[116] BERGER J O. Statistical decision theory and Bayesian analysis [J]. Springer proceedings in mathematics, 1985, 83 (401): 266.

[117] HARTIGAN J A. Bayes theory [M]. New York: Springer Science & Business Media, 2012: 14 – 71.

[118] COX D R, HINKLEY D V. Theoretical statistics [M]. Boca Raton: CRC Press, 1979: 36 – 45.

[119] BARNETT V. Comparative statistical inference [M]. New York: John Wiley & Sons, 1999.

[120] PEARL J. Probabilistic reasoning in intelligent systems: networks of plausible inference [M]. San Mateo: Morgan Kaufmann, 2014: 29 – 36.

[121] HAILPERIN T. Boole's logic and probability [M]. Am sterdam: North Holland Amsterdam, 1976: 68 – 115.

[122] BERGER J O, WOLPERT R L. The likelihood principle [J]. Institute of mathematical statistics, 1984: 199.

[123] WALLEY P. Statistical reasoning with imprecise probabilities [M].

New York: Chapman and Hall, 1991.

[124] KRAUSS P, KYBURG H E. Probability and the logic of rational belief [J]. Journal of symbolic logic, 1970, 35 (1): 127.

[125] KYBURG JR H E. The logical foundations of statistical inference [M]. New York: Springer Science & Business Media, 2012: 370 – 392.

[126] KYBURG H E. Probability and inductive logic [M]. Berkeley University of California Press, 1970: 346 – 357.

[127] KYBURG H E. Epistemology and inference [M]. Minneapolis U of Minnesota Press, 1983: 78 – 145.

[128] LEVI. The enterprise of knowledge [M]. Cambridge: The MIT Press, 1980: 1 – 33.

[129] LEVI I. Imprecision and indeterminacy in probability judgment [J]. Philosophy of Science, 2015.

[130] LEVI I. Ignorance, probability and rational choice [J]. Synthese, 1982, 53 (3): 387 – 417.

[131] LEVI I. Gambling with truth [M]. Cambridge: MIT Press, 1967: 24 – 89.

[132] LEVI I. On indeterminate probabilities [J]. The journal of philosophy, 1974, 71 (13): 391.

[133] GÄRDENFORS P. Unreliable probabilities, risk taking, and decision making [J]. The dynamics of thought, 2005: 11 – 29.

[134] GÄRDENFORS P, SAHLIN N E. Decision making with unreliable probabilities [J]. British journal of mathematical & statistical psychology, 1983, 36 (2): 240 – 251.

[135] BUEHLER R J. Coherent preferences [J]. The annals of statistics, 1976, 4 (6): 1051 – 1064.

[136] GILES R. A logic for subjective belief [M] //Foundations of probability theory, statistical inference, and statistical theories of science. Berlin: Springer, 1976: 41 – 72.

[137] GIRON F J, RIOS S. Quasi-bayesian behaviour: a more realistic approach to decision making? [J]. Trabajos de estadistica y de investigacion operativa, 1980, 31 (1): 17 – 38.

[138] WOLFENSON, MARCO. Inference and decision making based on

interval-valued probability [D]. Ithaca：Cornell University，1979.

[139] WOLFENSON M，FINE T L. Bayes-like decision making with upper and lower probabilities [J]. Journal of the American statistical association，1982，77（377）：80 – 88.

[140] KMIETOWICZ Z W，PEARMAN A D. Decision theory and incomplete knowledge [M]. Lexington，MA：Lexington Books，1981：23 – 114.

[141] DREVET J，DRUGOWITSCH J，WYART V. Efficient stabilization of imprecise statistical inference through conditional belief updating [J]. Nature human behaviour，2022：1 – 14.

[142] ELLSBERG D. Risk，ambiguity，and the savage axioms [J]. Quarterly journal of economics，1961，75（4）：643 – 669.

[143] JANSEN C，SCHOLLMEYER G，AUGUSTIN T. Quantifying degrees of E-admissibility in decision making with imprecise probabilities [M] //Reflections on the foundations of probability and statistics：essays in honor of teddy seidenfeld. Cham：Springer，2022：319 – 346.

[144] DUDA R O，SHORTLIFFE E H. Expert systems research [J]. Science，1983，220（4594）：261 – 268.

[145] GALE W A. Artificial intelligence and statistics [M]. Reading，MA：Addison-Wesley Pub，1987：36 – 145.

[146] KANAL L N，LEMMER J F. Uncertainty in artificial intelligence [M]. Amsterdam：Elsevier，2014：45 – 114.

[147] LAURITZEN S L，SPIEGELHALTER D J. Local computations with probabilities on graphical structures and their application to expert systems [J]. Journal of the royal statistical society. series B（methodological），1988：157 – 224.

[148] PEARL J. Probabilistic reasoning in intelligent systems：networks of plausible inference [M]. San Mateo Morgan Kaufmann，2014.

[149] SPIEGELHALTER D J. Probabilistic reasoning in predictive expert systems [J]. Machine intelligence and pattern relognition，1986，4：47 – 67.

[150] SHORTCLIFFE E H. Computer-based medical consultations：MYCIN. Elsevier [J]. Annals of internal medicine，1976，85（6）.

[151] SHORTLIFFE E H, BUCHANAN B G. A model of inexact reasoning in medicine [J]. Mathematical biosciences, 1975, 23 (3): 351 –379.

[152] ADAMS J B. A probability model of medical reasoning and the MY-CIN model [J]. Mathematical biosciences, 1976, 32 (1/2): 177 –186.

[153] QUINLAN J R. Inferno: a cautious approach to uncertain inference [R]. DTIC Document, 1982.

[154] HUBER P J. Robust statistics [M]. New York: Wiley, 1981: 199 –243.

[155] HUBER P J. The use of Choquet capacities in statistics [J]. Bulletin de l'institut international de statistique, 1973, 45 (4): 181 –191.

[156] FRÖHLICH C, DERR R, WILLIAMSON R C. Strictly frequentist imprecise probability [J]. arXiv preprint arXiv: 2302. 03520, 2023.

[157] KUMAR A, FINE T L. Stationary lower probabilities and unstable averages [J]. Zeitschrift für Wahrscheinlichkeitstheorie und verwandte Gebiete, 1985, 69 (1): 1 –17.

[158] PAPAMARCOU A. Unstable random sequences as an objective basis for interval-valued probability models [D]. Ithaca Cornell University, 1987.

[159] PAPAMARCOU A, FINE T L. A note on undominated lower probabilities [J]. The annals of probability, 1986, 14 (2): 710 –723.

[160] GRIZE Y L, FINE T L. Continuous lower probability-based models for stationary processes with bounded and divergent time averages [J]. The annals of probability, 1987, 15 (2): 783 –803.

[161] FINE T L. Lower probability models for uncertainty and nondeterministic processes [J]. Journal of statistical planning and inference, 1988, 20 (3): 389 –411.

[162] ZADEH L A. Fuzzy sets [J]. Information and control, 1965, 8 (3): 338 –353.

[163] ZADEH L A. Fuzzy sets as a basis for a theory of possibility [J]. Fuzzy sets and systems, 1978, 1 (1): 3 –28.

[164] WATSON S R, WEISS J J, DONNELL M L. Fuzzy decision analy-

sis [J]. IEEE transactions on systems, man, and cybernetics, 1979, 9 (1): 1 – 9.

[165] FREELING A N. Fuzzy sets and decision analysis [J]. IEEE transactions on systems, man, and cybernetics, 1980, 10 (7): 341 – 354.

[166] COHEN L J. The probable and the provable [J]. Philosophical books, 1977, 21 (3): 164 – 167.

[167] SCHUM D A, COHEN L J. A review of a case against Blaise Pascal and his heirs [J]. Michigan law review, 1979, 77 (3): 446 – 483.

[168] LE H, PHAM U, BAO P T. A new approach for estimating probability density function with fuzzy data [M] //Credible asset allocation, optimal transport Methods, and related topics. Cham: Springer, 2022: 377 – 392.

[169] DE FINETTI B. Theory of probability: a critical introductory treatment [M]. Chichester: Wiley, 1974: 6 – 56.

[170] VICIG P. A gambler's gain prospects with coherent imprecise previsions: Information Processing & Management of Uncertainty in Knowledge-based Systems Theory & Methods-international Conference [C], Germany, 2010.

[171] DENUIT M, DHAENE J, GOOVAERTS M, et al. Actuarial theory for dependent risks: measures, orders, and models [M]. New York: Wiley, 2005: 1 – 23.

[172] ARTZNER, PHILIPPE. Application of coherent risk measures to capital requirements in insurance [J]. North American actuarial journal, 1999, 3 (2): 11 – 25.

[173] ARTZNER P, DELBAEN F, EBER J M, et al. Coherent measures of risk [J]. Mathematical finance, 2010, 9 (3): 203 – 228.

[174] MAAB S. Exact functionals and their core [J]. Statistical papers, 2002, 43 (1): 75 – 93.

[175] BARONI P, PELESSONI R, VICIG P. Generalizing Dutch risk measures through imprecise previsions [J]. International journal of uncertainty, fuzziness and knowledge-based systems, 2011.

[176] PELESSONI R, VICIG P. Uncertainty modelling and conditioning with convex imprecise previsions [J]. International journal of ap-

proximate reasoning, 2005, 39 (2): 297 –319.

[177] PELESSONI R, VICIG P. Convex imprecise previsions [J]. Reliable computing, 2003, 9 (6): 465 –485.

[178] PELESSONI R, VICIG P. Imprecise previsions for risk measurement [J]. International journal of uncertainty, fuzziness and knowlege-based systems, 2003 (11): 393 –412.

[179] PELESSONI R, VICIG P, ZAFFALON M. Inference and risk measurement with the pari-mutuel model [J]. International journal of approximate reasoning, 2010, 51 (9): 1145 –1158.

[180] VICIG P. Financial risk measurement with imprecise probabilities [J]. International journal of approximate reasoning, 2008, 49 (1): 159 –174.

[181] VOVK V, SHAFER G. The game-theoretic capital asset pricing model [J]. International journal of approximate reasoning, 2014, 49 (1): 175 –197.

[182] FÖLLMER H, SCHIED A. Convex measures of risk and trading constraints [J]. Finance & stochastics, 2002, 6 (4): 429 –447.

[183] FÖLLMER H, SCHIED A. Robust preferences and convex measures of risk [J]. Advances in finance and stochastics, 2002, 3: 39 –56.

[184] VAN HEERWAARDEN A, KAAS R. The Dutch premium principle [J]. Insurance mathematics & economics, 2004, 11 (2): 129 –133.

[185] WILLIAMS P M. Notes on conditional previsions [J]. International journal of approximate reasoning, 2007, 44 (3): 366 –383.

[186] JAFFRAY J, JELEVA M. Information processing under imprecise risk with an insurance demand illustration [J]. International journal of approximate reasoning, 2008, 49 (1): 117 –129.

[187] UTKIN L V. Cautious analysis of project Risks by interval-valued initial data [J]. International journal of uncertainty, fuzziness and knowledge-based systems, 2006, 14 (6): 663 –685.

[188] NAU R. The shape of incomplete preferences [J]. The annals of statistics, 2006, 34 (5): 2430 –2448.

[189] SEBASTIAN. Coherent and convex fair pricing and variability measures [M]. Amsterdam Elsevier Science Inc. , 2008.

[190] SCHERVISH M J, SEIDENFELD T, KADANE J B. The fundamental theorems of prevision and asset pricing [J]. International journal of approxinate reasoning, 2008, 49 (1): 148 – 158.

[191] HACKING I. Slightly more realistic personal probability [J]. Philosophy of science, 1967, 34 (4): 311 – 325.

[192] SHIMONY A. Coherence and the axioms of confirmation [J]. The journal of symbolic logic, 1955, 20 (1): 1 – 28.

[193] 鞠实儿. 非巴斯卡归纳概率逻辑研究 [M]. 杭州: 浙江人民出版社, 1993: 1 – 37.

[194] ŠKULJ D. Normal cones corresponding to credal sets of lower probabilities [J]. International journal of approximate reasoning, 2022, 150: 35 – 54.

[195] AUGUSTIN T. Introduction to imprecise probabilities [M]. New York: Wiley, 2014.

[196] DE COOMAN G, QUAEGHEBEUR E. Exchangeability and sets of desirable gambles [J]. International journal of approximate reasoning, 2012, 53 (3): 363 – 395.

[197] TROFFAES M, DE COOMAN G. Lower Previsions [M]. New York: Wiley, 2014.

[198] MIRANDA E. A survey of the theory of coherent lower previsions [J]. International journal of approximate reasoning, 2008, 48 (2): 628 – 658.

[199] RAO K P S B, RAO M B. Theory of charges [M]. San Diego Academic Press, 1983: 35 – 82.

[200] WILLIAMS P. coherence, strict Coherence and zero probabilities: DLMPS'75: Proceedings of the Fifth Internatinal Congress of Logic, Methodology and Philosophy of Science [C], 1975.

[201] GRAY N, FERSON S, DE ANGELIS M, et al. Probability bounds analysis for Python [J]. Software impacts, 2022, 12: 100246.

[202] TRETIAK K, SCHOLLMEYER G, FERSON S. Neural network model for imprecise regression with interval dependent variables [J]. Neural networks, 2023, 161: 550 – 564.

[203] DENNETT D C. Brainstorms. Montgomery [J]. VT: Bradford Books, 1978.

[204]   DENNETT D C. The intentional stance [M]. Cambridge, MA: MIT press, 1989: 43 – 83.

[205]   SLOVIC P, FISCHHOFF B, LICHTENSTEIN S. Behavioral decision theory [J]. Annual review of psychology, 1977, 28 (1): 1 – 39.

[206]   EINHORN H J, HOGARTH R M. Behavioral decision theory: processes of judgment and choice [J]. Journal of accounting research, 1981, 19 (1): 1 – 31.

[207]   SCHOEMAKER P J H. The expected utility model: its variants, purposes, evidence and limitations [J]. Journal of economic literature, 1982, 20 (2): 529 – 563.

[208]   SLOVIC P, LICHTENSTEIN S. Preference reversals: a broader perspective [J]. The American economic review, 1983, 73 (4): 596 – 605.

[209]   HACKING I. The emergence of probability [M]. Cambridge: Cambridge University. Press, 1975: 25 – 103.

[210]   JEFFREY R C. The logic of decision [J]. Econometrica, 1983, 35 (2): 370.

[211]   MELLOR D H. The matter of chance [M]. Cambridge: Cambridge University Press, 2004: 36 – 156.

[212]   HILL B M, DE FINETTI B. Theory of probability [J]. Journal of the American satistical association, 1976, 71 (356): 999.

[213]   RYLE G. The concept of mind [M]. Abingdon: Taylor & Francis, 2009: 304.

[214]   TOLMAN E C. Purposive behavior in animals and men [M]. Berkeley University of California Press, 1951: 36 – 156.

[215]   HULL C. Principles of behavior: an introduction to behavior theory [M]. New York: Appleton-Century-Crofts, 1943: 69 – 189.

[216]   SUPPES P. Probabilistic metaphysics [M]. Bloomington Indiana University Press, 1984: 203 – 266.

[217]   POPPER K. Realism and the aim of science: from the postscript to the logic of scientific discovery [M]. London Routledge, 2013: 281 – 301.

[218]   POPPER K R. The propensity interpretation of probability [M] // Dispositions. Dordrecht Springer, 1978: 247 – 265.

[219]　GIERE R N. Objective single-case probabilities and the foundations of statistics [J]. Studies in logic and the foundations of mathematics, 1973, 74: 467 –483.

[220]　GIERE R N. Empirical probability, objective statistical methods, and scientific inquiry [M] //Foundations of probability theory, statistical inference, and statistical theories of science. Berlin: Springer, 1976: 63 –101.

[221]　HACKING I. Logic of statistical inference [M]. Cambridge: Cambridge University Press, 2016: 69 –189.

[222]　KYBURG H E. Propensities and probabilities [M] //Dispositions. Berlin: Springer, 1978: 277 –301.

[223]　GILLIES D. An objective theory of probability [M]. Abingdon Routledge, 2012: 67 –125.

[224]　REICHENBACH H. The theory of probability [M]. Berkelcy University of California Press, 1971: 56 –114.

[225]　SALMON W. The foundations of scientific inference [M]. Pittsburgh University of Pittsburgh Press, 1967: 67 –168.

[226]　VENN J. The logic of chance [M]. Mineola Courier Corporation, 2006: 36 –98.

[227]　VOn MISES R. Probability, statistics, and truth [M]. Mineola Courier Corporation, 1957: 21 –67.

[228]　唐凯麟. 西方伦理学名著提要 [M]. 南昌: 江西人民出版社, 2000: 225 –232.

[229]　RUSSELL L J. Human knowledge—its scope and limits [J]. Philosophy, 1949, 24 (90): 253 –260.

[230]　SMITH C. Consistency in statistical and decision [J]. Jounal of the royal statistical society, 1961, 23: 1 –37.

[231]　FISHBURN P C. Analysis of decisions with incomplete knowledge of probabilities [J]. Operations research, 1965, 13 (2): 217 –237.

[232]　DICKEY J M. Beliefs about beliefs, a theory for stochastic assessments of subjective probabilities [J]. Trabajos de estadistica y de investigacion operativa, 1980, 31 (1): 471 –487.

[233]　MELLOR D H. Consciousness and degrees of belief [M]. Mind and consciousness: Automatic Press, 1980: 19 –27.

[234] LINDLEY D V, TVERSKY A, BROWN R V. On the reconciliation of probability assessments [J]. Journal of the royal statistical society. series A (general), 1979, 142 (2): 146 – 180.

[235] COLLINS R N, MANDEL D R, MACLEOD B A. Verbal and numeric probabilities differentially shape decisions [J]. 2022.

[236] GOOD I. The estimation of probability [M]. Cambridge: MIT Press, 1965: 36 – 98.

[237] GOOD I J. Some history of the hierarchical Bayesian methodology [J]. Trabajos de estadística y de investigación operativa, 1980, 31 (1): 489 – 519.

[238] BERGER J. The robust bayesian viewpoint [M]. West Lafayette Purdue University. Department of Statistics, 1982: 63 – 124.

[239] WALLEY P, PERICCHI L R. Credible intervals: how credible are they? [M]. Applied Mathematics Division, 1988: 12 – 68.

[240] FRASER D A S. Confidence, posterior probability, and the buehler example [J]. The annals of statistics, 1977, 5 (5): 892 – 898.

[241] MOSTELLER F, WALLACE D L. Inference and disputed authorship: the federalist [J]. Revue de l institut international de statistique, 1964, 22.

[242] MARTIN R. Valid and efficient imprecise-probabilistic inference across a spectrum of partial prior information [J]. arXiv preprint arXiv: 2203.06703, 2022.

[243] MARTIN R. Valid and efficient imprecise-probabilistic inference with partial priors, II. General framework [J]. arXiv preprint arXiv: 2211.14567, 2022.

[244] KYBURG H. Subjective probability: criticisms, reflections, and problems [J]. Journal of philosophical logic, 1978, 7 (1): 157 – 180.

[245] DARWALL S L. Impartial reason [J]. Philosophy, 1983: 1 – 36.

[246] DAWID P A. Intersubjective statistical models [M]. Exchangeability in probability and statistics, New York: Sprrnger, 1982: 217 – 232.

[247] PEIRCE C S. The probability of induction [J]. Popular science monthly, 1878, 12 (705): 83.

[248] RORTY R. Philosophy and the mirror of nature [J]. Philosophy of science, 1980, 47 (4): 657 – 659.

[249] GONG R, KADANE J B, SCHERVISH M J, et al. Learning and total evidence with imprecise probabilities [J]. International journal of approximate reasoning, 2022, 151: 21 –32.

[250] BEACH B H. Expert judgment about uncertainty: bayesian decision making in realistic settings [J]. Organizational behavior & human performance, 1975, 14 (1): 10 –59.

[251] HOGARTH R M. Cognitive processes and the assessment of subjective probability distributions [J]. Journal of the American statistical association, 1975, 70 (350): 271 –289.

[252] HOGARTH R M. Judgement and choice: the psychology of decision [M]. New York: Wiley, 1987: 9 –68.

[253] HOGARTH R M, KUNREUTHER H. Ambiguity and insurance decisions [J]. The American economic review, 1985, 75 (2): 386 –390.

[254] WINKLER R L. Probabilistic prediction: some experimental results [J]. Journal of the American statistical association, 1971, 66 (336): 675 –685.

[255] EDWARDS W. Conservatism in human information processing, In: Formal representation of human judgment [M]. New York: Wiley 1968: 69 –168.

[256] COHEN L J. Can human irrationality be experimentally demonstrated? [J]. The behavioral and brain sciences, 1981, 4 (3): 317 –331.

[257] KAHNEMAN D, SLOVIC I. Judgment under uncertainty: heuristics and biases [R]. 1982.

[258] TVERSKY A. Intransitivity of preferences [J]. Preference, belief, and similarity, 1969, 76 (1): 31 –48.

[259] AUGUSTIN T, COZMAN F G, WHEELER G. An interview with teddy seidenfeld [M] //Reflections on the foundations of probability and statistics: essays in honor of teddy seidenfeld. Berlin: Springer, 2022: 1 –14.

[260] PAUL-AMAURY M, FRANCESCA T. Constructing imprecise probabilities using arguments as evidence [R]. 2008.

[261] SEN A K. Choice, welfare, and measurement [M]. Oxford: Blackwell, 1982: 219 –221.

[262] GOOD. "Twenty-Seven principles of rationality", in good thinking: the foundations of probability and its applications [M]. Minnesota: University of Minnesota Press, 1983: 56 – 123.

[263] SAVAGE. Diagnosis and the Bayesian viewpoint: Computer Diagnosis and Diagnostic Methods: Proceedings of the 2nd Conference on the Diagnostic Process Ann Arbor [C], USA, 1972.

[264] LINDLEY D V. Theory and practice of Bayesian statistics [J]. Journal of the royal statistical society. series D (the statistician), 1983, 32 (1/2): 1 – 11.

[265] DE COOMAN G, MIRANDA E. Symmetry of models versus models of symmetry [M]. London: King's College Publications, 2007: 36 – 78.

[266] HAJEK A, SMITHSON M. Rationality and indeterminate probabilities [J]. Synthese, 2011, 187 (1): 33 – 48.

[267] POINCARE H. Calcul des probabilités [J]. Monatshefte für mathematik, 1912, 24 (1).

[268] DELBAEN F. Coherent risk measures on general probability spaces [J]. Advances in finance and stochastics, 2002, 5: 1 – 37.

[269] 潘文全. 模糊情形下的疫情决策与风险管理 [J]. 太原学院学报 (社会科学版), 2020, 21 (5): 1 – 8.

[270] 张瑞, 熊巍. 金融市场的稳健系统风险测定: 基于 CoVaR 与 MES 的恒生综合指数分析 [J]. 管理现代化, 2017, 37 (5): 109 – 111.

[271] 沈沛龙, 李志楠. 投资者恐慌情绪对银行间风险传染影响研究 [J]. 财贸研究, 2020, 31 (3): 59 – 71.

[272] 吕筱宁. 系统风险不同预期下的存款保险费率测算 [J]. 运筹与管理, 2019, 28 (3): 127 – 138.

[273] 顾海峰. 银保协作、担保投资与银行信用风险分散: 基于银保信贷系统的视角 [J]. 当代经济科学, 2017, 39 (4): 41 – 50.

[274] 周明明, 赵果庆, 罗亚兰. 中国存在赤字率与 M2/GDP 的双重风险吗: 基于三维非线性动态系统 (D ~ 3NLDS) 模型的研究 [J]. 金融经济学研究, 2017, 32 (1): 14 – 25.

[275] 窦超, 王乔菀, 白学锦. 独立董事宏观视野与公司债券发行利差:基于独董"咨询"职能视角 [J]. 金融评论, 2020, 12

（2）：35 – 63.

[276] 朱琪，陈香辉，侯亚. 高管股权激励影响公司风险承担行为：上市公司微观数据的证据 ［J］. 管理工程学报，2019，33（3）：24 – 34.

[277] 赵鹏，张力伟. 系统论视角下政府治理的基本逻辑 ［J］. 系统科学学报，2022（1）：76 – 80.

[278] 郭一宁. 系统化视角下人民政协协商民主建设的整体透析 ［J］. 系统科学学报，2018，26（3）：126 – 130.

[279] AKROUCHE J, SALLAK M, CHÂTELET E, et al. Methodology for the assessment of imprecise multi-state system availability ［J］. Mathematics, 2022, 10（1）：150.

[280] 缪因知. 精算抑或斟酌：证券虚假陈述赔偿责任中的系统风险因素适用 ［J］. 东南大学学报（哲学社会科学版），2020，22（5）：91 – 102.

[281] LEVI I. The fixation of belief and its undoing：changing beliefs through inquiry ［M］. Cambridge：Cambridge University Press, 1991.

[282] 潘文全. 非精确概率逻辑研究 ［D］. 天津：南开大学，2018.

[283] ARROW K J, HURWICZ L. An optimality criterion for decision making under ignorance ［J］. Studies in resource allocation processes, 1977.

[284] JAFFRAY J Y, JELEVA M. Information processing under imprecise risk with the hurwicz criterion ［C］. Int. symp. of Imp. proba Th. & App, 2007：1 – 10.

[285] ABELLÁN J, MORAL S. Building classification trees using the total uncertainty criterion ［J］. International journal of intelligent systems, 2003, 18.

[286] SEIDENFELD T. A contrast between two decision rules for use with（convex）sets of probabilities：γ-maximin versus e-admissibility ［J］. Synthese（Dordrecht），2004, 140（1/2）：69 – 88.

[287] LAVE S. Markovian decision processes with uncertain transition probabilities ［J］. Operations research, 1973, 21（3）：728 – 740.

[288] KYBURG. Rational belief ［J］. The brain and behavioural, 1983（6）：231 – 273.

[289] LEVI I. The enterprise of knowledge：an essay on knowledge, cre-

dal probability, and chance [M]. Cambridge: MIT Press, 1980.

[290] RAIFFA H, SCHLAIFER R. Applied statistical decision theory [J]. Wiley, 2000.

[291] JAFFRAY J Y. Rational decision making with imprecise probabilities: DBLP [C], 1999.

[292] WAPMAN L. Rolling back decision trees requires the independence axiom! [J]. Management science, 1986, 32 (3): 382 – 385.

[293] MACHINA M J, CONLISK J, CRAWFORD V, et al. Dynamic consistency and non-expected utility models of choice under uncertainty [J]. Journal of economic literature, 1989 (27): 1622 – 1668.

[294] KIKUTI D, COZMAN F G, CAMPOS C P D. Partially ordered preferences in decision trees: computing strategies with imprecision in probabilities [J]. IJCAI workshop on advances in preference handling, 2016.

[295] HUNTLEY N, TROFFAES M. An efficient normal form solution to decision trees with lower previsions [J]. DBLP, 2008.

[296] HUNTLEY N, TROFFAES M. Characterizing factuality in normal form sequential decision making [J]. isipta, 2009.

[297] FILHORS, KIKUTI D, COZMAN F G. Solving decision trees with imprecise probabilities through linear programming [C] //Proceedings of the Sixth International Symposium on Imprecise Probability: Theories and Applications. Durham: SIPTA, 2009.

[298] TROFFAES M, HUNTLEY N, FILHO R S. Sequential decision processes under act-state independence with arbitrary choice functions [J]. Springer, Berlin, Heidelberg, 2010.

[299] LUCE R D, RAIFFA H. Games and decisions: introduction and critical survey [J]. Journal of the royal statistical society series A (general), 1958, 121 (3).

[300] SEIDENFELD T. Decision theory without "independence" or without "ordering" [J]. Economics and philosophy, 1988, 4 (2): 267 – 290.

[301] TADELIS S. Game Theory: An Introduction [M]. 北京: 中国人民大学出版社, 2015: 1 – 33.

[302] DE COOMAN G, TROFFAES M C M, MIRANDA E. n-Monotone

lower previsions [J]. Journal of intelligent and fuzzy systems, 2005, 16 (4): 101 – 121.

[303] CASANOVA A, KOHLAS J, ZAFFALON M. Information algebras in the theory of imprecise probabilities, an extension [J]. International journal of approximate reasoning, 2022, 150: 311 – 336.

[304] CASANOVA A, KOHLAS J, ZAFFALON M. Information algebras in the theory of imprecise probabilities [J]. International journal of approximate reasoning, 2022, 142: 383 – 416.

[305] 潘文全. 非精确谓词逻辑推理 [J]. 逻辑学研究, 2019 (4): 84 – 98.

[306] JAYNES E T, BRETTHORST G L. Probability theory: the logic of science [M]. Cambridge: Cambridge University Press, 2003: 3 – 343.

[307] LINDLEY D V. Scoring rules and the inevitability of probability [J]. International statistical review, 1981, 50 (1): 27.

[308] LINDLEY D V. The probability approach to the treatment of uncertainty in artificial intelligence and expert systems [J]. Statistical science, 1987, 2 (1): 17 – 24.

[309] HANSSON S O. Coherence [M] //Introduction to formal philosophy. Berlin: Springer, 2018: 443 – 453.

[310] OMS S. A remark on probabilistic measures of coherence [J]. Notre Dame journal of formal logic, 2020, 61 (1): 129 – 140.

[311] NAKHARUTAI N. Linear programming algorithms for lower previsions [Z]. Durham University, 2019.

[312] 拉卡托斯. 科学研究纲领方法论 [M]. 兰征, 译. 上海: 上海译文出版社, 2016: 48 – 53.